物理量	記号	単位名	単位記号	組立
エネルギー	E	ジュール	J	
		電子ボルト	eV	
仕事率, 電力	P	ワット	W	$= \mathrm{J/s} = \mathrm{m^2 \cdot kg \cdot s^{-3}}$
絶対温度	T	ケルビン	K	(SI 基本単位)
熱容量	C	ジュール毎ケルビン	J/K	$= \mathrm{m^2 \cdot kg \cdot s^{-2} \cdot K^{-1}}$
物質量	n	モル	mol	(SI 基本単位)
電流	I	アンペア	A	(SI 基本単位)
電気量	Q, q	クーロン	C	$= \mathrm{s \cdot A}$
電位, 電圧	V	ボルト	V	$= \mathrm{W/A} = \mathrm{m^2 \cdot kg \cdot s^{-3} \cdot A^{-1}}$
電場の強さ	E	ボルト毎メートル	V/m	$= \mathrm{N/C} = \mathrm{m \cdot kg \cdot s^{-3} \cdot A^{-1}}$
電気容量	C	ファラド	F	$= \mathrm{C/V} = \mathrm{m^{-2} \cdot kg^{-1} \cdot s^4 \cdot A^2}$
電気抵抗	R	オーム	Ω	$= \mathrm{V/A} = \mathrm{m^2 \cdot kg \cdot s^{-3} \cdot A^{-2}}$
磁束	$\varPhi$	ウェーバー	Wb	$= \mathrm{V \cdot s} = \mathrm{m^2 \cdot kg \cdot s^{-2} \cdot A^{-1}}$
磁束密度	B	テスラ	T	$= \mathrm{Wb/m^2} = \mathrm{kg \cdot s^{-2} \cdot A^{-1}}$
磁場の強さ	H	アンペア毎メートル	A/m	
インダクタンス	L	ヘンリー	H	$= \mathrm{Wb/A} = \mathrm{m^2 \cdot kg \cdot s^{-2} \cdot A^{-2}}$

主な物理定数

名称	記号と数値	単位
真空中の光速	$c = 2.99792458 \times 10^8$	m/s
真空中の透磁率	$\mu_0 = 4\pi \times 10^{-7} = 1.256637\cdots \times 10^{-6}$	$\mathrm{N/A^2}$
真空中の誘電率	$\varepsilon_0 = 1/c^2\mu_0 = 8.8541878\cdots \times 10^{-12}$	F/m
万有引力定数	$G = 6.67428(67) \times 10^{-11}$	$\mathrm{N \cdot m^2/kg^2}$
標準重力加速度	$g = 9.80665$	$\mathrm{m/s^2}$
熱の仕事当量(≒1gの水の熱容量)	4.18605	J
乾燥空気中の音速(0℃, 1atm)	331.45	m/s
1molの理想気体の体積(0℃, 1atm)	$2.2413996(39) \times 10^{-2}$	$\mathrm{m^3}$
絶対零度	-273.15	℃
アボガドロ定数	$N_\mathrm{A} = 6.02214179(30) \times 10^{23}$	1/mol
ボルツマン定数	$k_\mathrm{B} = 1.3806504(24) \times 10^{-23}$	J/K
気体定数	$R = 8.314472(15)$	$\mathrm{J/(mol \cdot K)}$
プランク定数	$h = 6.62606896(33) \times 10^{-34}$	J·s
電子の電荷(電気素量)	$e = 1.602176487(40) \times 10^{-19}$	C
電子の質量	$m_\mathrm{e} = 9.10938215(45) \times 10^{-31}$	kg
陽子の質量	$m_\mathrm{p} = 1.672621637(83) \times 10^{-27}$	kg
中性子の質量	$m_\mathrm{n} = 1.674927211(84) \times 10^{-27}$	kg
リュードベリ定数	$R = 1.0973731568527(73) \times 10^7$	$\mathrm{m^{-1}}$
電子の比電荷	$e/m_\mathrm{e} = 1.758820150(44) \times 10^{11}$	C/kg
原子質量単位	$1\mathrm{u} = 1.660538782(83) \times 10^{-27}$	kg
ボーア半径	$a_0 = 5.2917720859(36) \times 10^{-11}$	m
電子の磁気モーメント	$\mu_\mathrm{e} = 9.28476377(23) \times 10^{-24}$	J/T
陽子の磁気モーメント	$\mu_\mathrm{p} = 1.410606662(37) \times 10^{-26}$	J/T

*( )内の2桁の数字は, 最後の2桁に誤差(標準偏差)があることを表す。

講談社
基礎物理学
シリーズ 8

二宮正夫・北原和夫・並木雅俊・杉山忠男 | 編

北原和夫 著
杉山忠男

統計力学

講談社

推薦のことば

　講談社から創業100周年を記念して基礎物理学シリーズが企画されている。著者等企画内容を見ると面白いものが期待される。

　20世紀は物理の世紀と言われたが，現在では，必ずしも人気の高い科目ではないようだ。しかし，今日の物質文化・社会活動を支えているものの中で物理学は大きな部分を占めている。そこへの入口として本書の役割に期待している。

益川敏英
2008年度ノーベル物理学賞受賞
京都産業大学教授

本シリーズの読者のみなさまへ

「講談社基礎物理学シリーズ」は，物理学のテキストに，新風を吹き込むことを目的として世に送り出すものである。

本シリーズは，新たに大学で物理学を学ぶにあたり，高校の教科書の知識からスムーズに入っていけるように十分な配慮をした。内容が難しいと思えることは平易に，つまずきやすいと思われるところは丁寧に，そして重要なことがらは的を絞ってきっちりと解説する，という編集方針を徹底した。

特長は，次のとおりである。

- 例題・問題には，物理的本質をつき，しかも良問を厳選して，できる限り多く取り入れた。章末問題の解答も略解ではなく，詳しく書き，導出方法もしっかりと身に付くようにした。
- 半期の講義におよそ対応させ，各巻を基本的に12の章で構成し，読者が使いやすいようにした。1章はおよそ90分授業1回分に対応する。また，本文ではないが，是非伝えたいことを「10分補講」としてコラム欄に記すことにした。
- 執筆陣には，教育・研究において活躍している物理学者を起用した。

理科離れ，とくに物理アレルギーが流布している昨今ではあるが，私は，元来，日本人は物理学に適性を持っていると考えている。それは，我が国の誇るべき先達である長岡半太郎，仁科芳雄，湯川秀樹，朝永振一郎，江崎玲於奈，小柴昌俊，直近では，南部陽一郎，益川敏英，小林誠の各博士の世界的偉業が示している。読者も「基礎物理学シリーズ」でしっかりと物理学を学び，この学問を基礎・基盤として，大いに飛躍してほしい。

二宮正夫
前日本物理学会会長
京都大学名誉教授

まえがき

　本書は，大学ではじめて統計力学を学ぶ人に，教科書あるいは参考書として活用してもらうことを目的にして書かれている。

　物理学のどの分野でも同じことであろうが，初心者がある学問分野の勉強を始めようとするとき，その分野を学ぶことによって，どのような物理現象を理解できるのかを知り，その面白さを実感することは大変重要なことである。これは，議論が抽象的になりやすい統計力学において，特に言えることではないだろうか。

　本書では，物理現象を，統計力学によるミクロな立場からどのように理解できるかに重点をおいて話を進める。もし，途中で「よくわからない」と思われる箇所があったとしても，ともかく本書全体を読み通して欲しい。そして，統計力学を用いると，どのような物理を理解できるようになるかを知り，その面白さを味わってもらいたい。その上で再度，「よくわからない」箇所を深く考えて欲しい。このような勉強法は，統計力学において重要である。

　ここで，熱力学について，一言，触れておこう。熱力学は統計力学で扱う物理の現象論として，統計力学と密接に結びついている。本書では，本文の途中で必要な熱力学の説明をするという方法はとらず，熱力学を付録Aにまとめた。こうすることによって，付録Aだけで熱力学第2法則以降の熱力学の筋道がわかるようにしたつもりである。そして，本文の多くの箇所で付録Aの引用をする。

　第1，2章は，高校で習う気体分子運動論から入り，理想気体の性質がミクロの立場からどのように理解できるかを学ぶ。その上で，第3～6章で，通常の統計力学で導入されるミクロカノニカル分布，カノニカル分布，グランドカノニカル分布について考える。その際，理想気体と調和振動子の例を何度も取り上げ，また，プランク放射や固体の比熱の例をできるだけ丁寧に説明する。

　第7，8章は，固体論で重要になるフェルミ分布，ボース分布，そして低温におけるフェルミ縮退，ボース凝縮の説明である。ここではやや面倒な計算も現れるが，それらはできるだけ詳細に書いたので，紙と鉛筆をも

って各式を確かめながら読んで欲しい。

第9～11章では，これまでに学んできた統計力学を用いて，「相転移と臨界現象」に関してスピン系を例にして解説する．スピン系の相転移は，現在でも盛んに研究発表が行われている分野である．ただし，理論の本質を理解しやすくするために，具体例としては，最も簡単なイジング模型を採用する．臨界指数などの解説に加えて，1次元イジング模型の厳密な計算およびくりこみ群の方法を解説する．

最後の第12章は，拡散と電気伝導という輸送現象の初等的な解説にあてられる．これらは，簡単な考察でその本質を理解することのできる，よい例になっているので，物理学の醍醐味を存分に味わって欲しい．

以上のような本書の学習を通して，統計力学の楽しさとその奥深さを十分に理解してもらいたい．その上で，統計力学の基礎を深く掘り下げる研究や，統計力学を用いた物理学全般の研究に向かう学生が1人でも多く現れれば，著者の喜び，これに過ぎるものはない．

最後になりましたが，全体を通読して，分かりにくい箇所などを指摘してもらった学生の村下湧音くん，さらに，終始励ましていただいた講談社サイエンティフィク編集部の大塚記央氏に感謝申し上げます．

2010年3月
北原和夫，杉山忠男

講談社基礎物理学シリーズ
統計力学 目次

推薦のことば　iii
本シリーズの読者のみなさまへ　iv
まえがき　v

第1章　統計力学のはじまり　1

1.1　はじめに　1
1.2　温度　2
1.3　理想気体の状態方程式と絶対温度　3
1.4　気体分子運動論　4
1.5　気体分子運動と比熱　9
1.6　固体の比熱　13
1.7　実在気体の状態方程式　15

第2章　マクスウェル－ボルツマン分布　19

2.1　いろいろな粒子の速さ　19
2.2　マクスウェルの速度分布則　21
2.3　気体分子の速度分布　27
2.4　ボルツマン分布　32

第3章　等重率の原理とミクロカノニカル分布　37

3.1　微視的な状態　37
3.2　理想気体　38
3.3　エントロピー　41
3.4　マクスウェルの速度分布とエントロピー　48

第4章 カノニカル分布　54

4.1　カノニカル分布の導入　54
4.2　エネルギー等分配則　56
4.3　自由エネルギーとエントロピー　60
4.4　ほとんど独立な部分系の集合　64
4.5　理想気体のカノニカル集団としての扱い　66

第5章 カノニカル分布の応用　70

5.1　ラグランジアンとハミルトニアン　70
5.2　2原子分子気体　73
5.3　量子論的効果　77
5.4　プランク放射　80

第6章 固体の比熱，グランドカノニカル分布　87

6.1　1次元格子振動　87
6.2　3次元振動　91
6.3　グランドカノニカル分布の導入　93
6.4　大分配関数と熱力学関数　95
6.5　理想気体　97

第7章 フェルミ分布とボース分布　101

7.1　同種粒子と波動関数の対称性　101
7.2　フェルミ統計とボース統計　104
7.3　理想気体の古典論と量子論　108

第8章 フェルミ縮退とボース凝縮　114

8.1　自由電子気体　114
8.2　有限温度での自由電子気体　117
8.3　ボース凝縮　125

第9章　相転移と臨界現象 I —— イジング模型　134

- 9.1　相転移とは　134
- 9.2　1次元イジング模型　137
- 9.3　転送行列の方法　140
- 9.4　磁化率と相関関数　145

第10章　相転移と臨界現象 II —— 平均場近似と臨界指数　150

- 10.1　イジング模型における相転移　150
- 10.2　平均場近似と相転移　153
- 10.3　いろいろな系の相転移とイジング模型　157
- 10.4　ランダウの現象論　161

第11章　相転移と臨界現象 III —— くりこみ群とスケーリング則　166

- 11.1　くりこみ群とスケール変換　166
- 11.2　1次元イジング模型でのくりこみ群　167
- 11.3　臨界指数とスケーリング則　171
- 11.4　1次元イジング模型の絶対零度近傍での振る舞い　173
- 11.5　実空間くりこみ　175

第12章　簡単な輸送現象 —— ブラウン運動と電気伝導　182

- 12.1　拡散とランダム・ウォーク　182
- 12.2　拡散の解析　183
- 12.3　拡散と拡散係数　186
- 12.4　拡散方程式　191
- 12.5　ブラウン運動　192
- 12.6　電気伝導　194

付録A	**熱力学第2法則と熱力学関数，相平衡　198**

    A.1　カルノー・サイクル　199
    A.2　クラウジウスの不等式　202
    A.3　エントロピー　204
    A.4　状態の安定性　208
    A.5　熱力学関数　210
    A.6　相平衡　211

付録B	**ラグランジュの未定乗数法　216**

章末問題解答　218

第 1 章

統計力学をはじめるにあたり，理想気体を用いた温度の決め方を説明し，気体分子運動論を考える。2原子分子気体と固体を例にエネルギー等分配則を説明する。さらに実在気体を考察する。

統計力学のはじまり

1.1　はじめに

　宇宙が1点から大爆発し，その後膨張して誕生したというビッグバン宇宙モデルによれば，ビッグバンからの"最初の3分間"で水素やヘリウムの原子核が合成され，その後の38万年程度の間に，中性の原子が誕生したという。中性の水素原子やヘリウム原子は重力で集まり，凝縮して核反応を起こして(これを化学反応になぞらえて「燃焼する」という)恒星が誕生し，重い元素が造られた。元素の燃焼が終わると，恒星は爆発して「死」をむかえ，重い元素を宇宙空間にまき散らした。このような星の誕生と死を繰り返しながら，いま我々の身のまわりに存在する様々な元素ができてきた。

　原子はいくつか集まって分子を形成し，温度や圧力によって様々な形態(これを**相**という)を示す。統計力学は，同じような分子がたくさん集まってできた集団が全体としてどのような性質を示すかを，分子の微視的(ミクロ)な性質をもとにして研究する学問である。他方，微視的な性質を問わずに，多数の分子からなる性質を全体として研究する学問が熱力学である。熱力学で重要な概念はエネルギーである。エネルギーの授受によって，物質はその性質を変化させる。

1.2　温度

　温度という概念は，熱い・冷たいという日常経験に基づくものである。熱さ・冷たさという感覚は主観による違いが大きいので，客観的に表す指標として温度計で計った**温度**が用いられる。物体は熱くなると膨張し，冷たくなると収縮する。そこで水やアルコールの熱膨張を利用した温度計が17世紀ごろから使われてきた。

熱平衡

　2つの物体を接触させて十分に時間がたち，熱さ・冷たさに変化が起こらなくなったとき，この状態を**熱平衡**といい，このとき，2つの物体の**温度は等しい**という。

　一般に，次の関係が成り立つことが経験的に知られている。

「物体1と物体2が接触して熱平衡にあり，物体2と物体3が接触して熱平衡にあるとき，物体1と物体3を接触させても，そのままで熱平衡になる」

　これを，**熱力学第0法則**という。

経験的温度

　1742年，スウェーデンの物理学者セルシウスは，C目盛（℃で表す）で表される温度を考案した。1気圧の下で，水と氷が熱平衡になり共存する温度を0℃，水と水蒸気が熱平衡になり共存する温度を100℃とし，その間を100等分した温度目盛りを考えた。これを**セルシウス温度**（簡単に**セ氏温度**）という。しかし，0℃と100℃の間を100等分するといっても温度計に用いる物質により膨張の仕方が異なるから，何か標準となるものを決めておくことが必要である。それには下記に説明する理想気体を用いるのが便利である。

モル数とアボガドロ数

　質量数12の炭素（^{12}C）0.012 kg中に含まれる原子数を**アボガドロ数**と呼び，アボガドロ数の同種の粒子（原子，分子など）からなる物質の量を1

モルと呼ぶ。アボガドロ数 N_A は，
$$N_\mathrm{A} = 6.02 \times 10^{23}\,1/\mathrm{mol}$$
である。

1.3　理想気体の状態方程式と絶対温度

　気体分子間にはたらく力を無視することができるように，気体の密度を十分小さくした極限の気体を**理想気体**という。常温で 1 気圧程度の気体は，ほぼ理想気体とみなすことができる。

　一定量の理想気体では，温度が一定のとき，その圧力 p と体積 V の積は気体の種類によらず一定値になる。
$$pV = 一定$$
　これを**ボイルの法則**という。

　このボイルの法則を用いて，理想気体を標準温度計として使うことを考えよう。1 モルの理想気体において，積 pV に比例する量を T と書く。その比例定数を R とすると，
$$pV = RT \tag{1.1}$$
と書ける。ここで，0 ℃ と 100 ℃ のときの pV を，それぞれ $(pV)_0, (pV)_{100}$ と書き，このときの T をそれぞれ $T_0,\ T_0 + 100$ とすると，
$$(pV)_0 = RT_0,\quad (pV)_{100} = R(T_0 + 100)$$
となるから，
$$R = \frac{(pV)_{100} - (pV)_0}{100}$$
となり，R の値を実験的に，
$$R = 8.3145\,\mathrm{J/K\cdot mol}$$
と決めることができる。また，T_0 は，$(pV)_0 = RT_0$ より，
$$T_0 = 273.15\,\mathrm{K}$$
と求めることができる。ここで，目盛は K で表した。理想気体を用いて上のようにして決める T（このような T は**経験的温度**と呼ばれる）を単に**絶対温度**と考えることができる。詳しくは，絶対温度は**熱力学的温度**として，**水の三重点**の温度（気圧 $6.106 \times 10^2\,\mathrm{Pa}$ で氷と水と水蒸気が共存する

温度) が 273.16K となるように決められている (図1.1)。理想気体を用いた経験的温度と熱力学的温度としての絶対温度の間に, 実際上の差異はない。したがって, 水の三重点の温度は 0.01℃であり, 0℃は $T_0 = 273.15$ K である。

以後, 絶対温度 T を単に温度と呼ぶことにする。

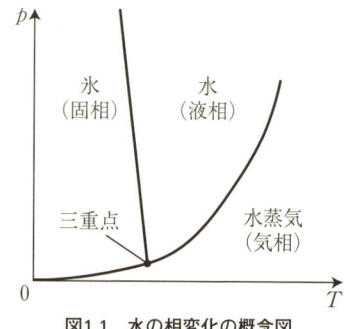

図1.1 水の相変化の概念図

(1.1) 式より, 圧力 p を一定に保って温度 T を変えると, その体積 V は T に比例する。また, 体積 V を一定に保って T を変えると, その圧力 p は T に比例する。これを, **シャルルの法則**という。

一般に, 熱平衡状態における圧力 p, 体積 V, 温度 T の間に成り立つ関係式を**状態方程式**という。pV は理想気体のモル数 n に比例するから, n モルの**理想気体の状態方程式**は,

$$pV = nRT \quad (1.2)$$

と表される。

状態方程式 (1.2) は, 縦軸に圧力 p, 横軸に体積 V をとると, モル数 n が一定のとき, 各温度 T に対して図1.2のグラフを描くことができる。このグラフを p-V 状態図という。

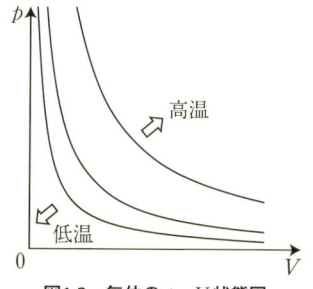

図1.2 気体の p-V 状態図

1.4 気体分子運動論

物体を構成する分子の運動を, 微視的(ミクロ)に, 力学的に考えることにより, 物体の巨視的(マクロ)な性質を考察しようとする理論を, **分子運動論**という。その中でも, 気体の性質を調べる理論を**気体分子運動論**という。ここでは, 理想気体の気体分子運動を考えてみよう。

理想気体の気体分子運動

容器に入れられた理想気体が容器の壁に及ぼす圧力を考えよう。飛び回っている気体分子が容器の壁に衝突することによって圧力は生じると考えられる。分子の壁への衝突は瞬間的であるが，単位時間あたり多くの分子が衝突すると，壁は平均として力を受ける。この平均の力が壁に圧力を及ぼす。

理想気体では，気体分子の大きさは無視することができ，希薄な気体では，分子同士の衝突も無視できる。分子と壁との衝突は完全弾性衝突であり，衝突の際，摩擦力ははたらかない。

例題1.1　気体分子の平均運動エネルギー

図 1.3 のように，一辺 L の立方体容器に質量 m の気体分子が N 個入っている。立方体の各稜に沿って x 軸，y 軸，z 軸をとり，気体の温度は T であるとする。また，ある気体分子の速度を $\boldsymbol{v} = (v_x, v_y, v_z)$ とし，$v^2 = v_x^2 + v_y^2 + v_z^2$ とする。N 個の気体分子について，v_x^2 の平均を $\langle v_x^2 \rangle$ と書く。分子は乱雑に運動しており，どの方向へも同じように運動していると考えられるから，

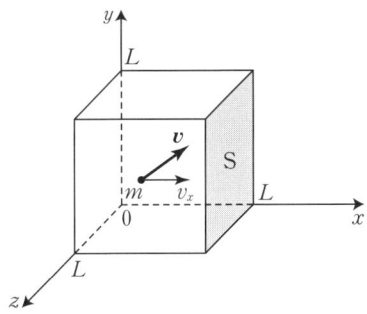

図1.3　立方体容器内の気体分子の運動

$$\langle v_x^2 \rangle = \langle v_y^2 \rangle = \langle v_z^2 \rangle = \frac{1}{3} \langle v^2 \rangle \tag{1.3}$$

が成り立つ。また，気体分子 1 個あたりの平均運動エネルギーを，$E = \frac{1}{2} m \langle v^2 \rangle$，全気体分子 N 個の運動エネルギーの総和を $U = NE$ とおく。

(1) 気体が容器の壁に及ぼす圧力 p と気体の体積 $V = L^3$ の積が，

$$pV = \frac{2}{3} U \tag{1.4}$$

と表せることを示せ。ここで，気体が単原子分子の理想気体であれば，U はその内部エネルギーを表し，(1.4) の関係は，**ベルヌーイの定理**とも呼ばれる。

(2) 理想気体の状態方程式 (1.2) を用いて,
$$E = \frac{3}{2}k_\mathrm{B}T \tag{1.5}$$
が成り立つことを示せ。ここで, $k_\mathrm{B} = \dfrac{R}{N_\mathrm{A}} = 1.38 \times 10^{-23}\,\mathrm{J/K}$ はボルツマン定数である。

解

(1) ある気体分子の現在の速度の x 成分を $v_x > 0$ とする。この分子が x 軸に垂直な壁 S に弾性衝突することによって与える力積を考える。衝突後のこの分子の速度の x 成分は $-v_x$ となるから, この衝突で壁が受ける力積の大きさは, 分子の運動量の変化の大きさに等しく,
$$|m(-v_x) - mv_x| = 2mv_x$$
となる。単位時間にこの分子が x 方向へ動く距離は v_x であり, 壁間を往復する間に S に 1 回衝突するから, この間の衝突回数は $\dfrac{v_x}{2L}$ となる。したがって, 単位時間にこの分子が S に与える力積の大きさは,
$$2mv_x \times \frac{v_x}{2L} = \frac{mv_x^2}{L}$$
となる。速度の x 成分 v_x の値の異なる個々の気体分子が S に単位時間あたり与える平均の力積は $\dfrac{m\langle v_x^2 \rangle}{L}$ と書けるから, 全気体分子 N 個が S に与える単位時間あたりの力積は $N\dfrac{m\langle v_x^2 \rangle}{L}$ である。分子が S に単位時間あたり与える力積は S の受ける平均の力 $\langle F \rangle$ と考えられる。S が気体から受ける圧力 p は, 平均の力 $\langle F \rangle$ を壁 S の面積 L^2 で割って,
$$p = \frac{\langle F \rangle}{L^2} = \frac{Nm\langle v_x^2 \rangle}{L^3} = \frac{Nm\langle v^2 \rangle}{3V} \tag{1.6}$$
となる。ここで, (1.3) 式および $V = L^3$ を用いた。(1.6) 式に $U = \dfrac{N}{2}m\langle v^2 \rangle$ を用いて (1.4) 式を得る。

(2) (1.6) 式は,
$$pV = \frac{1}{3}Nm\langle v^2 \rangle$$
と書けるから, これを理想気体の状態方程式 (1.2) と比較して気体のモ

ル数が $n = \dfrac{N}{N_A}$ と表されることを用いると,
$$\frac{1}{3}Nm\langle v^2\rangle = \frac{N}{N_A}RT \Leftrightarrow \frac{1}{2}m\langle v^2\rangle = \frac{3}{2}\frac{R}{N_A}T$$
となり,(1.5) 式を得る。 ∎

内部エネルギー

一般に,物体が全体としてもつ運動エネルギーや位置エネルギーを除いて,その内部の分子などがもつエネルギーの総体を**内部エネルギー**という。内部エネルギーは,物体が熱平衡にあると決まった値をもつ量なので,**状態量**と呼ばれる。状態量には,その他,体積,温度,気体の圧力などがある。

理想気体では,気体分子間にはたらく力は無視できるから,分子間力による位置エネルギーはなく,内部エネルギーは,気体分子が飛び回るときの並進運動エネルギー,分子の回転エネルギー,分子の振動エネルギーなどの総和で与えられる。厳密には,分子を構成している電子のエネルギー準位も含まれるが,気体の通常の状態変化では,電子のエネルギー準位に変化は起きないとみなすことができるから,無視することができる。エネルギーに変化が起きなければ,気体の外部に何の影響も及ぼさないから無視して差し支えない。

He,Ne,Ar などの希ガスの気体分子は,1個の原子からなる単原子分子である。これら単原子分子気体では,分子の回転や振動のエネルギーは無視することができる。なぜなら,原子には大きさがあるが,1個の原子が回転や振動をすると,中心の原子核のまわりの電子のエネルギー準位が変化する。ところが,上で述べたように,電子のエネルギー準位が変化しないような状態変化のみを考えるからである。こうして単原子分子理想気体の内部エネルギー U は,全分子の並進運動エネルギーの和だけで表され,

$$U = N \times \frac{1}{2}m\langle v^2\rangle = \frac{3}{2}nRT = \frac{3}{2}Nk_BT \tag{1.7}$$

と表される。

熱力学第 1 法則と定積モル比熱

　一定量の気体が微小な熱エネルギー（気体が全体として仕事をされることなしに流入するエネルギーであり，これを**熱量**ともいう）$d'Q$ を吸収し，外部から微小な仕事 $d'W$ をなされた結果，気体の内部エネルギーが微小量 dU だけ増加したとする．このとき，エネルギー保存則は，
$$dU = d'Q + d'W \tag{1.8}$$
と表される．関係式 (1.8) を**熱力学第 1 法則**という．ここで，微小な熱量と仕事をダッシュを付けてそれぞれ $d'Q$, $d'W$ と書いたのは，これらは気体の状態で決まる状態量の微小変化ではなく，状態量である内部エネルギーの微小変化 dU とは異なることを示すためである．

　途中でつねに熱平衡状態を保ちながら気体の状態を十分ゆっくりと変化させる．このような過程を**準静的過程**という．図 1.4 のように，真空中に置かれた断面積 S のピストンの付いたシリンダーに入れられた圧力 p の気体

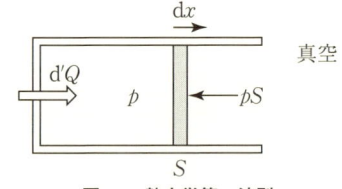

図1.4　熱力学第 1 法則

の状態変化を考える．ピストンにはたらく力がつり合うように，外力 pS を加えて押すことにより準静的にピストンの位置を dx だけ変化させる．このとき，気体の体積変化は $dV = Sdx$ となるから，シリンダー内の気体のされた仕事は，
$$d'W = -pSdx = -pdV$$
と表される．したがって，熱力学第 1 法則 (1.8) は，
$$dU = d'Q - pdV \tag{1.9}$$
と表される．

　一般に，1 モルの気体の体積を一定に保った上で気体の温度が 1 K 上昇するときに加えられる熱量を c_v と書き，**定積モル比熱**と呼ぶ．いま，ピストンを固定して内部に閉じ込められた n モルの気体の体積を一定に保った上で ($dV = 0$)，外部から熱量 $d'Q$ を加える．このとき，気体の温度が dT だけ上昇したとすると，
$$d'Q = nc_v dT \tag{1.10}$$
となる．こうして (1.9)，(1.10) 式より，

$$\mathrm{d}U = nc_v \mathrm{d}T \tag{1.11}$$

が成り立つことがわかる。

ここまでの議論は，気体の体積を一定に保った定積変化であり，そのときの内部エネルギー変化は，(1.11) 式で表される。ジュールとトムソンの実験によれば，理想気体の内部エネルギーは気体の体積によらないという。そうすると理想気体では，温度変化が $\mathrm{d}T$ であるかぎり，体積がどのように変化しても気体の内部エネルギー変化は (1.11) 式で与えられることがわかる。ここで，c_v が温度によらず一定であるとする。また，「$T = 0$ のとき $U = 0$」とおいて (1.11) 式の両辺を積分すると，

$$U = nc_v T \tag{1.12}$$

となる。

1.5　気体分子運動と比熱

気体分子運動論によれば，単原子分子理想気体の内部エネルギーは (1.7) 式で与えられる。一方，内部エネルギーが定積モル比熱 c_v を用いて (1.12) 式で表されるとすると，単原子分子気体では，

$$c_v = \frac{3}{2}R \tag{1.13}$$

と表される。

エネルギー等分配則

例題 1.1 で見たように，温度 T のとき，立方体容器内の質量 m の気体分子は，どの方向にも同じように運動しているから，気体分子の速度を $\boldsymbol{v} = (v_x, v_y, v_z)$ として，

$$\left\langle \frac{1}{2}m\boldsymbol{v}^2 \right\rangle = \frac{3}{2}k_\mathrm{B}T, \ \left\langle \frac{1}{2}mv_x^2 \right\rangle = \left\langle \frac{1}{2}mv_y^2 \right\rangle = \left\langle \frac{1}{2}mv_z^2 \right\rangle = \frac{1}{2}k_\mathrm{B}T \tag{1.14}$$

となる。ここで，k_B はボルツマン定数である。すなわち，**1つの自由度**（この場合，x 方向，y 方向，z 方向それぞれの方向への運動）**あたり，$\frac{1}{2}k_\mathrm{B}T$ のエネルギーが割り当てられる**ことがわかる。これを**エネルギー等分配則**

という。以下で示すように，回転などの運動の自由度にも，1つあたり $\frac{1}{2}k_{\mathrm{B}}T$ のエネルギーが割り当てられる。

例題1.2　2原子分子気体の比熱

図1.5のように，2原子分子理想気体のモデルとして，質量 m_1 と m_2 の2つの原子が質量の無視できるばねでつながれて，空間をそれぞれ速度 $\boldsymbol{v}_1$, $\boldsymbol{v}_2$ で飛び回っている状態を考える。いま，重心の速度を

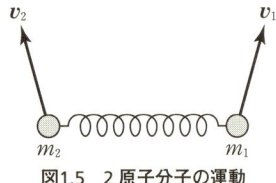

図1.5　2原子分子の運動

$\boldsymbol{v}_{\mathrm{G}} = \dfrac{m_1\boldsymbol{v}_1 + m_2\boldsymbol{v}_2}{m_1 + m_2}$，相対速度を $\boldsymbol{v}_{\mathrm{r}} = \boldsymbol{v}_1 - \boldsymbol{v}_2$ とすると，全運動エネルギーは，

$$E = \frac{1}{2}m_1\boldsymbol{v}_1^2 + \frac{1}{2}m_2\boldsymbol{v}_2^2 = \frac{1}{2}m_{\mathrm{G}}\boldsymbol{v}_{\mathrm{G}}^2 + \frac{1}{2}\mu_{\mathrm{r}}\boldsymbol{v}_{\mathrm{r}}^2 \quad (1.15)$$

と表される。ここで，$m_{\mathrm{G}} = m_1 + m_2$ は全質量であり，$\mu_{\mathrm{r}} = \dfrac{m_1 m_2}{m_1 + m_2}$ は**換算質量**であり，(1.15)式最右辺の第1項を**重心運動エネルギー**，第2項を**相対運動エネルギー**という。

(1) 重心運動エネルギーの平均値 $\left\langle \dfrac{1}{2}m_{\mathrm{G}}\boldsymbol{v}_{\mathrm{G}}^2 \right\rangle$ が $\dfrac{3}{2}k_{\mathrm{B}}T$ に等しいことを示せ。

(2) 質点が調和振動（単振動）しているとき，平均の運動エネルギーと平均の位置エネルギーは等しいことを示せ。

(3) 振動運動エネルギーの平均値は $k_{\mathrm{B}}T$ に等しいことを示せ。

(4) 振動エネルギーは量子論的な効果で凍結され，2原子分子気体の内部エネルギーに寄与しない。このことを用いて，2原子分子気体の定積モル比熱が $c_v = \dfrac{5}{2}R$ と表されることを示せ。ここで，R は気体定数である。

解

(1) $\left\langle \dfrac{1}{2}m_{\mathrm{G}}\boldsymbol{v}_{\mathrm{G}}^2 \right\rangle = \dfrac{1}{2(m_1 + m_2)}\langle (m_1\boldsymbol{v}_1 + m_2\boldsymbol{v}_2)^2 \rangle$

$$= \frac{1}{2(m_1+m_2)} \langle m_1^2 \boldsymbol{v}_1^2 + m_2^2 \boldsymbol{v}_2^2 + 2m_1 m_2 \boldsymbol{v}_1 \cdot \boldsymbol{v}_2 \rangle$$

$$= \frac{m_1}{m_1+m_2} \left\langle \frac{1}{2} m_1 \boldsymbol{v}_1^2 \right\rangle + \frac{m_2}{m_1+m_2} \left\langle \frac{1}{2} m_2 \boldsymbol{v}_2^2 \right\rangle$$

$$+ \frac{m_1 m_2}{m_1+m_2} \langle \boldsymbol{v}_1 \cdot \boldsymbol{v}_2 \rangle$$

ここで,速度 $\boldsymbol{v}_1$ と $\boldsymbol{v}_2$ の方向はランダムであるから,$\langle \boldsymbol{v}_1 \cdot \boldsymbol{v}_2 \rangle = 0$ となり,

$$\left\langle \frac{1}{2} m_\text{G} \boldsymbol{v}_\text{G}^2 \right\rangle = \frac{m_1}{m_1+m_2} \times \frac{3}{2} k_\text{B} T + \frac{m_2}{m_1+m_2} \times \frac{3}{2} k_\text{B} T = \frac{3}{2} k_\text{B} T$$

を得る。

(2) 質量 m の質点が力 $-Kz$ $(K>0)$ を受けて調和振動しているとする。角振動数を $\omega = \sqrt{\dfrac{K}{m}}$, 振幅を a (>0) として,時刻 t での質点の位置は $z = a\sin\omega t$, 速度は $v = a\omega\cos\omega t$ とおける。また,振動の周期を $T = \dfrac{2\pi}{\omega}$ とすると,

$$\langle \cos^2 \omega t \rangle \equiv \frac{1}{T}\int_0^T \cos^2\omega t\, dt = \frac{1}{T}\int_0^T \frac{1+\cos 2\omega t}{2}\, dt = \frac{1}{T}\cdot\frac{T}{2} = \frac{1}{2}$$

同様に,

$$\langle \sin^2 \omega t \rangle = \frac{1}{2}$$

となるから[1],運動エネルギーと位置エネルギーの平均はそれぞれ,

$$\left\langle \frac{1}{2} mv^2 \right\rangle = \frac{1}{2} ma^2\omega^2 \langle \cos^2\omega t \rangle = \frac{1}{4} ma^2\omega^2$$

$$\left\langle \frac{1}{2} Kz^2 \right\rangle = \frac{1}{2} ma^2\omega^2 \langle \sin^2\omega t \rangle = \frac{1}{4} ma^2\omega^2$$

となり,等しいことがわかる。

(3) 2つの原子の運動エネルギーの和の平均値は $\langle E \rangle = \left\langle \dfrac{1}{2} m_1 \boldsymbol{v}_1^2 \right\rangle + \left\langle \dfrac{1}{2} m_2 \boldsymbol{v}_2^2 \right\rangle = 3k_\text{B} T$ であり,重心運動エネルギーの平均値が $\dfrac{3}{2} k_\text{B} T$ であるから,相対運動エネルギーの平均値は,$\left\langle \dfrac{1}{2} \mu_\text{r} \boldsymbol{v}_\text{r}^2 \right\rangle = 3k_\text{B} T - $

---

[1] この場合の平均は時間平均であるが,本書では,統計平均と時間平均を区別せず,$\langle \cos^2\omega t \rangle$ などと書くことにする。

$\frac{3}{2}k_\mathrm{B}T = \frac{3}{2}k_\mathrm{B}T$ となる。図 1.6 のように，相対速度 $\boldsymbol{v}_\mathrm{r}$ も x, y, z 成分をもち，どの方向の運動も同様に起こると考えられるから，振動方向（z 方向）の運動エネルギーの平均は $\left\langle \frac{1}{2}mv_\mathrm{rz}^2 \right\rangle = \frac{1}{2}k_\mathrm{B}T$ となる。問 (2)

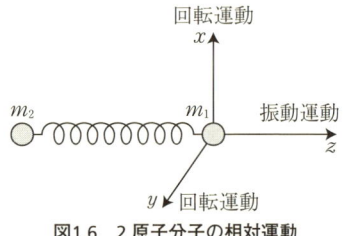

図1.6　2 原子分子の相対運動

より，運動エネルギーと位置エネルギーが等しいから，振動運動エネルギーの平均は，

$$\langle E_\mathrm{V} \rangle = \left\langle \frac{1}{2}mv_\mathrm{rz}^2 \right\rangle + \left\langle \frac{1}{2}Kz^2 \right\rangle = \frac{1}{2}k_\mathrm{B}T + \frac{1}{2}k_\mathrm{B}T = k_\mathrm{B}T$$

となる。

(4) 回転運動エネルギーは，相対運動の x 方向と y 方向の運動エネルギーで与えられ，その平均値は $\frac{1}{2}k_\mathrm{B}T + \frac{1}{2}k_\mathrm{B}T = k_\mathrm{B}T$ となる。こうして，2 原子分子の全エネルギーは，並進運動エネルギー（重心運動エネルギー）と回転運動エネルギーの和で与えられ，$\frac{3}{2}k_\mathrm{B}T + k_\mathrm{B}T = \frac{5}{2}k_\mathrm{B}T$ となる。これより，n モルの 2 原子分子気体の内部エネルギーは $U = \frac{5}{2}nRT$ となり，定積モル比熱は，(1.12) 式より $c_v = \frac{5}{2}R$ となる。■

いろいろな気体の定圧・定積モル比熱は表 1.1 のようになる。

表1.1　気体の定圧・定積モル比熱
（定圧モル比熱 c_p は，ヘリウムは 18℃，その他は 15℃，1 気圧，定積モル比熱 c_v は，$c_v = c_p - R$ としての計算値）

	He	Ar	H$_2$	O$_2$	N$_2$
定圧モル比熱 c_p 〔J/mol·K〕	21.1	20.8	28.4	29.2	28.7
定積モル比熱 $c_v = c_p - R$ 〔J/mol·K〕	12.8	12.5	20.1	20.9	20.4

気体定数が $R = 8.31$ J/mol·K であることを考えると，表 1.1 に示した

定積モル比熱の値は，単原子分子気体の定積モル比熱 $\frac{3}{2}R = 12.465$ J/mol·K，2 原子分子気体の定積モル比熱 $\frac{5}{2}R = 20.775$ J/mol·K とほぼ一致していることがわかるであろう。

1.6　固体の比熱

固体の比熱はどのように表されるのであろうか。分子（原子）運動論を用いて考えてみよう。

固体内の原子には周囲の原子から原子間力がはたらき，固体原子の運動は，力のつり合いの位置を中心にした調和振動になると考えられる。熱平衡状態で固体内原子のもつ平均エネルギーを考察しよう。

例題1.3　**固体原子の平均運動エネルギー**

図 1.7 のように，質量 M の固体原子が壁にばねでつながれて x 方向に振動し，そこに x 軸正方向に運動する質量 m の気体分子が 1 次元的な完全弾性衝突をするモデルを考える。熱平衡状態で温度が T のとき，壁につながれた固体原子の x 方向の平均運動エネルギーが $\frac{1}{2}k_{\mathrm{B}}T$ に等しいことを示せ。ただし，熱平衡状態では，気体分子から壁原子へ平均としてエネルギーの移動が起こっていないことに注意せよ。

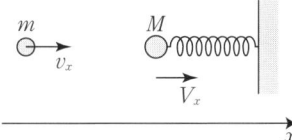

図1.7　気体分子と固体原子の衝突

解　衝突前の気体分子と固体原子の速度の x 成分をそれぞれ v_x，V_x，衝突直後の速度の x 成分をそれぞれ u_x，U_x とする。衝突の際の運動量保存の式とはね返り係数の式は，それぞれ，

$$mv_x + MV_x = mu_x + MU_x, \quad 1 = -\frac{u_x - U_x}{v_x - V_x}$$

となる。これより，$u_x = \dfrac{2M}{M+m}V_x - \dfrac{M-m}{M+m}v_x$ となるから，衝突の際の気体分子の平均運動エネルギーの変化は，

$$\Delta E = \frac{1}{2}mu_x^2 - \frac{1}{2}mv_x^2$$

$$= \frac{4Mm}{(M+m)^2}\left[\frac{1}{2}MV_x^2 - \frac{1}{2}mv_x^2 - \frac{1}{2}(M-m)V_xv_x\right]$$

となる。熱平衡では平均としてエネルギーの移動がないから，$\langle\Delta E\rangle = 0$ である。よって，

$$\left\langle\frac{1}{2}MV_x^2\right\rangle - \left\langle\frac{1}{2}mv_x^2\right\rangle - \left\langle\frac{1}{2}(M-m)V_xv_x\right\rangle = 0$$

となる。

ここで，衝突前の気体分子と固体分子の運動は独立であり，それぞれ $+x$ 方向にも $-x$ 方向にも同じように運動していると考えられるから，

$$\langle V_xv_x\rangle = \langle V_x\rangle\langle v_x\rangle = 0$$

が成り立つ。また，気体分子の x 方向への平均運動エネルギー $\frac{1}{2}k_{\mathrm{B}}T$ を用いて，

$$\left\langle\frac{1}{2}MV_x^2\right\rangle = \left\langle\frac{1}{2}mv_x^2\right\rangle = \frac{1}{2}k_{\mathrm{B}}T$$

を得る。∎

例題1.2(2)で求めたように，固体原子が x 方向に調和振動しているとき，平均の運動エネルギーと平均の位置エネルギーは等しいから，固体内原子の x 方向への振動エネルギーは $k_{\mathrm{B}}T$ に等しい。原子は x 方向，y 方向，z 方向にも同じように振動していると考えられるから，3次元的な振動をしている固体内原子1個のもつ平均エネルギーは $3k_{\mathrm{B}}T$ となる。これより，n モルの固体原子の内部エネルギーは $U = 3nRT$ となり，気体の場合と同様に，$U = nc_vT$ とおくと，$c_v = 3R$ となる。固体の定積モル比熱に関するこの結果は，**デュロン−プティの法則**と呼ばれている。実際，$3R = 24.9\,\mathrm{J/mol\cdot K}$ となり，表1.2の室温での金属のモル比熱の値とほぼ一致し

表1.2 固体のモル比熱(25℃)

	Fe	Cu	Ag
J/mol·K	25.2	24.5	25.2

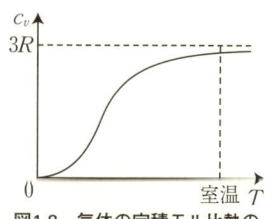

図1.8 気体の定積モル比熱の温度変化

ている。

多くの固体の比熱は，温度が低下すると減少し，図1.8のように，絶対零度に近づくと0に近づく。このことは，上で述べたような古典論では説明できず，量子論によって説明される。量子論では，温度が0Kに近づくと運動の凍結が起こり，温度を少し上げても固体の内部エネルギーがあまり増えずに比熱は小さくなる[2]。

1.7 実在気体の状態方程式

1.3節で述べたように，理想気体は気体の密度が十分に小さく，分子の大きさや分子間にはたらく力の無視できる希薄気体である。気体を圧縮していくと，分子の大きさや分子間力を無視できなくなる。このような気体では，気体の圧力 p，体積 V，温度 T の間にどのような関係が成り立つのであろうか。以下では1モルの気体について考える。

希薄気体ではなく，分子の大きさが無視できなくなると，分子が運動できる空間の体積は小さくなると考えられる。そこで気体分子の大きさの総和程度の大きさを b とすると，理想気体の状態方程式

$$pV = RT \tag{1.16}$$

で，V は $V - b$ と置き換えられるであろう。また，一般に気体分子が近づくと引力がはたらくため，圧力を大きくして圧縮すると，分子間引力により，圧力は小さくなる。圧力の減少は気体の密度の2乗に比例することが知られているので，それは体積の2乗に反比例する。そこで，その比例定数を a とすると，実際の圧力 p は，分子間引力がないとしたときの圧力（理想気体の状態方程式 (1.16) に表れる圧力）を p' とすると，$p = p' - \frac{a}{V^2}$ と表される。そこで，(1.16) 式の圧力は $p + \frac{a}{V^2}$ で置き換えられ，分子の大きさと分子間力を考慮した実在気体の状態方程式は，

$$\left(p + \frac{a}{V^2}\right)(V - b) = RT \tag{1.17}$$

と表されると考えられる。(1.17) 式は，**ファン・デル・ワールスの状態**

---

2) 第2章章末問題2.2および第6章参照。

方程式と呼ばれている。実在気体の状態方程式はいくつか提案されているが，(1.17) 式は気体の性質をよく表しており，最も有名なものである。

ファン・デル・ワールスの状態方程式と相転移・臨界現象[3]

図1.9のように，ピストンの付いたシリンダー内に低い圧力の水蒸気を入れて温度を一定に保ちながら少しずつ圧力を高くしていくと，はじめは圧力の増加とともに体積は減少していくが，圧力が飽和水蒸気圧になると，圧力が一定のまま水蒸気の一部が液化して水になり，体積が減少する。水蒸気のすべてが水になると，圧力を増加させても体積はわず

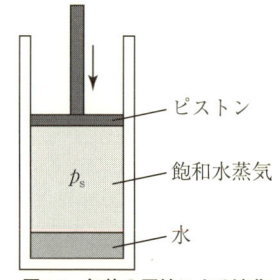

図1.9 気体の圧縮による液化

かしか減少しなくなる。このように，物質の巨視的な（マクロな）状態が変化することを**相転移**という。ただし，温度を $T_c = 647\,\mathrm{K}$（374℃）より高温にすると，圧力をどんなに大きくしても水蒸気は水にならない。このときの温度 T_c を**臨界温度**といい，$T < T_c$ の温度 T では，圧力を増加させると水蒸気は水になる。

ここで，ファン・デル・ワールスの状態方程式を圧力 p について解くと，

$$p = \frac{RT}{V-b} - \frac{a}{V^2} \qquad (1.18)$$

となる。温度 T を一定にして，縦軸に p，横軸に V をとって (1.18) 式のグラフを描くと図1.10のようになる。以下，$T=$ 一定としたとき，(1.18) 式で与えられる曲線をファン・デル・ワールス曲線と呼ぶことにしよう。図1.10の点 C を**臨界点**といい，点 C を通る曲線を与える温度が臨界温度 T_c である。点 C の圧力 p_c を**臨界圧力**，体積 V_c を**臨界体積**という。

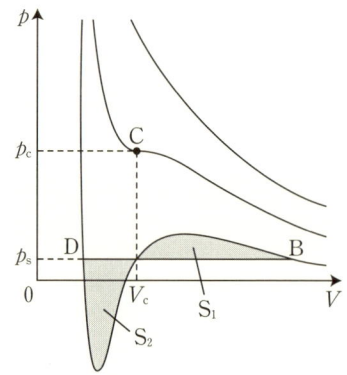

図1.10 ファン・デル・ワールスの状態方程式による p-V 図

---

[3] 一般的な相転移と臨界現象については，主に第10章で考える。

$T < T_\text{c}$ の温度 T で気体の圧力を増していき,点 B に達すると気体は液化を始め,点 B と同じ圧力の点 D に達するまでは圧力一定のまま気体と液体が共存する。点 D で気体はすべて液化し,その後は圧力を増加させても体積の減少はわずかになる。熱力学を用いると,気体が液化を始める点 B は,領域 S_1 と S_2 の面積が等しくなるような圧力 $p_\text{s} =$ 一定 の直線とファン・デル・ワールス曲線の交点として定めればよいことが証明される。これを**マクスウェルの等面積の規則**という。

このような臨界点近傍での現象を**臨界現象**という。ファン・デル・ワールスの状態方程式は,このような臨界現象をうまく記述する。

例題1.4 **ファン・デル・ワールスの状態方程式と臨界現象**

ファン・デル・ワールスの状態方程式で与えられる臨界温度 T_c,臨界圧力 p_c,臨界体積 V_c を求めよ。また,$\dfrac{RT_\text{c}}{p_\text{c} V_\text{c}}$ の値が,気体の種類で決まると考えられる定数 a,b によらず,気体によらない一定値になることを示せ。

解 臨界点 C は,図 1.10 の温度一定の曲線で,変曲点での接線の傾きが 0 になる点である。したがって,(1.18) 式で温度 $T =$ 一定 の下に体積 V での 1 階微分,2 階微分がともに 0 になる条件は,

$$\left(\frac{\partial p}{\partial V}\right)_\text{c} = -\frac{RT_\text{c}}{(V_\text{c} - b)^2} + \frac{2a}{V_\text{c}^3} = 0,$$

$$\left(\frac{\partial^2 p}{\partial V^2}\right)_\text{c} = \frac{2RT_\text{c}}{(V_\text{c} - b)^3} - \frac{6a}{V_\text{c}^4} = 0$$

となる。これらより,$V_\text{c} - b = \dfrac{2}{3} V_\text{c}$ となり,

$$V_\text{c} = \underline{3b}, \quad T_\text{c} = \underline{\frac{8a}{27Rb}}, \quad p_\text{c} = \underline{\frac{a}{27b^2}} \tag{1.19}$$

を得る。

また,(1.19) 式より,

$$\frac{RT_\text{c}}{p_\text{c} V_\text{c}} = \frac{8}{3} \tag{1.20}$$

となり,左辺は,気体の種類によらず一定値になることがわかる。 ∎

このように,ファン・デル・ワールスの状態方程式は,気体の相転移や臨界現象をよく表している。

章末問題

1.1 電磁波は光子（光量子）というエネルギー E と運動量 p をもつ粒子の集まりと考えることができる。このとき，光子の速さはすべて一定値 c であり，$E = cp$ が成り立つ。図1.11 のように，一辺 L の立方体容器に入れられた光子気体（気体分子と同様に考えた光子の集合体）を考える。

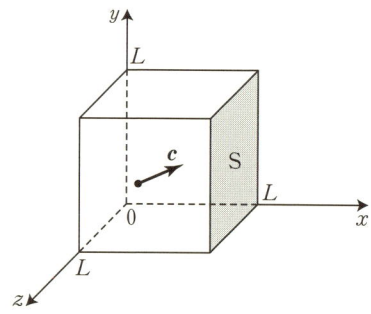

図1.11　立方体容器内の光子気体

どのようなエネルギーをもつ光子も等方的に（どの方向にも同じように）運動し，器壁で反射する際，器壁に垂直な速度成分のみの符号が変わる（完全弾性衝突する）ものとする。ただし，光子のエネルギーは離散的な値（とびとびの値）をもつとしてよい。

(1) 光速度 $\boldsymbol{c} = (c_x, c_y, c_z)\,(c_x > 0)$ で運動し，大きさ p の運動量をもつ光子が x 軸に垂直な面 S に1回の衝突で与える力積の大きさを，c, p および c_x を用いて表せ。ただし，$c^2 = c_x^2 + c_y^2 + c_z^2$ である。

(2) 容器の壁におよぼす圧力 P_0，光子気体の体積 V と光子気体の内部エネルギー（光子のもつ全エネルギー）U の間に成り立つ関係式を求めて，気体について成り立つ (1.4) 式と比較し，その違いを考察せよ。

1.2 気体の圧力 p，体積 V，温度 T を臨界圧力 p_c，臨界体積 V_c，臨界温度 T_c でスケールした圧力 $\tilde{p} = p/p_c$，体積 $\tilde{V} = V/V_c$，温度 $\tilde{T} = T/T_c$ の間に成り立つ関係式を，ファン・デル・ワールスの状態方程式より導き，この関係式が気体の種類で決まると考えられる定数 a, b によらないことを示せ。また，$\tilde{T} = 0.5, 1, 2$ の場合，この関係式のグラフを，縦軸に $\tilde{p}$，横軸に $\tilde{V}$ をとって描け。この関係式を**対応状態の関係式**という。

第 2 章

理想気体の分子の速度分布則を，まず，マクスウェルの方法にしたがって導く。マクスウェルは，気体分子の速度について特別な仮定をして速度分布を求めたが，次に，より一般的な方法を考える。

マクスウェル－ボルツマン分布

2.1　いろいろな粒子の速さ

分子の速度分布を考える前に，いろいろな分子や電子がどれくらいの速さで運動しているのか調べてみよう。

気体分子運動論による粒子の速さ

第1章で考えた理想気体に対する気体分子運動論を用いると，室温の空気分子の速さや金属中の自由電子の速さなどを求めることができる。温度が T のとき，質量 m の分子の2乗平均平方根速度 $\sqrt{\langle v^2 \rangle}$ は，ボルツマン定数 $k_B = \dfrac{R}{N_A}$（R は気体定数，N_A はアボガドロ数）を用いて，$\dfrac{1}{2} m \langle v^2 \rangle = \dfrac{3}{2} k_B T$ より，

$$\sqrt{\langle v^2 \rangle} = \sqrt{\frac{3k_B T}{m}} = \sqrt{\frac{3RT}{M}} \tag{2.1}$$

と表される。ここで，$M = N_A m$ は1モルの質量である。ここでは，分子の平均の速さとして，近似的に (2.1) 式で与えられる2乗平均平方根速度を用いることにする。

温度 $T = 300\,\mathrm{K}$（27℃）での窒素分子 N_2 の平均の速さ $\langle v_N \rangle = \sqrt{\langle v_N^2 \rangle}$

は，$M = 28 \times 10^{-3}$ kg，$R = 8.31$ J/mol·K を用いて，$\langle v_\mathrm{N} \rangle = 5.2 \times 10^2$ m/s となる．また，金属中の自由電子の平均運動エネルギーに対しても，固体原子の平均運動エネルギーの場合と同様な気体分子運動論を用いることができる．したがって，平均の速さ $\langle v_\mathrm{e} \rangle$ として (2.1) 式をそのまま使うことができる．$k_\mathrm{B} = 1.38 \times 10^{-23}$ J/K，電子の質量 $m_\mathrm{e} = 9.1 \times 10^{-31}$ kg，$T = 300$ K を用いて，$\langle v_\mathrm{e} \rangle = 1.2 \times 10^5$ m/s を得る．これより，自由電子の速さはかなり速いことがわかる．

電流方向へ移動する電子の速さ

次に，金属に電流が流れているときの自由電子の導線に沿った平均の速さ $\langle u_\mathrm{e} \rangle$ を求めてみよう．導線の単位体積中の自由電子の数を n，導線の断面積を S，電子の電荷の大きさを e とする．図2.1のように，断面積 S，長さ $\langle u_\mathrm{e} \rangle$ の導線の中の電子が単位時間の間に断面 S を通過しているから，流れる電流の強さ I は，

$$I = enS \langle u_\mathrm{e} \rangle \qquad (2.2)$$

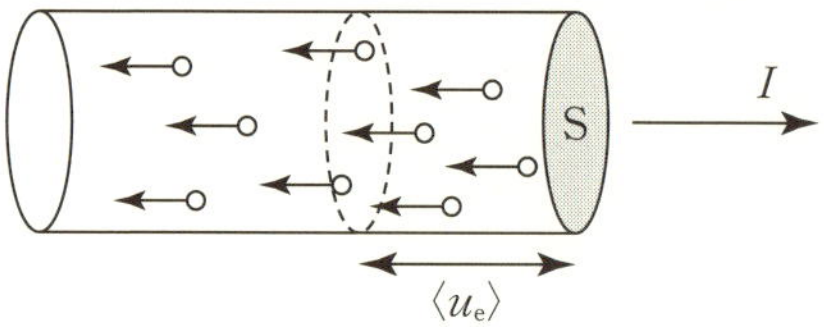

図2.1 導線中を電流と逆向きに移動する電子

と表される．

例題2.1 電場方向の電子の速さ

断面積 $S = 1 \times 10^{-6}$ m²（直径 1 mm 程度）の銅 (Cu) でできた導線に，$I = 1$ A の電流が流れている場合を考える．銅原子 1 個が 1 個の自由電子を出すとし，銅 1 モルの質量を $M = 64 \times 10^{-3}$ kg，質量密度を $\sigma = 8.9 \times 10^3$ kg/m³，アボガドロ数を $N_\mathrm{A} = 6.0 \times 10^{23}$，電気素量を $e = 1.6 \times 10^{-19}$ C として，導線に沿って移動する電子の平均の速さ $\langle u_\mathrm{e} \rangle$ を求めよ．

解 質量密度を 1 モルの質量で割った量は単位体積あたりの銅のモル数を表すから，単位体積あたりの銅原子の数，すなわち自由電子の数 n [1/m³] は，

$$n = N_\mathrm{A} \times \frac{\sigma}{M} = 8.3 \times 10^{28} \; 1/\mathrm{m}^3$$

となる．こうして (2.2) 式より，

$$\langle u_\mathrm{e} \rangle = \frac{I}{enS} \fallingdotseq \underline{7.5 \times 10^{-5}\ \mathrm{m/s}}$$

を得る。 ■

上で求めた結果から，熱運動による自由電子の平均の速さ $\langle v_\mathrm{e} \rangle$ は $\sim 10^5$ m/s と非常に速いが，電流方向への自由電子の平均の速さは $\sim 10^{-5}$ m/s と非常に遅いことがわかる。

2.2　マクスウェルの速度分布則

2.1 節では，理想気体に対する気体分子運動論により温度 T における気体分子の平均の速さを求めたが，個々の気体分子はいろいろな速度で運動し，ある瞬間において，速い速度で運動している分子も遅い分子もある。どのような速度で運動している分子がどの位の割合で存在するのかは，速度分布で示される。

マクスウェルは，

「気体分子の速度の x, y, z 成分は互いに独立であり，
　どの方向にも同じように運動している」　　　　　(2.3)

という仮定の下に理想気体の分子の速度分布則を導いた。これを，**マクスウェルの速度分布則**という。以下，マクスウェルの方法にしたがって速度分布関数を導いてみよう。

(Ⅰ) 1 つの気体分子の速度成分を (v_x, v_y, v_z)，分子の総数を N，速度の x 成分が v_x と $v_x + \mathrm{d}v_x$ の間（これを $v_x \sim v_x + \mathrm{d}v_x$ と表す）に入る分子数を $\mathrm{d}N_1$ とすると，$\mathrm{d}N_1$ は $\mathrm{d}v_x$ に比例するはずであるから，

$$\frac{\mathrm{d}N_1}{N} = f_1(v_x)\,\mathrm{d}v_x \qquad (2.4)$$

とおくことができる。ここで，分子はどの方向へも同じように運動しているという仮定から，$f_1(-v_x) = f_1(v_x)$ が成り立つ。これより，$f_1(v_x)$ は v_x^2 の関数となるから $f_1(v_x)$ を $f(v_x^2)$ で置き換えることができる。

(Ⅱ) 次に，速度の x 成分が $v_x \sim v_x + \mathrm{d}v_x$ にあり，y 成分が $v_y \sim v_y + \mathrm{d}v_y$ にある分子数を $\mathrm{d}N_2$ とする。速度の y 成分がどの程度分布するかは，

x 成分の値によらない（速度の各成分は独立であるという仮定）から，分子数 dN_1 に対する分子数 dN_2 の割合は dv_y に比例し，（Ⅰ）で用いた関数 f を用いることができる。そこで，

$$\frac{dN_2}{dN_1} = f(v_y{}^2)\,dv_y \tag{2.5}$$

と表される。

同様に，速度の x, y, z 成分がそれぞれ $v_x \sim v_x + dv_x$，$v_y \sim v_y + dv_y$，$v_z \sim v_z + dv_z$ にある分子数を dN とすると，分子数 dN_2 に対する分子数 dN の割合は，

$$\frac{dN}{dN_2} = f(v_z{}^2)\,dv_z \tag{2.6}$$

と書ける。

(2.4)，(2.5)，(2.6) 式の辺々掛け合わせると，

$$dN = Nf(v_x{}^2)f(v_y{}^2)f(v_z{}^2)\,dv_x dv_y dv_z$$

となる。さらに，速度に方向性がないから，関数 $f(v_x{}^2)f(v_y{}^2)f(v_z{}^2)$ は分子の速さの 2 乗 $v^2 = v_x{}^2 + v_y{}^2 + v_z{}^2$ の関数になるはずである。こうして，

$$f(v_x{}^2)f(v_y{}^2)f(v_z{}^2) = F(v^2) \tag{2.7}$$

と表される。

（Ⅲ）(2.7) 式を満たす関数 $F(v^2)$ を見つけてみよう。A と β を定数として，$f(v_x{}^2) = Ae^{-\beta v_x{}^2}$ とおいて (2.7) 式へ代入すると，

$$F(v^2) = A^3 e^{-\beta(v_x{}^2 + v_y{}^2 + v_z{}^2)} = A^3 e^{-\beta v^2} \tag{2.8}$$

となり，(2.7) 式は満たされる。ここで，分布関数は正であり，$v \to \infty$ で発散しないはずであるから $A > 0$，$\beta > 0$ である。(2.8) 式を**マクスウェルの速度分布関数**という。

例題2.2　速度分布関数

(2.7) 式において，$f(0) = A$ とおき，$v_y{}^2 = v_z{}^2 = 0$ を代入することにより，$F(v_x{}^2)$ に関する微分方程式を求めて (2.8) 式を導け。

解　$f(0) = A$ とおいて，(2.7) 式に $v_y{}^2 = v_z{}^2 = 0$ を代入すると，

$$f(v_x{}^2) = \frac{1}{A^2} F(v_x{}^2)$$

となる。ここで，$v_x{}^2 = 0$ とおくと，$F(0) = A^3$ となる。同様に，

$$f(v_y{}^2) = \frac{1}{A^2}F(v_y{}^2), \ f(v_z{}^2) = \frac{1}{A^2}F(v_z{}^2)$$

となることから，

$$F(v^2) = \frac{1}{A^6}F(v_x{}^2)F(v_y{}^2)F(v_z{}^2) \tag{2.9}$$

を得る。(2.9) 式の両辺を $v_y{}^2$ で偏微分して $v_y{}^2 = v_z{}^2 = 0$ とおくと，

$$F'(v_x{}^2) = \frac{1}{A^6}F(v_x{}^2)F'(0)\cdot A^3 = -\beta F(v_x{}^2) \tag{2.10}$$

となる。ここで，$\beta = -\dfrac{F'(0)}{A^3}$ とおき，$F(0) = A^3$ を用いた。さらに，$F(0) = A^3$ より (2.10) 式は簡単に解くことができて，

$$F(v_x{}^2) = A^3 e^{-\beta v_x{}^2}$$

となる。こうして (2.8) 式が導かれる。　∎

A と β の決定

どんな気体分子も何らかの速度成分 (v_x, v_y, v_z) をもつから，速度分布関数 $F(v^2)$ をすべての速度に関して積分すれば 1 であること（規格化条件），および，温度 T のとき，総数 N の気体分子の全運動エネルギーが $E = \dfrac{3}{2}Nk_\mathrm{B}T$ であることを用いて，定数 A と β を決めよう。まず，

$$1 = \iiint F(v^2)\,dv_x dv_y dv_z = A^3 \int_{-\infty}^{\infty} dv_x \int_{-\infty}^{\infty} dv_y \int_{-\infty}^{\infty} dv_z\, e^{-\beta(v_x{}^2 + v_y{}^2 + v_z{}^2)}$$

において，後の例題 2.3 に示すガウス積分の公式 (2.13) を用いて，

$$1 = A^3\left(\frac{\pi}{\beta}\right)^{\frac{3}{2}} \ \Rightarrow \ A = \sqrt{\frac{\beta}{\pi}}$$

となる。これより，

$$F(v^2) = \left(\frac{\beta}{\pi}\right)^{\frac{3}{2}} e^{-\beta v^2} \tag{2.11}$$

を得る。

図 2.2 のように，空間に v_x, v_y, v_z をとってみると，各分子の速度は，この空間（これを**速度空間**という）の 1 点で与えられる。

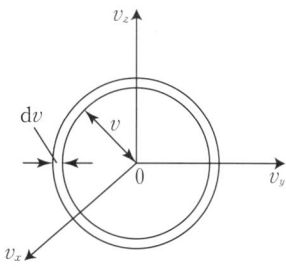

図2.2　速度空間に分布する気体分子

速度分布関数 F が v^2 の関数になるということは，速度を表す点は，速度空間の原点を中心に球対称に分布することを意味する．そこで，速度空間に，原点を中心に半径 v と $v+\mathrm{d}v$ の2つの球を描くと，2球に挟まれた領域の速度をもつ分子の数は，球の表面積 $4\pi v^2$ を用いて $NF(v^2)\cdot 4\pi v^2 \mathrm{d}v$ と表される．したがって，全気体分子の運動エネルギーの和 E は，

$$E = \int_0^\infty \frac{1}{2} mv^2 \cdot N\left(\frac{\beta}{\pi}\right)^{\frac{3}{2}} e^{-\beta v^2} \cdot 4\pi v^2 \mathrm{d}v \tag{2.12}$$

と表される．

例題2.3　ガウス積分

(1) 積分 $I = \int_{-\infty}^\infty \mathrm{d}x \int_{-\infty}^\infty \mathrm{d}y\, e^{-a(x^2+y^2)}$　$(a>0)$ を考えよう．

$r^2 = x^2 + y^2$ とおくと，図2.3のように，積分値 I は $z = e^{-ar^2}$ と x-y 平面との間の体積に等しい．これより I を求め，ガウス積分

$$\int_0^\infty e^{-ax^2}\mathrm{d}x = \frac{1}{2}\sqrt{\frac{\pi}{a}} \tag{2.13}$$

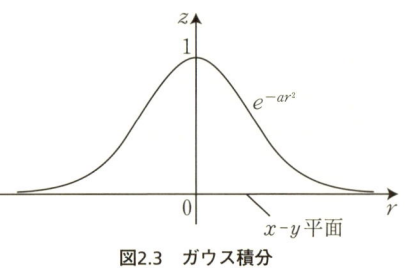

図2.3　ガウス積分

が成り立つことを示せ．

(2) 積分公式

$$\int_0^\infty x^{2n} e^{-ax^2}\mathrm{d}x = \frac{(2n-1)!!}{2^{n+1}}\sqrt{\frac{\pi}{a^{2n+1}}} \quad (n=1,2,3,\cdots) \tag{2.14}$$

$$\int_0^\infty x^{2n+1} e^{-ax^2}\mathrm{d}x = \frac{n!}{2a^{n+1}} \quad (n=0,1,2,\cdots) \tag{2.15}$$

が成り立つことを示せ．

ただし，$(2n-1)!! = (2n-1)(2n-3)\cdots 3\cdot 1$ である．

解

(1) 積分 I は，半径 r と $r+\mathrm{d}r$ の円柱で挟まれた領域の体積 $2\pi r\cdot z\,\mathrm{d}r$ を，$r=0$ から ∞ まで加えたものに等しい．こうして，

$$I = \int_0^\infty 2\pi r \cdot e^{-ar^2}\mathrm{d}r = \frac{\pi}{a}\left[-e^{-ar^2}\right]_0^\infty = \frac{\pi}{a}$$

となる．一方，I は，

と書けるから,
$$I = \int_{-\infty}^{\infty} e^{-ax^2} dx \int_{-\infty}^{\infty} e^{-ay^2} dy = \left(\int_{-\infty}^{\infty} e^{-ax^2} dx\right)^2$$

$$\int_{-\infty}^{\infty} e^{-ax^2} dx = \sqrt{\frac{\pi}{a}}$$

となる。こうして,被積分関数が偶関数であることから (2.13) 式を得る。

(2) $I_n = \int_0^{\infty} x^n e^{-ax^2} dx$ とおき,(2.13) 式の左辺を部分積分すると,

$$\int_0^{\infty} e^{-ax^2} dx = \left[xe^{-ax^2}\right]_0^{\infty} + 2a\int_0^{\infty} x^2 e^{-ax^2} dx = 2aI_2$$
$$\Rightarrow \quad I_2 = \frac{1}{2^2}\sqrt{\frac{\pi}{a^3}}$$

を得る。積分 I_2 をもう 1 回部分積分すると,

$$I_2 = \left[\frac{x^3}{3}e^{-ax^2}\right]_0^{\infty} + \frac{2a}{3}\int_0^{\infty} x^4 e^{-ax^2} dx \quad \Rightarrow \quad I_4 = \frac{3}{2^3}\sqrt{\frac{\pi}{a^5}}$$

となる。こうして順次部分積分することにより,(2.14) 式を得る。

次に,積分

$$\int_0^{\infty} xe^{-ax^2} dx = -\frac{1}{2a}\left[e^{-ax^2}\right]_0^{\infty} = \frac{1}{2a}$$

の左辺を部分積分すると,

$$\int_0^{\infty} xe^{-ax^2} dx = \left[\frac{x^2}{2}e^{-ax^2}\right]_0^{\infty} + a\int_0^{\infty} x^3 e^{-ax^2} dx$$

となり,$I_3 = \dfrac{1}{2a^2}$ となる。さらに順次部分積分して (2.15) 式を得る。 ∎

(2.12) 式に積分公式 (2.14) を用いると,全分子の運動エネルギーの和は,

$$E = \frac{3mN}{4\beta}$$

となる。一方気体分子運動論より,温度 T のとき,N 個の気体分子の全運動エネルギーは,ボルツマン定数 k_B を用いて $E = \dfrac{3}{2}Nk_BT$ となるから,

$$\beta = \frac{m}{2k_BT}$$

と定まる。これを (2.11) 式へ代入して,

第2章 マクスウェル－ボルツマン分布

$$F(v^2) = \left(\frac{m}{2\pi k_B T}\right)^{\frac{3}{2}} \exp\left(-\frac{mv^2}{2k_B T}\right) \tag{2.16}$$

を得る。ここで，$\exp(x) = e^x$ である。

気体の温度が T のとき，(2.16) 式は，分子が速さ v をもつ確率を表している。また，分子の運動エネルギーは $K = \frac{1}{2}mv^2$ と表されるから，温度 T の気体分子が運動エネルギー K をもつ確率が $\exp\left(-\frac{K}{k_B T}\right)$ に比例することを示している。

■ 例題2.4　気体分子の平均の速さ

気体分子の平均の速さ

$$\langle v \rangle = \int_0^\infty v F(v^2) \cdot 4\pi v^2 \, dv \tag{2.17}$$

および，2乗平均平方根速度

$$\sqrt{\langle v^2 \rangle} = \sqrt{\int_0^\infty v^2 F(v^2) \cdot 4\pi v^2 \, dv} \tag{2.18}$$

を求め，結果を比較せよ[1]。

**■ 解　** 気体分子の平均の速さは，(2.17) 式より，

$$\langle v \rangle = \left(\frac{m}{2\pi k_B T}\right)^{\frac{3}{2}} \int_0^\infty v \exp\left(-\frac{m}{2k_B T}v^2\right) \cdot 4\pi v^2 \, dv$$

$$= 4\pi \left(\frac{m}{2\pi k_B T}\right)^{\frac{3}{2}} \int_0^\infty v^3 \exp\left(-\frac{m}{2k_B T}v^2\right) dv$$

と書ける。ここで，$\int_0^\infty x^3 e^{-ax^2} dx = \frac{1}{2a^2}$ を用いて，

$$\langle v \rangle = 4\pi \left(\frac{m}{2\pi k_B T}\right)^{\frac{3}{2}} \cdot \frac{1}{2\left(\frac{m}{2k_B T}\right)^2} = \frac{2}{\sqrt{\pi}} \sqrt{\frac{2k_B T}{m}} \tag{2.19}$$

を得る。

一方，2乗平均速度は，(2.18) 式より，

$$\langle v^2 \rangle = \left(\frac{m}{2\pi k_B T}\right)^{\frac{3}{2}} \int_0^\infty v^2 \exp\left(-\frac{m}{2k_B T}v^2\right) \cdot 4\pi v^2 \, dv$$

$$= 4\pi \left(\frac{m}{2\pi k_B T}\right)^{\frac{3}{2}} \cdot \frac{3}{8}\sqrt{\pi} \left(\frac{m}{2k_B T}\right)^{-\frac{5}{2}} = \frac{3k_B T}{m}$$

---

[1] 分布関数 $F(v^2)$ は規格化されている。

となる。ここで，$\int_0^\infty x^4 e^{-ax^2}\,dx = \dfrac{3}{8}\sqrt{\dfrac{\pi}{a^5}}$ を用いた。これより，2乗平均平方根速度は，

$$\sqrt{\langle v^2 \rangle} = \sqrt{\dfrac{3}{2}}\sqrt{\dfrac{2k_{\mathrm{B}}T}{m}} \tag{2.20}$$

となる。

(2.19)，(2.20) 式を比較すると，速さの平均 $\langle v \rangle$ は $\sqrt{\dfrac{2k_{\mathrm{B}}T}{m}}$ の $\dfrac{2}{\sqrt{\pi}} \fallingdotseq$ 1.13 倍，2乗平均平方根速度 $\sqrt{\langle v^2 \rangle}$ は $\sqrt{\dfrac{2k_{\mathrm{B}}T}{m}}$ の $\sqrt{\dfrac{3}{2}} \fallingdotseq 1.22$ 倍となり，わずかに異なることがわかる。■

2.3　気体分子の速度分布

前節 2.2 では，マクスウェルにしたがって仮定 (2.3) を用いて気体分子の速度分布関数 (2.8) を導いたが，ここでは，より一般的に，仮定 (2.3) を用いることなしに (2.8) 式を導くことを考えよう。その際，全気体分子数 N は一定であり，また，分子の全運動エネルギー E は一定であるという条件を課すことにする。

速度空間

気体分子の速度 (v_x, v_y, v_z) を座標とする速度空間を考える。各分子の速度は速度空間内の 1 点で与えられる。図 2.4 のように，速度空間を v_x 軸，v_y 軸，v_z 軸に平行なそれぞれの長さ Δv_x，Δv_y，Δv_z の辺をもつ小さな立方体に分けて，各立方体領域にどれくらいの分子があるかを考える。分子の速度は連続的に変えられるから，ある分子の速度を速度空間のある領域内にとる取り方の数は無限大であるが，それは領域の体

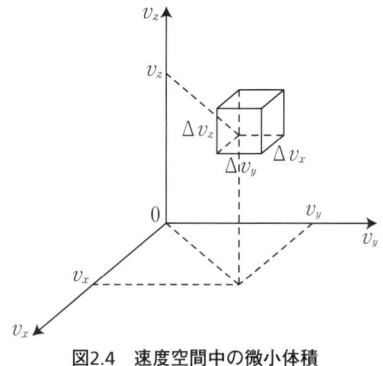

図2.4　速度空間中の微小体積

積に比例するはずである。そこで，1つの分子の速度の取り方の数を速度空間での体積で表すことにする。そうすると，体積 $V_j = (\Delta v_x \Delta v_y \Delta v_z)_j$ の j 番目の立方体内に N_j 個の分子の速度をとる取り方の数は $V_j^{N_j}$ となり，$N_1, N_2, \cdots$ の数の気体分子の速度を，速度空間のそれぞれの体積 $V_1, V_2, \cdots$ にとる取り方の数は，全体で，

$$V_1^{N_1} V_2^{N_2} \cdots \tag{2.21}$$

となる。

一方，N 個の気体分子を N_1 個，N_2 個，$\cdots$ の組に分ける分け方の数は，

$$\frac{N!}{N_1! N_2! \cdots} \tag{2.22}$$

となる。ただし，

$$N = N_1 + N_2 + \cdots \tag{2.23}$$

が成り立っている。

こうして，N 個の気体分子の速度を速度空間の各立方体領域に分配する方法の数は，

$$W(N_1, N_2, \cdots) = \frac{N!}{N_1! N_2! \cdots} V_1^{N_1} V_2^{N_2} \cdots \tag{2.24}$$

で与えられることがわかる。

例題2.5　組み合わせの数

(1) 1, 2, 3, 4 の番号札をもった4人を A, B の2部屋に2人ずつ分ける分け方は，

$$\frac{4!}{2!2!} = 6 \text{ 通り}$$

となることを示せ。

(2) N 個の気体分子を N_1 個, N_2 個, $\cdots$ の組に分ける分け方の数が (2.22) 式で与えられることを説明せよ。

解

(1) 図 2.5 のように，A の部屋にどの2人を入れるかの入れ方は，

(1, 2), (1, 3), (1, 4),
(2, 3), (2, 4), (3, 4)

の6通りある。A の部屋に2人を入れ

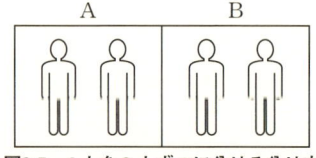

図2.5　4人を2人ずつに分ける分け方

てしまえば，Bの部屋に入れる2人は決まってしまうから，4人を2人ずつA, Bの2部屋に分ける分け方は6通りである。

また，4人を左から1列に並べる並べ方は左端に4人の中で誰をもってくるかで4通り，左から2番目に残り3人の中で誰をもってくるかで3通り，次に残った2人のどちらをもってくるかで2通り，最後の1人は自動的に決まる。こうして，4人を左から1列に並べる並べ方は$4! = 24$通りある。この中で，左の2人をA部屋に入れ，残りの2人をB部屋に入れることにすると，$(1, 2, 3, 4)$, $(1, 2, 4, 3)$, $(2, 1, 3, 4)$, $(2, 1, 4, 3)$の$2! \times 2! = 4$通りの並び方は，すべてA部屋への入り方$(1, 2)$に対応している。A部屋への入り方$(1, 3)$, $(1, 4)$, … に対しても同様であるから，4人をA, Bの2部屋に2人ずつ分ける分け方は$\frac{4!}{2!2!} = 6$通りとなる。

(2) まず，N個の気体分子を左から1列に並べる並べ方は$N!$通りある。次に，左から1列に並べられた気体分子の中で，左からN_1個の分子の並べ方は問題にせず，1番目の組とし，次のN_2個の分子を2番目の組，次のN_3個の分子を3番目の組，… とすると，同じ組の中での分子の並び方はどうでもよいから，N個の分子を並べる並べ方の数$N!$を，同じ組の中での分子の並び方の数$N_1!N_2!\cdots$で割れば，求める分け方の数(2.22)となる。∎

実現状態

気体分子の全運動エネルギーEは，各速度領域（各領域の分子数をN_1, N_2, … とする）の運動エネルギーの和であるから，
$$E = N_1\varepsilon_1 + N_2\varepsilon_2 + \cdots = \sum_i N_i\varepsilon_i \tag{2.25}$$
と書ける。ここで，各速度領域の運動エネルギーε_iは，
$$\varepsilon_i = \frac{1}{2}m(v_{ix}^2 + v_{iy}^2 + v_{iz}^2)$$
と表される。

速度空間の各体積V_1, V_2, … に含まれるそれぞれの分子数N_1, N_2, … は，最も確からしい状態として実現されるであろう。したがって，実現さ

れる気体分子の速度分布は，(2.24) 式で与えられる $W(N_1, N_2, \cdots)$ を最大にする $N_1, N_2, \cdots$ によって与えられる。その際，$N_1, N_2, \cdots$ に対して，条件 (2.23) が付けられる。また，$W(N_1, N_2, \cdots)$ のように大きな数 N の階乗 $N!$ を含む式の計算をする場合，**スターリングの公式**と呼ばれる近似式を用いるのが便利である。この近似式は，

$$\ln N! \approx N \ln N - N \quad (N \gg 1) \tag{2.26}$$

と表される。ここで，$\ln x$ は，底が e の自然対数である。

例題2.6 スターリングの公式の簡単な証明

スターリングの公式 (2.26) を，自然対数の積分を利用して示せ。

解 $N!$ の自然対数は，

$$\ln N! = \sum_{n=1}^{N} \ln n$$

と書ける。このとき，上式の右辺は，図 2.6 に示された幅 1 の長方形の面積の和に等しい。これら長方形の面積の和は，N が大きいとき，関数 $\ln x$ と x 軸で挟まれた $x = 1$ から N までの面積で近似できるから，

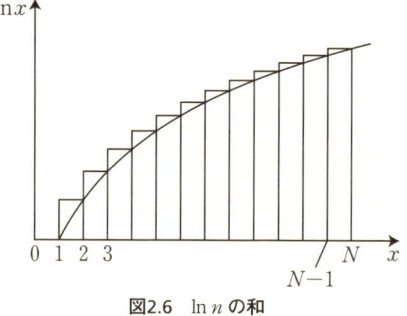

図2.6 $\ln n$ の和

$$\ln N! \approx \int_1^N \ln x \, dx = \Big[x \ln x - x \Big]_1^N = N \ln N - N + 1$$

となる。最後に，$N \gg 1$ より最右辺第 3 項の 1 を落とせば (2.26) 式となる。 ■

スターリングの公式 (2.26) を (2.24) 式に用いると，

$$\begin{aligned}
\ln W(N_1, N_2, \cdots) &\approx N \ln N - N \\
&\quad - [(N_1 \ln N_1 - N_1) + (N_2 \ln N_2 - N_2) + \cdots] \\
&\quad + N_1 \ln V_1 + N_2 \ln V_2 + \cdots \\
&= N \ln N + \sum_i N_i \ln \frac{V_i}{N_i}
\end{aligned} \tag{2.27}$$

となる。そこで，全粒子数 $N = $ 一定，全エネルギー $E = $ 一定 の条件の下に，(2.27) 式を最大にする $N_1, N_2, \cdots$ を求めればよい。

ラグランジュの未定乗数法

N_1, N_2, … をそれぞれ微小量 δN_1, δN_2, … だけ変化させたときの $\ln W$ の変化を $\delta \ln W$ と書くと，最大になる条件は $\delta \ln W = 0$ となるから，

$$\delta \ln W = \sum_i \frac{\partial \ln W}{\partial N_i} \delta N_i = \sum_i \left(\ln \frac{V_i}{N_i} - 1 \right) \delta N_i = 0 \quad (2.28)$$

と書ける。ここで，δ を付けた微小量を**変分**という。

付加条件 $N =$ 一定，$E =$ 一定より，(2.23), (2.25) 式を用いて，

$$\sum_i \delta N_i = 0 \quad (2.29)$$

$$\sum_i \varepsilon_i \delta N_i = 0 \quad (2.30)$$

となる。そこで (2.29) 式に未定乗数 $1 - \alpha$，(2.30) 式に未定乗数 $-\dfrac{2}{m}\beta$ を掛けて (2.28) 式に加えると，

$$\sum_i \left(\ln \frac{V_i}{N_i} - \alpha - \frac{2}{m}\beta \varepsilon_i \right) \delta N_i = 0$$

となる。これより，微小量 δN_i は任意の値をとれるので，

$$\ln \frac{V_i}{N_i} - \alpha - \frac{2}{m}\beta \varepsilon_i = 0$$

$$\Rightarrow \quad N_i = V_i \exp\left(-\alpha - \frac{2}{m}\beta \varepsilon_i \right) \quad (2.31)$$

を得る。このように，付加条件の下に各領域の分子数 N_i を求める方法を**ラグランジュの未定乗数法**(付録 B 参照)という。

これより，速度空間の j 番目の領域にある分子数 N_j の全分子数 N に対する割合を，

$$\frac{N_i}{N} = F(v_x, v_y, v_z)\, \mathrm{d}v_x \mathrm{d}v_y \mathrm{d}v_z$$

と書き，$\dfrac{e^{-\alpha}}{N} = A^3$ とおくと，$V_i = \Delta v_x \Delta v_y \Delta v_z \to \mathrm{d}v_x \mathrm{d}v_y \mathrm{d}v_z$ として，

$$F(v_x, v_y, v_z) = A^3 e^{-\beta(v_x^2 + v_y^2 + v_z^2)} = A^3 e^{-\beta v^2}$$

を得る。これはマクスウェルによって求められた (2.8) 式に他ならない。

2.4　ボルツマン分布

2.2節では，気体の温度が T のとき，分子が運動エネルギー K をもつ確率を求めたが，一般に，分子が力学的エネルギー E をもつ確率はどのように表されるのであろうか。

重力場中での気体分子の分布

地上からの高度が高くなると，気圧は低くなり空気は薄くなる。さらに温度も1000 m につき平均 6℃ 低下する。地上で温められた空気は上昇し，上空の冷やされた空気が下降して大気の上下循環が起こる。この大気循環を考慮すると大気の温度分布を求めることができる。

ここでは図 2.7 のように，質量 m の1種類の分子からなる理想気体の密度が，高度 h とともにどのように変化するか考えてみよう。その際，温度は高度によらず一定値 T であるとする。

高度 h での気体の数密度（単位体積中の気体分子数）を $n(h)$，圧力を $p(h)$ とする。この高度での，体積 V，温度 T の理想気体 $\dfrac{N}{N_A}$ モル（N は気体分子数，N_A はアボガドロ数）の状態方程式は，

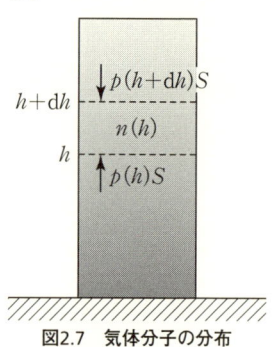

図 2.7　気体分子の分布

$$p(h)V = \frac{N}{N_A}RT \;\;\Rightarrow\;\; p(h) = n(h)k_B T \tag{2.32}$$

と書ける。ここで，$n(h) = \dfrac{N}{V}$ であり，k_B はボルツマン定数である。

高度 h と $h + \mathrm{d}h$ の間の空気にはたらく力のつり合いを考える。図 2.7 のように，断面積 S の気柱をとれば，つり合いの式は，重力加速度の大きさを g として，

$$p(h+\mathrm{d}h)S + n(h)\cdot mg \cdot S\,\mathrm{d}h = p(h)S$$
$$\Rightarrow \;\; \frac{p(h+\mathrm{d}h) - p(h)}{\mathrm{d}h} = -n(h)mg$$

となる。さらに (2.32) 式を代入すると，

$$\frac{n(h+\mathrm{d}h)-n(h)}{\mathrm{d}h} = -n(h)\frac{mg}{k_\mathrm{B}T} \Leftrightarrow \frac{\mathrm{d}n}{\mathrm{d}h} = -n(h)\frac{mg}{k_\mathrm{B}T}$$

となるから，両辺を $n(h)$ で割り，h で積分して，

$$n(h) = n_0 \exp\left(-\frac{mgh}{k_\mathrm{B}T}\right) \tag{2.33}$$

を得る。ここで，n_0 は高度 $h=0$ での気体の数密度である。

(2.33) 式は，温度 T のとき，気体分子が高度 h（そこでの重力ポテンシャルは $U=mgh$）に存在する確率が $\exp\left(-\dfrac{U}{k_\mathrm{B}T}\right)$ に比例することを示している。

ボルツマン分布

ここまでに得られた結果を少し一般化して述べてみよう[2]。

温度 T のとき，気体分子が運動エネルギー $K = \dfrac{1}{2}m(v_x{}^2 + v_y{}^2 + v_z{}^2)$ をもつ確率は $\exp\left(-\dfrac{K}{k_\mathrm{B}T}\right)$ に比例し，ポテンシャル $U(x,y,z)$ をもつ確率は $\exp\left(-\dfrac{U}{k_\mathrm{B}T}\right)$ に比例することから，一般に，力学的エネルギー $E = K + U$ をもつ確率は $\exp\left(-\dfrac{E}{k_\mathrm{B}T}\right)$ に比例すると考えられる。したがって，分子の速度が (v_x, v_y, v_z) と $(v_x + \mathrm{d}v_x, v_y + \mathrm{d}v_y, v_z + \mathrm{d}v_z)$ の間に入り，その位置が (x,y,z) と $(x+\mathrm{d}x, y+\mathrm{d}y, z+\mathrm{d}z)$ に入る確率は，

$$\exp\left[\left\{-\frac{1}{2}m(v_x{}^2 + v_y{}^2 + v_z{}^2) + U(x,y,z)\right\}/k_\mathrm{B}T\right]\mathrm{d}v_x\mathrm{d}v_y\mathrm{d}v_z\mathrm{d}x\mathrm{d}y\mathrm{d}z$$

に比例する。このような分布を**ボルツマン分布**という。

例題2.7 調和振動子の平均エネルギー

質量 m，復元力の定数 K の1次元調和振動子のエネルギーは，

$$E = \frac{1}{2}mv^2 + \frac{1}{2}Kx^2 \tag{2.34}$$

と表される。温度を T とする。

(1) 調和振動子がエネルギー E をもつ確率が，

---

[2] 詳しくは第3章以降で述べられる。

第 2 章　マクスウェル-ボルツマン分布

$$P(E) = \frac{\exp\left(-\dfrac{E}{k_\mathrm{B}T}\right)}{\displaystyle\int_{-\infty}^{\infty}\mathrm{d}v\int_{-\infty}^{\infty}\mathrm{d}x\,\exp\left(-\dfrac{E}{k_\mathrm{B}T}\right)} \qquad (2.35)$$

と表されることを示せ。

(2) エネルギーが (2.34) 式で与えられる調和振動子の平均エネルギーを求めよ。

解

(1) 調和振動子がエネルギー E をもつ確率 $P(E)$ は $\exp\left(-\dfrac{E}{k_\mathrm{B}T}\right)$ に比例するから，確率を，

$$P(E) = c\,\exp\left(-\dfrac{E}{k_\mathrm{B}T}\right)$$

とおく。ここで，c は定数である。任意のエネルギーをもつ確率は 1 であり，E は v と x の関数であるから，

$$1 = \int_{-\infty}^{\infty}\mathrm{d}v\int_{-\infty}^{\infty}\mathrm{d}x\,P(E) = c\int_{-\infty}^{\infty}\mathrm{d}v\int_{-\infty}^{\infty}\mathrm{d}x\,\exp\left(-\dfrac{E}{k_\mathrm{B}T}\right)$$

$$\Rightarrow\quad c = \frac{1}{\displaystyle\int_{-\infty}^{\infty}\mathrm{d}v\int_{-\infty}^{\infty}\mathrm{d}x\,\exp\left(-\dfrac{E}{k_\mathrm{B}T}\right)}$$

これより，(2.35) 式を得る。

(2) 前問 (1) より，平均運動エネルギー $\langle E\rangle$ は，

$$\langle E\rangle = \int_{-\infty}^{\infty}\mathrm{d}v\int_{-\infty}^{\infty}\mathrm{d}x\,E\cdot P(E) = \frac{\displaystyle\int_{-\infty}^{\infty}\mathrm{d}v\int_{-\infty}^{\infty}\mathrm{d}x\,E\cdot\exp\left(-\dfrac{E}{k_\mathrm{B}T}\right)}{\displaystyle\int_{-\infty}^{\infty}\mathrm{d}v\int_{-\infty}^{\infty}\mathrm{d}x\,\exp\left(-\dfrac{E}{k_\mathrm{B}T}\right)}$$

$$(2.36)$$

と表される。ここで，分母は，ガウス積分 (2.13) を用いて，

$$\int_{-\infty}^{\infty}\exp\left(-\dfrac{mv^2}{2k_\mathrm{B}T}\right)\mathrm{d}v\int_{-\infty}^{\infty}\exp\left(-\dfrac{Kx^2}{2k_\mathrm{B}T}\right)\mathrm{d}x$$

$$= \sqrt{\dfrac{2\pi k_\mathrm{B}T}{m}}\cdot\sqrt{\dfrac{2\pi k_\mathrm{B}T}{K}} = \dfrac{2\pi k_\mathrm{B}T}{\sqrt{Km}}$$

となる。また，分子は，積分 (2.14) を用いて，

$$\int_{-\infty}^{\infty}\tfrac{1}{2}mv^2\cdot\exp\left(-\dfrac{mv^2}{2k_\mathrm{B}T}\right)\mathrm{d}v\int_{-\infty}^{\infty}\exp\left(-\dfrac{Kx^2}{2k_\mathrm{B}T}\right)\mathrm{d}x$$

$$+\int_{-\infty}^{\infty} \exp\left(-\frac{mv^2}{2k_\mathrm{B}T}\right)\mathrm{d}v \int_{-\infty}^{\infty} \frac{1}{2}Kx^2 \cdot \exp\left(-\frac{Kx^2}{2k_\mathrm{B}T}\right)\mathrm{d}x$$
$$= \left(\frac{1}{2}k_\mathrm{B}T + \frac{1}{2}k_\mathrm{B}T\right)\frac{2\pi k_\mathrm{B}T}{\sqrt{Km}}$$

となり，
$$\langle E \rangle = \frac{1}{2}k_\mathrm{B}T + \frac{1}{2}k_\mathrm{B}T = \underline{k_\mathrm{B}T}$$

を得る。この結果は，第1章例題1.2(3)で求めた2原子分子の平均振動エネルギー$\langle E_\mathrm{V} \rangle$に一致している。■

章末問題

2.1 n個のものからr個を取り出す方法の数は${}_n\mathrm{C}_r$と書かれ，
$$ {}_n\mathrm{C}_r = \frac{n!}{r!(n-r)!} \tag{2.37}$$
となる。

同じ7個のりんごを異なる5人に重複を許して分配する方法は何通りあるか。ただし，りんごを1個も貰わない人がいてもよいとする。一般に，同じr個のボールを異なるn個の箱に重複を許して分配する方法の数は${}_n\mathrm{H}_r$と書かれる。${}_n\mathrm{H}_r$はどのように表されるか。ただし，1個のボールも入らない箱があってもよいとする。

2.2 $N(\gg 1)$個の同じ原子からなる固体の比熱を考えよう。各原子はx, y, zの3方向に調和振動しているとし，各原子の各方向への振動のエネルギーは，$n\hbar\omega$ ($n = 0, 1, 2, \cdots$) だけをとるものとする。ここで，ωは各調和振動子共通の固有角振動数であり，$\hbar = h/2\pi$ (hはプランク定数)である。

(1) この固体は，$3N$個の調和振動子からなり，全エネルギーが$E = M\hbar\omega$ ($M \gg 1$) の状態は，各振動子のエネルギー $n_1\hbar\omega, n_2\hbar\omega, \cdots, n_{3N}\hbar\omega$ で与えられ，$M = \sum_{i=1}^{3N} n_i$ を満たす。このとき，全エネルギーEを各振動子に分配する方法の数$W(E)$を求めよ。

(2) 全エネルギーがEのとき，固体のエントロピーSは，

$$S = k_{\mathrm{B}} \ln W(E) \quad (k_{\mathrm{B}} \text{はボルツマン定数})$$

で[3]，温度 T は，

$$\frac{\partial S}{\partial E} = \frac{1}{T}$$

で与えられる[4]。このとき，全エネルギー $E = Mh\omega$ を，$\hbar\omega$ と $k_{\mathrm{B}}T$ の関数として表せ。

(3) 前問 (2) の結果で $N = N_{\mathrm{A}}$（N_{A} はアボガドロ数）において，この固体の定積モル比熱 $c_v = \dfrac{\partial E}{\partial T}$ を $\dfrac{\hbar\omega}{k_{\mathrm{B}}T}$ の関数として表し，そのグラフの概形を描け。また，高温極限 $\dfrac{\hbar\omega}{k_{\mathrm{B}}T} \to 0$ での c_v の値，および，低温極限 $\dfrac{\hbar\omega}{k_{\mathrm{B}}T} \to \infty$ での漸近形を求めよ。

このようにして，固体の比熱を定性的に説明したのはアインシュタインであり，この模型を**アインシュタイン模型**，比熱を**アインシュタイン比熱**という。固体の比熱の詳しい扱いは，第 6 章 6.2 節で行われる。

---

[3] 本章で述べた分配数 $W(E)$ は，次章以降で説明する状態密度 $\Omega(E)$ に対応する。したがって，この式は，第 3 章で述べるボルツマンの原理 (3.15) に対応する。

[4] この式は，第 3 章の (3.30) 式である。

第 3 章

いよいよ統計力学の本論に入る。分子の運動を，量子力学を用いて位置と運動量の位相空間で考える。そして，位相空間内のすべての状態は等確率でとることができるという「等重率の原理」により，分子運動を考察する。

等重率の原理とミクロカノニカル分布

3.1 微視的な状態

熱力学的な観測量，例えば，温度 T の熱源と接している物体のエネルギーは揺らいでおり，その観測量は平均値である。平均値というからには，何らかの確率を導入することが必要である。

例えば，N 個の粒子を 2 つの箱にばらまく場合，いろいろなばらまき方があるが，半分ずつに分ける方法の数は，N 個（N は十分大きな偶数とする）の中から $N/2$ 個を選び出す場合の数であり，${}_N C_{N/2}$ 通りある。一般に，N_1 個 ($0 \leq N_1 \leq N$) と $N - N_1$ 個に分ける方法の数は ${}_N C_{N_1}$ 通りである。実際に計算してみればすぐにわかるが，${}_N C_{N/2} \geq {}_N C_{N_1}$ であり，粒子をデタラメに分ける場合，半分ずつに分けられる確率が最大になる。

運動する分子の 1 つの状態の実現確率は，どのように考えれば求められるのであろうか。まず，状態をどのように定義するかが問題である。古典力学では，運動状態は位置と速度によって決まり，運動の軌道は，位置と速度に関する微分方程式で与えられる。しかし，位置と速度は時間とともに連続的に変化するから，状態（位置と速度）を指定しようとすれば，無限に詳細な指定をしなければならない。そこで，状態を考える際には，古典力学で考えるよりも量子力学で考える方が考えやすい。

3.2 理想気体

図3.1のように,一辺 L の立方体容器に入れられ,一定温度 T の熱浴と接して熱平衡状態にある質量 m の1個の気体分子がある場合を考える。以下では分子間力は無視し,分子の回転や振動も考えない。したがって,気体は単原子分子の理想気体とする。量子力学によれば[1],このような気体分子の状態を表す波動関数 $\varphi(x, y, z)$ は,シュレーディンガー方程式

$$-\frac{\hbar^2}{2m}\left(\frac{\partial^2}{\partial x^2} + \frac{\partial^2}{\partial y^2} + \frac{\partial^2}{\partial z^2}\right)\varphi(x, y, z) = E\varphi(x, y, z) \qquad (3.1)$$

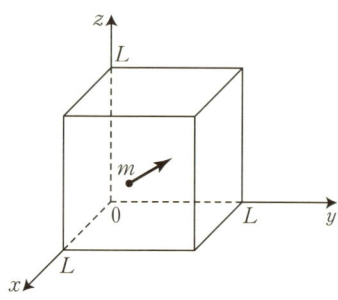

図3.1 立方体容器中の気体分子

を満たす。ここで,E は分子のエネルギーであり,$\hbar = h/2\pi$(h はプランク定数)である。いま,(3.1)式を満たす波動関数を,

$$\varphi(x, y, z) = \varphi_x(x)\varphi_y(y)\varphi_z(z) \qquad (3.2)$$

と変数分離ができると仮定する。(3.2)式を(3.1)式へ代入して両辺を $\varphi(x, y, z)$ で割ると,

$$-\frac{\hbar^2}{2m}\left[\frac{1}{\varphi_x}\frac{d^2\varphi_x}{dx^2} + \frac{1}{\varphi_y}\frac{d^2\varphi_y}{dy^2} + \frac{1}{\varphi_z}\frac{d^2\varphi_z}{dz^2}\right] = E$$

となる。上式左辺の第1項は x のみの関数,第2項は y のみの関数,第3項は z のみの関数であり,右辺は x, y, z によらない定数であるから,第1項,第2項,第3項はともに定数でなければならない。そこで,それらの定数をそれぞれ E_x, E_y, E_z とおくと,

$$-\frac{\hbar^2}{2m}\frac{d^2\varphi_x}{dx^2} = E_x\varphi_x \qquad (3.3)$$

$$-\frac{\hbar^2}{2m}\frac{d^2\varphi_y}{dy^2} = E_y\varphi_y, \quad -\frac{\hbar^2}{2m}\frac{d^2\varphi_z}{dz^2} = E_z\varphi_z$$

となる。

---

[1] 基礎物理学シリーズ『量子力学Ⅰ』(講談社),第3章参照。

例題3.1　1次元シュレーディンガー方程式の解

1次元シュレーディンガー方程式 (3.3) を解いて，波動関数のグラフを，波長の長い方から3つ描け。また，エネルギー固有値 E を求めよ。ただし，分子は容器の外には出られない（壁の位置でポテンシャルが無限大となる）から，容器の壁での境界条件は，

$$\varphi_x(0) = \varphi_x(L) = 0 \tag{3.4}$$

である。

解　$\dfrac{\sqrt{2mE_x}}{\hbar} = k_x\,(>0)$ とおくと，A, B を任意定数として，

$$\varphi_x(x) = A \sin k_x x + B \cos k_x x \tag{3.5}$$

となる。ここで k_x は**波数**と呼ばれる。立方体容器内の波動は定常波であるから，その波数は絶対値のみが意味をもつ。したがって，k_x は正の値のみをとるとした。(3.5) 式を (3.4) 式へ代入すると，

$$B = 0,\quad k_x = n_x \frac{\pi}{L}\ (n_x = 1, 2, \cdots)$$

と定まり，1次元の波動関数は，

$$\varphi_x(x) = A \sin \frac{n_x \pi}{L} x \tag{3.6}$$

となる。$n_x = 1, 2, 3$ の場合のグラフは図3.2となる。

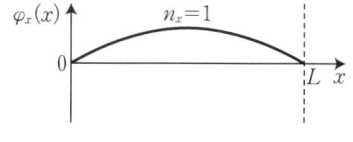

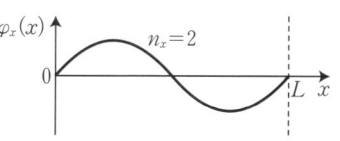

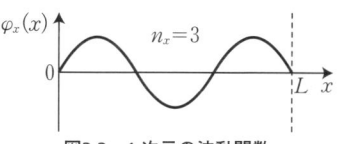

エネルギー E_x は，

$$E_x = \frac{\hbar^2 k_x^{\,2}}{2m} = \underline{\frac{\pi^2 \hbar^2}{2mL^2} n_x^{\,2}}$$

となる。

図3.2　1次元の波動関数

同様に，$n_y = 1, 2, \cdots,\ n_z = 1, 2, \cdots$ として，

$$E_y = \frac{\pi^2 \hbar^2}{2mL^2} n_y^{\,2},\quad E_z = \frac{\pi^2 \hbar^2}{2mL^2} n_z^{\,2}$$

となるから，容器中の気体分子のエネルギーは，

$$E = \frac{\pi^2 \hbar^2}{2mL^2} \left(n_x^{\,2} + n_y^{\,2} + n_z^{\,2}\right) \tag{3.7}$$

と量子化される(飛び飛びの値をとる)。

ここで，粒子の運動量 p と物質波の波長 λ の関係，すなわち，ド・ブロイの関係 $p = \dfrac{h}{\lambda}$ より，波数 k を $k = \dfrac{2\pi}{\lambda}$ とおけば，$p = \hbar k$ と書けることから，

$$E = \frac{p_x^2 + p_y^2 + p_z^2}{2m} = \frac{p^2}{2m} \tag{3.8}$$

となり，(3.8) 式は，古典力学におけるエネルギーと運動量の関係と同様の関係を与える．

位相空間と等重率の原理

前章では，分子の運動を速度空間で考えたが，分子の運動は位置と運動量で完全に指定することができるので，これからは，位置と運動量の空間（これを**位相空間**という）で考えることにしよう．

例えば，分子が x 軸に沿って $x = 0$ と $x = L$ の間を往復運動する場合を考える．分子の空間の広がりは L であり，その運動量のとり得る値は $p_n = \hbar k_n = n\dfrac{h}{2L}$ $(n = 1, 2, \cdots)$ であるから，それらの積は $p_n L = n\dfrac{h}{2}$ となる．ここで，運動量を負の領域に拡張する．そうすると，図 3.3 のように，横軸に座標 x，縦軸に運動量 p をとる平面（位相空間）内の 4 点 $(0, p_1)$，(L, p_1)，$(L, -p_1)$，$(0, -p_1)$ で囲まれる領域の面積は h となる．同様に $(0, p_2)$，(L, p_2)，$(L, -p_2)$，$(0, -p_2)$ で囲まれる領域の面積は $2h$ である．こうして，$0 \leq x \leq L$，$-\infty < p < \infty$ の

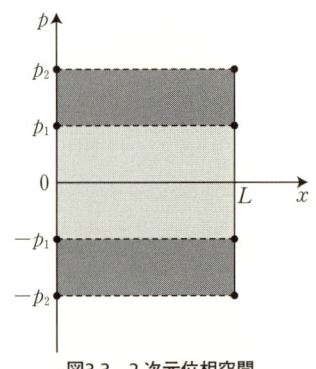

図3.3　2次元位相空間

「位相平面内の面積 h ごとに，とり得る
量子力学的状態は 1 つずつ存在する」

ことがわかる．このことは，分子の任意の運動について成り立つ．

一般に，周囲から孤立した物体系（これを**孤立系**という）において，分子が位相空間内のどの状態をとるかは全く知りようがない．そこで，位相空

間内のすべての状態は，全く等確率でとることができると仮定するのが自然であろう．これを**等重率の原理**あるいは**等確率の原理**という．等重率の成り立つ孤立系の粒子の集団を，**ミクロカノニカル集団**（あるいは**小正準集団**）という．このとき，系が各状態を占める確率分布を**ミクロカノニカル分布**(あるいは**小正準分布**)という．

3.3 エントロピー

分子が1個の場合，位相空間 (x, p) の微小部分 $dx\,dp$ に対応する量子力学的な状態数は $\dfrac{dx\,dp}{h}$ となる．質量 m の1個の粒子が長さ L の空間を占めていて，運動エネルギー $\dfrac{p^2}{2m}$ が E 以下である量子力学的状態数は，図3.4で与えられる**ステップ関数**

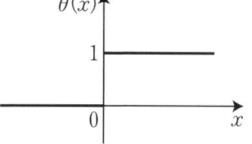

$$\theta(x) = \begin{cases} 1 & (x \geq 0) \\ 0 & (x < 0) \end{cases} \quad (3.9)$$

図3.4 ステップ関数

を用いて，

$$\Omega_0(E, L) = \frac{1}{h}\int_{-\infty}^{\infty} dp \int_0^L dx\, \theta\left(E - \frac{p^2}{2m}\right) \quad (3.10)$$

と表される．ここで，ステップ関数と**ディラックのデルタ関数** $\delta(x)$[2] の関係

$$\frac{d}{dx}\theta(x) = \delta(x) \quad (3.11)$$

を用いれば，**状態密度**は，

$$\Omega(E, L) = \frac{\partial \Omega_0(E, L)}{\partial E}$$
$$= \frac{1}{h}\int_{-\infty}^{\infty} dp \int_0^L dx\, \delta\left(E - \frac{p^2}{2m}\right) = \frac{L}{h}\int_{-\infty}^{\infty} \delta\left(E - \frac{p^2}{2m}\right) dp \quad (3.12)$$

となる．ここで，デルタ関数は，

---

[2] 基礎物理学シリーズ『物理のための数学入門』（講談社）第12章12.1節参照．

$$\int_{-\infty}^{\infty} \delta(x-a)\,\mathrm{d}x = 1 \tag{3.13}$$

を満たし，適当な関数 $\varphi(x)$ に対し，

$$\int_{-\infty}^{\infty} \varphi(x)\delta(x-a)\,\mathrm{d}x = \varphi(a) \tag{3.14}$$

となる。

このとき，(3.12) 式で与えられる状態密度 $\Omega(E, L)$ は，空間領域 $0 \leq x \leq L$ にあり，運動エネルギー $E = \dfrac{p^2}{2m}$ をもつ分子の量子力学的状態の数を表している。すなわち，運動エネルギー $\dfrac{p^2}{2m}$ が $E < \dfrac{p^2}{2m} < E + \Delta E$ の範囲にある量子力学的状態数は，ΔE を微小幅とすれば，$\Omega(E, L)\Delta E$ と表される。

一般に，マクロな物体がエネルギー E をもつとき，E と $E + \Delta E$ の間の量子力学的な状態数 $W(E) = \Omega(E, L)\Delta E$ を用いて，**エントロピー** $S(E)$ は，

$$S(E) = k_\mathrm{B} \ln W(E) \tag{3.15}$$

で定義される。ここで，k_B はボルツマン定数である。状態数 $W(E)$ を用いたエントロピーの定義 (3.15) は，最初にボルツマンによって与えられたものであり，**ボルツマンの原理**と呼ばれている。このエントロピーの定義が，付録の A.3 節に示されている熱力学的定義と同等であることを，理想気体について以下で述べる。また，自由エネルギーを用いた同等性の説明は，次の第 4 章で述べられる。

ガンマ関数と f 次元球の体積

ガンマ関数 $\Gamma(z)$ は，積分表示

$$\Gamma(z) \equiv \int_0^\infty t^{z-1} e^{-t}\,\mathrm{d}t \tag{3.16}$$

で定義される。

例題3.2 **ガンマ関数の性質**

n を 0 または正の整数とするとき，

$$\Gamma(n+1) = n! \tag{3.17}$$

$$\Gamma\left(n+\frac{1}{2}\right) = \frac{(2n)!}{2^{2n}n!}\sqrt{\pi} \tag{3.18}$$

が成り立つことを示せ．ただし，$0! = 1$ とする．

解 まず，z を $z > 1$ の実数とすると，(3.16) 式を部分積分して，

$$\Gamma(z) = \left[-t^{z-1}e^{-t}\right]_0^\infty + (z-1)\int_0^\infty t^{z-2}e^{-t}\,\mathrm{d}t$$
$$= (z-1)\Gamma(z-1) \tag{3.19}$$

となる．これより，$z = 2, 3, \cdots$ とすると，

$$\Gamma(z) = (z-1)(z-2)\cdots 2 \cdot 1 \Gamma(1) \tag{3.20}$$

が成り立つ．また，

$$\Gamma(1) = \int_0^\infty e^{-t}\,\mathrm{d}t = 1 \tag{3.21}$$

となるから，(3.20) 式で $z = n+1$ とおいて，$n = 1, 2, \cdots$ に対して (3.17) 式を得る．ここで，(3.21) 式より，(3.17) 式は，$n = 0, 1, 2, \cdots$ に対して成り立つ．

次に，$t = x^2$ と置き換えて置換積分を行い（$t^{-1/2}\mathrm{d}t = 2\mathrm{d}x$），ガウス積分[3]を用いると，

$$\Gamma\left(\frac{1}{2}\right) = \int_0^\infty t^{-1/2}e^{-t}\,\mathrm{d}t = 2\int_0^\infty e^{-x^2}\,\mathrm{d}x = \sqrt{\pi}$$

となる．(3.20) 式で，$z \to n+\frac{1}{2}$ $(n = 1, 2, \cdots)$ とすると，

$$\Gamma\left(n+\frac{1}{2}\right) = \left(n-\frac{1}{2}\right)\left(n-\frac{3}{2}\right)\cdots\frac{3}{2}\cdot\frac{1}{2}\Gamma\left(\frac{1}{2}\right)$$
$$= \frac{(2n-1)(2n-3)\cdots 3\cdot 1}{2^n}\sqrt{\pi} = \frac{(2n)!}{(2n)(2n-2)\cdots 4\cdot 2}\frac{\sqrt{\pi}}{2^n}$$

となり，(3.18) 式を得る．■

次に，f 次元空間で半径 R の球の体積を考えてみよう．この体積を求めるために，天下り的ではあるが，まず積分

$$I_f = \int_{-\infty}^\infty \mathrm{d}x_1 \cdots \int_{-\infty}^\infty \mathrm{d}x_f\, e^{-(x_1^2+\cdots+x_f^2)} = \left(\int_{-\infty}^\infty e^{-x^2}\,\mathrm{d}x\right)^f = \pi^{f/2} \tag{3.22}$$

を考えてみる．座標 $(x_1, x_2, \cdots, x_f)$ を f 次元空間の座標と見なすと，

$$R^2 = x_1^2 + x_2^2 + \cdots + x_f^2 \tag{3.23}$$

---

[3] 第 2 章例題 2.3 参照．

例題3.3　f 次元空間の球の体積

3次元空間の半径 r の球の体積は $V_3(r) = \dfrac{4}{3}\pi r^3$ で表されるから，半径 r と $r+\mathrm{d}r$ の間の球殻の体積は，この式を r で微分して，$\mathrm{d}V_3 = 4\pi r^2 \mathrm{d}r$ で与えられる．このことを参考にして，積分 I_f を用いて f 次元空間の半径 R の球の体積が，

$$V_f(R) = \frac{\pi^{f/2}}{\Gamma\left(\dfrac{f}{2}+1\right)} R^f \tag{3.24}$$

で与えられることを導け．

解　半径 R の f 次元球の体積を $V_f(R) = C_f R^f$ とおいて微分すると，
$$\mathrm{d}V_f = C_f f R^{f-1}\,\mathrm{d}R$$
となるから，積分 I_f は，
$$I_f = \int_0^\infty e^{-R^2} \cdot C_f f R^{f-1}\,\mathrm{d}R$$
と書ける．ここで，$R^2 = t$ とおいてガンマ関数の積分表示 (3.16) および (3.19) 式を用いると，
$$I_f = \frac{f}{2} C_f \int_0^\infty t^{f/2-1} e^{-t}\,\mathrm{d}t = \frac{f}{2} C_f \Gamma\left(\frac{f}{2}\right) = C_f \Gamma\left(\frac{f}{2}+1\right)$$
$$\Rightarrow\quad C_f = \frac{I_f}{\Gamma\left(\dfrac{f}{2}+1\right)} = \frac{\pi^{f/2}}{\Gamma\left(\dfrac{f}{2}+1\right)}$$

となり，(3.24) 式を得る．■

理想気体のエントロピー

1次元運動している分子のエネルギー密度 (3.12) を，$N(\gg 1)$ 個の分子を含む理想気体に拡張しよう．以下，簡単化のために N は偶数とする．各分子が3次元運動していることを考慮すれば，N 個の質量 m の分子の全運動エネルギーは，

$$\sum_{i=1}^{N} \frac{p_{ix}^2 + p_{iy}^2 + p_{iz}^2}{2m} = \sum_{i=1}^{N} \frac{|\boldsymbol{p}_i|^2}{2m}$$

と表される。$3N$ 次元の運動量空間で $\sum_{i=1}^{N} \dfrac{|\boldsymbol{p}_i|^2}{2m} \leq E$ を満たす球の体積，すなわち，半径 $\sqrt{2mE}$ の球の体積は，$3N$ 重積分

$$I = \int_{-\infty}^{\infty} dp_{1x} \int_{-\infty}^{\infty} dp_{1y} \int_{-\infty}^{\infty} dp_{1z} \cdots$$
$$\cdots \int_{-\infty}^{\infty} dp_{Nx} \int_{-\infty}^{\infty} dp_{Ny} \int_{-\infty}^{\infty} dp_{Nz}\, \theta\Big(E - \sum_{i=1}^{N} \dfrac{|\boldsymbol{p}_i|^2}{2m}\Big) \quad (3.25)$$

で表される。ここで，$3N$ 次元における半径 $\sqrt{2mE}$ の球の体積は，(3.24) 式より，

$$I = V_{3N}(\sqrt{2mE}) = \dfrac{I_{3N}}{\Gamma\Big(\dfrac{3N}{2}+1\Big)} (2mE)^{3N/2} = \dfrac{\pi^{3N/2}}{(3N/2)!} (2mE)^{3N/2}$$

となる。また，$3N$ 次元空間で，一辺 L の立方体の体積は，$V = L^3$ として，

$$\int_0^L dx_1 \int_0^L dy_1 \int_0^L dz_1 \cdots \int_0^L dx_N \int_0^L dy_N \int_0^L dz_N = L^{3N} = V^N$$

である。

量子力学的状態は，1 次元運動している 1 個の分子に対する 2 次元位相空間 (x, p) の面積 h ごとに 1 つ存在するから，3 次元空間内で運動している N 個の分子に対する $6N$ 次元位相空間

$$(x_1, y_1, z_1, \cdots, x_N, y_N, z_N, p_{1x}, p_{1y}, p_{1z}, \cdots, p_{Nx}, p_{Ny}, p_{Nz})$$

では，体積 h^{3N} ごとに 1 つの量子力学的状態が存在する。したがって，質量 m の N 個の気体分子からなる理想気体で，運動エネルギーの総和が E 以下となる量子力学的状態数 $\Omega_0(E, V, N)$ は，

$$\Omega_0(E, V, N) = \dfrac{V^N}{h^{3N} N!} I = \dfrac{V^N}{h^{3N} N!} \cdot \dfrac{\pi^{3N/2}}{(3N/2)!} (2mE)^{3N/2} \quad (3.26)$$

と求められる。

ここで，分母の $N!$ は，N 個の同じ分子が，量子力学的には区別できないもの（これを**同種粒子**という）であるために付けられた。実際，位相空間の体積 IV^N を h^{3N} で割った量は，どの分子も位相空間内の任意の点（位置と運動量）をとることができると見なしたときの状態数である。したがって，i 番目の分子が運動量 $\boldsymbol{p}_i$ をとり，j 番目の分子が運動量 $\boldsymbol{p}_j$ をとる状態と，i 番目の分子が運動量 $\boldsymbol{p}_j$ をとり，j 番目の分子が運動量 $\boldsymbol{p}_i$ をとる状態は別の状態として数えている。しかし，量子力学では，同種粒子は区別で

きないので，これらの状態は同じ1つの状態と見なす必要がある。そうすると，N 個の分子が同種粒子であれば，すべて異なるとした状態数を，N 個の粒子の並べ方の数 $N!$ で割らなければならない。

理想気体の全運動エネルギーが E のとき，その状態密度は，

$$\Omega(E, V, N) = \frac{\partial \Omega_0(E, V, N)}{\partial E} = \frac{V^N}{h^{3N}N!} \cdot \frac{3N\pi^{3N/2}}{2(3N/2)!} (2mE)^{3N/2} \frac{1}{E} \tag{3.27}$$

と書けるから，エントロピー $S(E, V, N)$ は，スターリングの公式 (2.26) を用いて，(3.15) 式より，

$$S(E, V, N) = k_B \left[N \left\{ \frac{3}{2} \ln \left(\frac{4\pi mE}{3h^2 N} \right) + \ln \frac{V}{N} + \frac{5}{2} \right\} + \ln \left(\frac{3N\Delta E}{2E} \right) \right]$$

となる。ここで，N は十分大きく，括弧内の第1項は N 程度の量であるが，第2項の $\ln \frac{3N\Delta E}{2E}$ は $\ln N$ 程度の量であるから，第2項を無視することができる。こうして，

$$S(E, V, N) \approx Nk_B \left[\frac{3}{2} \ln \left(\frac{4\pi mE}{3h^2 N} \right) + \ln \frac{V}{N} + \frac{5}{2} \right] \tag{3.28}$$

を得る。

例題3.4 **エントロピーの示量性**

ある物理量が系の大きさに比例するとき，その物理量は**示量性**をもつという。気体分子が同種粒子でないとして理想気体のエントロピーを求め，エントロピーの示量性について考察せよ。気体のエントロピーが示量性をもつとき，気体の分子数 N，体積 V，エネルギー E をすべて λ 倍すれば，エントロピーが λ 倍される。

解 理想気体の気体分子が同種粒子でないとすると，状態密度は，(3.27) 式の代わりに，

$$\Omega_1(E, V, N) = \frac{V^N}{h^{3N}} \cdot \frac{3N\pi^{3N/2}}{2(3N/2)!} (2mE)^{3N/2} \frac{1}{E}$$

となる。これからエントロピー $S_1(E, V, N)$ を求めれば，

$$S_1(E, V, N) \approx Nk_B \left[\frac{3}{2} \ln \left(\frac{4\pi mE}{3h^2 N} \right) + \ln V + \frac{3}{2} \right] \tag{3.29}$$

となる。

(3.28) 式の $S(E, V, N)$ は，示量性の条件を満たしてるが，(3.29) 式

で与えられる $S_1(E, V, N)$ では，$\ln V$ の項が含まれるため示量性の条件を満たさない。∎

温度の定義とエントロピー

いま，温度 T を，
$$\frac{\partial S}{\partial E} = \frac{1}{T} \tag{3.30}$$
で定義することにしよう。

(3.28) 式を (3.30) 式に代入すると，
$$\frac{1}{T} = \frac{3Nk_B}{2E} \Rightarrow E = \frac{3}{2}Nk_B T$$
が導かれ，よく知られた気体分子 1 個の平均運動エネルギーの表式
$$\varepsilon = \frac{3}{2}k_B T \tag{1.5}$$
となる。

また，エントロピーの式 (3.28) に気体分子の全エネルギー $E = \frac{3}{2}Nk_B T$ を代入すると，理想気体のエントロピーの表式
$$S(T, V, N) = Nk_B \left[\frac{3}{2}\ln\left(\frac{2\pi m k_B T}{h^2}\right) + \ln\frac{V}{N} + \frac{5}{2}\right] \tag{3.31}$$
を得る。

ここで，気体が単原子分子の理想気体であるから，気体の内部エネルギー U はその並進運動エネルギー E に等しい。そうすると，(3.30) 式は，熱力学的エントロピーの定義を用いて導かれた付録の (A.26) の第 1 式に一致する。(3.30) 式のエントロピー S にボルツマンの原理によるエントロピーの表式 (3.28) を用いて (1.5) 式を得ることができるということは，ボルツマンの原理によるエントロピーの定義が，熱力学的定義と同等であることを示している。

さらに，次の例で，理想気体について，熱力学的エントロピーとボルツマンの原理を用いたエントロピーの同等性が示される。

例題3.5　理想気体のエントロピー

理想気体のエントロピーの表式 (3.31) が，付加定数を除いて，付録 A

で熱力学的に求めた表式 (A.27) に一致することを示せ。

解 付録の (A.27) 式に合わせて，1 モルの理想気体を考える。$N = N_A$（N_A はアボガドロ数）とおくと，(3.31) 式は，付加定数を除いて，

$$S(T, V) = N_A k_B \left(\frac{3}{2} \ln T + \ln V \right) = R \left(\frac{3}{2} \ln T + \ln V \right)$$

と書ける。ここで考えている気体は単原子分子の理想気体であることに注意すると，定積モル比熱は $c_v = \frac{3}{2} R$ であるから，(A.27) 式は，付加定数を除いて，

$$S(T, V) = c_v \ln T + R \ln V = R \left(\frac{3}{2} \ln T + \ln V \right)$$

と表され，一致していることがわかる。■

3.4　マクスウェルの速度分布とエントロピー

第 2 章 2.3 節で，マクスウェルの速度分布を導いた。その際，気体分子の速度空間内に微小体積をとり，この微小体積内にとる分子速度の取り方の数は，その体積に比例するとした。この考え方は，ちょうど位相空間内のすべての状態は全く等確率でとることができるという，等重率の原理に対応している。本章で述べた理想気体の量子力学に等重率の原理を用いて気体分子の速度分布を導くには，次のようにすればよい。

位相空間を微小空間に分けて，その l 番目の空間に含まれる量子状態の数を g_l，その空間に割り当てられる分子数を N_l とし，全分子数を，

$$N = \sum_l N_l \tag{3.32}$$

とする。また，l 番目の空間の量子状態のエネルギーはほぼ等しいので，その値を E_l とすると，全気体分子のエネルギーは，

$$E = \sum_l N_l E_l \tag{3.33}$$

となる。

ある 1 個の分子が g_l 個のどの状態に入るかは g_l 通りあるから，N_l 個の分子が g_l 個の状態に入る入り方は $g_l^{N_l}$ 通りである。ここで，g_l は N_l に比べて十分大きく，同じ状態に 2 個以上の分子が入る場合の数を無視する[4]。

そうすると，以下の計算は2.3節と同様に進めることができるように見えるが，量子論では，N 個の同種粒子は区別できない。したがって，3.3節で考えたときと同様に，状態数を求める際，$N!$ で割らなければならない。すなわち，N 個の同じ分子を $N_1, N_2, \cdots$ 個の組に分ける方法は，

$$\frac{N!}{N_1!N_2!\cdots}$$

通りであるが，さらに $N!$ で割ることにより，同種の N 個の分子が分布 ($N_1, N_2, \cdots$) となる量子状態の数は，

$$W(N_1, N_2, \cdots) = \frac{g_1^{N_1} g_2^{N_2} \cdots}{N_1! N_2! \cdots} = \prod_l \left(\frac{g_l^{N_l}}{N_l!} \right) \tag{3.34}$$

通りとなる。ここで，l 番目の微小体積中の g_l 個の状態に，N_l 個の分子を割り当てる分配数は $g_l^{N_l}$ 通りであるが，量子力学的には N_l 個の分子は同種粒子で区別できないので $N_l!$ で割って，l に関する積をとったものが (3.34) 式であると考えてもよい。

エントロピーは，(3.34) 式より，スターリングの公式 (2.26) を用いて，

$$S(N_1, N_2, \cdots) = k_{\rm B} \ln W(N_1, N_2, \cdots)$$
$$= k_{\rm B} \left[\sum_l N_l \left(\ln \frac{g_l}{N_l} + 1 \right) \right] \tag{3.35}$$

となる。

例題3.6　エントロピー

条件 (3.32)，(3.33) の下に，分布 ($N_1, N_2, \cdots$) を変化させたときのエントロピーの最大値は，ラグランジュの未定乗数 α, β を用いて，

$$S = k_{\rm B}[(\alpha + 1)N + \beta E] \tag{3.36}$$

と表されることを示せ。これより β は，

$$\beta = \frac{1}{k_{\rm B} T} \tag{3.37}$$

と書けることを示せ。

解　分布 ($N_1, N_2, \cdots$) を変化させたとき，エントロピーが最大となる条件は，分子数 N_l を微小量 δN_l だけ変化させたとき，エントロピー変化が 0 であればよい。よって，エントロピーが最大となる条件は，(3.35) 式より，

---

4) 厳密な扱いは第 7 章で行う。

$$\delta S = \sum_l \frac{\partial S}{\partial N_l} \delta N_l = k_B \sum_l \left(\ln \frac{g_l}{N_l} \right) \delta N_l = 0 \tag{3.38}$$

となる。条件 (3.32), (3.33) は,

$$\sum_l \delta N_l = 0, \quad \sum_l E_l \delta N_l = 0$$

と書けるから, (3.38) 式に $-\alpha \sum_l \delta N_l$, $-\beta \sum_l E_l \delta N_l$ を加えて,

$$\sum_l \left(\ln \frac{g_l}{N_l} - \alpha - \beta E_l \right) \delta N_l = 0 \Rightarrow \frac{N_l}{g_l} = e^{-\alpha - \beta E_l} \tag{3.39}$$

を得る。(3.39) 式を (3.35) 式に代入し, (3.32), (3.33) 式を用いて (3.36) 式を得る。ここで, (3.36) 式より $\frac{\partial S}{\partial E} = k_B \beta$ となるから, エントロピーと温度の関係 (3.30) から (3.37) 式を得る。 ∎

速度分布則

N_1/g_1 は, 1番目の微小空間内の1つの量子状態を占める平均の分子数を表している。そこで, i 番目の量子状態のエネルギーを ε_i とすると, (3.39) 式より, 1番目の微小空間内の気体分子数は,

$$N_1 = g_1 e^{-\alpha - \beta E_1} = \sum_{i=1}^{g_1} e^{-\alpha - \beta \varepsilon_i}$$

と書ける。2番目以降の微小体積内の分子数も同様に書けるから, 全気体分子数は,

$$N = N_1 + N_2 + \cdots = \sum_i e^{-\alpha - \beta \varepsilon_i}$$

となる。ここで, i の和は全量子状態に関する和である。こうして,

$$e^{-\alpha} = \frac{N}{\sum_i e^{-\beta \varepsilon_i}} \tag{3.40}$$

となり, i 番目の量子状態を占める平均の分子数 $\langle n_i \rangle$ は, (3.39), (3.40) 式より,

$$\langle n_i \rangle = e^{-\alpha - \beta \varepsilon_i} = \frac{N e^{-\varepsilon_i/k_B T}}{\sum_i e^{-\varepsilon_i/k_B T}} \tag{3.41}$$

となることがわかる。

例題3.7 **速度分布則の導出**

古典的な理想気体では, 気体分子の状態は連続的になる。そこで, 古典

的な物理量を導くには，$dp_x = mdv_x$ などに注意して，次のようにする．

$$\varepsilon_i \to \frac{1}{2}m(v_x^2 + v_y^2 + v_z^2)$$

$$\sum_i \to \frac{m^3}{h^3}\int_{-\infty}^{\infty}dv_x\int_{-\infty}^{\infty}dv_y\int_{-\infty}^{\infty}dv_z\int_0^L dx\int_0^L dy\int_0^L dz$$

$$= \frac{m^3}{h^3}V\int_{-\infty}^{\infty}dv_x\int_{-\infty}^{\infty}dv_y\int_{-\infty}^{\infty}dv_z$$

ここで，$V = L^3$ は気体が入れられた容器の体積である．(3.41) 式を用いて，第 2 章で求めたマクスウェルの速度分布関数 (2.16) を導け．

解 題意より，和を積分に変えてガウス積分 (2.13) を用いると，

$$\sum_i e^{-\beta\varepsilon_i} \to \frac{m^3}{h^3}V\int_{-\infty}^{\infty}dv_x\int_{-\infty}^{\infty}dv_y\int_{-\infty}^{\infty}dv_z \exp\left[-\frac{m}{2k_BT}(v_x^2 + v_y^2 + v_z^2)\right]$$

$$= V\left(\frac{2\pi m k_B T}{h^2}\right)^{3/2}$$

となるから，(3.40) 式より，

$$e^{-\alpha} = \frac{N}{V}\left(\frac{h^2}{2\pi m k_B T}\right)^{3/2} \tag{3.42}$$

となる．したがって (3.41) 式より，$v^2 = v_x^2 + v_y^2 + v_z^2$ とおくと，

$$\langle n_i \rangle = \langle n(v^2) \rangle = \frac{N}{V}\left(\frac{h^2}{2\pi m k_B T}\right)^{3/2}\exp\left(-\frac{mv^2}{2k_BT}\right)$$

となる．ここで，和を積分に置き換えるとき，

$$\sum_i \to \frac{m^3}{h^3}V\int_{-\infty}^{\infty}dv_x\int_{-\infty}^{\infty}dv_y\int_{-\infty}^{\infty}dv_z$$

となることを思い出せば，$NF(v^2) = \frac{m^3}{h^3}V\langle n(v^2)\rangle$ とおくことができ，(2.16) 式を得る． ∎

10分補講

エントロピーと宇宙，生命

付録 A で説明したように，「外部と相互作用していない孤立系では，エントロピーは増大する」．孤立系，すなわち全系のエントロピーが増大するのであれば，宇宙全体でエントロピーはつねに増大し続けるはずである．銀河や

恒星が形成されると，その部分のエントロピーは減少する．その場合，銀河や恒星は外部とやりとりを行い，外部のエントロピーがその分増大している．そうなると，十分に時間がたつと，結局，すべてが乱雑になり，どこにも銀河や恒星は存在せず，ほとんど絶対零度の冷たくて何もない状態になってしまうはずと考えられる．このような状態を**熱的死**と呼んでいる．

一方，生命体は，恒星よりもさらにエントロピーの小さい状態と考えられる．生命体は孤立系ではなく，呼吸したり食物を取り入れたりして外界と相互作用している．外界との相互作用を通して，生命体は成長するにしたがってエントロピーをさらに減少させていると考えられる．それは，外界から負のエントロピー（これをネゲントロピーという）を取り入れていると考えることもできる．このことを，理論物理学者シュレーディンガーは，1944年に著した『生命とは何か』で，

「生命体は負のエントロピーを食って生きている」

と表現した．これはまさに生命体を的確に表現した言葉であるが，体内でどのようにしてエントロピーを減少させて生命体の活動に役立てているのか，いまだ詳細は明らかにされていない．

このように，エントロピーは局所的には，個々の恒星や生命体など，減少している部分がある．しかし，宇宙全体としては増加しているはずと考えられている．宇宙の始まりから終焉まで，本当に増加し続けるのか，現在までのところ，必ずしも明確にされてはいない．

章末問題

3.1 理想気体の量子力学的計算では，

$$\varepsilon_i \to \frac{p_x^2 + p_y^2 + p_z^2}{2m}$$

$$\sum_i \to \frac{V}{h^3} \int_{-\infty}^{\infty} dp_x \int_{-\infty}^{\infty} dp_y \int_{-\infty}^{\infty} dp_z \tag{3.43}$$

となる。これより，(3.36) 式を用いて理想気体のエントロピーの表式 (3.31) を導け。

3.2 伸び縮みするゴムは，高分子が複雑に絡み合ってできている。伸縮するゴムの性質を，次のような簡単なモデルで考えてみる。図 3.5 のように，ゴムは，長さ a の棒状に 1 列に並んだ N 個の分子が，1 次元的に折り畳まれてできているとし，その長さを x とする。

(1) ゴムの全長が x となるときの棒状分子の配置の数を求め，ボルツマンの原理を用いてそのときのエントロピーを求めよ。ただし，ゴムを構成している棒状分子は，自由に向きを変えることができ，どの配列も同じ確率で起こるという等重率の原理が成り立つとする。

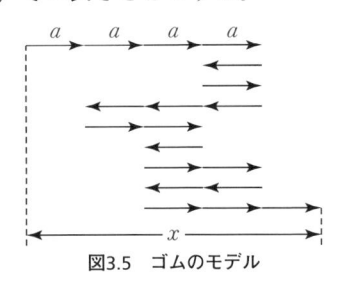

図3.5 ゴムのモデル

(2) 付録の (A.32) 式で定義したヘルムホルツの自由エネルギー F を考える。いま，棒状分子は折り畳まれるだけなのでエネルギーはもっていない。したがって，

$$F = -TS$$

と書ける。自由エネルギー F について，(A.38) 式で示される関係

$$p = -\left(\frac{\partial F}{\partial V}\right)_T = T\left(\frac{\partial S}{\partial V}\right)_T$$

が成り立つ。ここでは，圧力 p はゴムに及ぼす力 f であり，体積 V はゴムの長さ x である。長さを x に保つために加えるべき力 f を x の関数として求め，$x \ll Na$ としてゴムの弾性定数を求めよ。ただし，この場合，ゴムの自然長は 0 と見なされる。

このように，棒状分子の間には何も力ははたらいていないにもかかわらず，高分子がランダムに折り畳もうとして弾性力が発生することがわかる。この力はエントロピーに由来する力である。

第4章

カノニカル分布を考えて，分配関数を導入する。一般的なエネルギー等分配則を導き，分配関数を用いて自由エネルギーの統計力学的定義を与える。そして，熱力学的に定義された自由エネルギーとの同等性を議論する。

カノニカル分布

4.1　カノニカル分布の導入

前章で考えたミクロカノニカル集団は，周囲とは何のやり取りもしない孤立系であった。本章では，実験室中に置かれた物体のように，一定温度の熱浴に接して熱平衡にある系の量子状態を考えよう。このような系では，外部との間に熱のやり取りがある。

図4.1のように，小さな系AがAより十分大きな系B（このとき，系Bは一定温度Tの熱浴と考えることができる）の中にあり，接して互いに熱のやり取りをしているが，系A，Bは外部から孤立しているとする。そうすると，系A，B全体でミクロカノニカル集団を形成しており，等重率の原理を適用することができる。

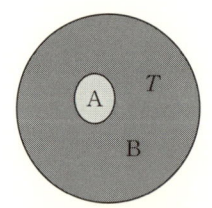

図4.1　カノニカル分布の導入

全体が熱平衡にあるとき，系Aがn番目の量子状態（そのエネルギーをE_nとする）にある確率を考えてみよう。系BのエネルギーをE_B，全体のエネルギーを$E_0 = E_n + E_B$とする。系BがエネルギーE_Bをもつ量子状態の数を$W_B(E_B)$とすると，全系で等重率の原理が成り立つから，系BがエネルギーE_Bの状態をとる確率$P_B(E_B)$は，

$$P_{\mathrm{B}}(E_{\mathrm{B}}) \propto W_{\mathrm{B}}(E_{\mathrm{B}}) \tag{4.1}$$

となる。ここで，系 B の状態数 $W_{\mathrm{B}}(E_{\mathrm{B}})$ は，ボルツマンの原理 (3.15) で定義されるエントロピー $S_{\mathrm{B}}(E_{\mathrm{B}})$ を用いて，

$$S_{\mathrm{B}}(E_{\mathrm{B}}) = k_{\mathrm{B}} \ln W_{\mathrm{B}}(E_{\mathrm{B}}) \;\; \Rightarrow \;\; W_{\mathrm{B}}(E_{\mathrm{B}}) = e^{S_{\mathrm{B}}(E_{\mathrm{B}})/k_{\mathrm{B}}}$$

となる。

一方，系 A と B は全体で孤立系であり，全エネルギー E_0 は一定であるから，系 B がエネルギー E_{B} をとるとき，系 A はエネルギー E_n をとる。したがって，系 B がエネルギー E_{B} をとる確率 $P_{\mathrm{B}}(E_{\mathrm{B}})$ は，系 A がエネルギー E_n をとる確率 $P_{\mathrm{A}}(E_n)$ に等しい。よって，

$$P_{\mathrm{A}}(E_n) = P_{\mathrm{B}}(E_{\mathrm{B}}) \propto W_{\mathrm{B}}(E_{\mathrm{B}}) = e^{S_{\mathrm{B}}(E_{\mathrm{B}})/k_{\mathrm{B}}}$$

となる。ここで，$E_{\mathrm{B}} = E_0 - E_n$ であり，系 A は系 B より十分小さいから，

$$S_{\mathrm{B}}(E_{\mathrm{B}}) = S_{\mathrm{B}}(E_0 - E_n) \approx S_{\mathrm{B}}(E_0) - \left(\frac{\partial S_{\mathrm{B}}}{\partial E_{\mathrm{B}}}\right)_{E_{\mathrm{B}}=E_0} \cdot E_n$$

となり，系 A がエネルギー E_n をとる確率 $P_{\mathrm{A}}(E_n)$ は，

$$\begin{aligned} P_{\mathrm{A}}(E_n) &\propto \exp\left[\frac{S_{\mathrm{B}}(E_0)}{k_{\mathrm{B}}} - \frac{1}{k_{\mathrm{B}}}\left(\frac{\partial S_{\mathrm{B}}}{\partial E_{\mathrm{B}}}\right)_{E_{\mathrm{B}}=E_0} \cdot E_n\right] \\ &= \exp\left[\frac{S_{\mathrm{B}}(E_0)}{k_{\mathrm{B}}} - \frac{E_n}{k_{\mathrm{B}}T}\right] \propto \exp\left[-\frac{E_n}{k_{\mathrm{B}}T}\right] \end{aligned}$$

と求められる。ここで，(3.30) 式を用いた。

確率 $P_{\mathrm{A}}(E_n)$ は規格化（全確率は 1）しておかなければならないので，

$$P_{\mathrm{A}}(E_n) = \frac{\exp\left[-\dfrac{E_n}{k_{\mathrm{B}}T}\right]}{\sum_n \exp\left[-\dfrac{E_n}{k_{\mathrm{B}}T}\right]} \tag{4.2}$$

と書ける。ここで，分母の n に関する和は，全量子状態についてとるものとする。(4.2) 式で表される確率分布を**カノニカル分布**（あるいは**正準分布**），各状態を占める確率がカノニカル分布で表される粒子の集団を**カノニカル集団**（あるいは**正準集団**）という。また，

$$Z = \sum_n \exp\left[-\frac{E_n}{k_{\mathrm{B}}T}\right] \tag{4.3}$$

を**分配関数**という。

例題4.1　調和振動子の分配関数

質量 m，復元力の定数 K の 1 次元調和振動子のエネルギー E は，運動

量を $p = mv$,固有角振動数を $\omega = \sqrt{\dfrac{K}{m}}$ とおくと,

$$E = \frac{p^2}{2m} + \frac{1}{2}m\omega^2 x^2 \tag{4.4}$$

と表される。プランク定数を h とすると,位相平面 (x, p) の面積 h ごとに1個の量子状態が存在することを用いて,1次元調和振動子の分配関数を求めよ。

解 題意にしたがって,

$$\sum_n \exp\left(-\frac{E_n}{k_B T}\right) \to \frac{1}{h}\int_{-\infty}^{\infty}dp\int_{-\infty}^{\infty}dx\,\exp\left(-\frac{p^2}{2mk_B T} - \frac{m\omega^2}{2k_B T}x^2\right)$$

と置き換えて,ガウス積分 (2.13) を用いると,

$$\begin{aligned}Z &= \frac{1}{h}\int_{-\infty}^{\infty}\exp\left[-\frac{p^2}{2mk_B T}\right]dp\int_{-\infty}^{\infty}\exp\left[-\frac{m\omega^2}{2k_B T}x^2\right]dx \\ &= \frac{1}{h}\sqrt{2\pi mk_B T}\cdot\sqrt{\frac{2\pi k_B T}{m\omega^2}} = \frac{k_B T}{\hbar\omega}\quad\left(\hbar = \frac{h}{2\pi}\right)\end{aligned} \tag{4.5}$$

となる。ここで,運動量 p と位置 x はともに $-\infty$ から ∞ の間の値をとることに注意しよう。∎

一般に,3次元量子 N 粒子系の場合,第3章で見たように,

$$\sum_n \Rightarrow \frac{1}{N!h^{3N}}\int_{-\infty}^{\infty}dp_{1x}\cdots\int_{-\infty}^{\infty}dx_1\cdots$$

と置き換えられるから,エネルギー E_N の同種 N 粒子系の分配関数は,

$$Z_N = \frac{1}{N!h^{3N}}\int_{-\infty}^{\infty}dp_{1x}\cdots\int_{-\infty}^{\infty}dx_1\cdots\exp\left(-\frac{E_N}{k_B T}\right) \tag{4.6}$$

と表される。ここで,分母の $N!$ は,N 個の同種粒子が区別できないために付けられた。

4.2　エネルギー等分配則

まず簡単な例として,1次元領域 $x = 0$ から $x = L$ の間を同じ速さで往復運動している古典的気体分子1個の運動を考えてみよう。質量 m の粒子の運動エネルギー E は,運動量を p とすると,$E = \dfrac{p^2}{2m}$ であり,1つの量子力学的状態は,位相空間の面積 h ごとに1つ存在することから,

全量子状態に関する和は，例題 3.7 と同様に，$\sum_n \to \dfrac{L}{h}\displaystyle\int_{-\infty}^{\infty} dp$ と置き換えればよい。よって，

$$\langle E \rangle = \sum_n E_n P(E_n) = \frac{\sum_n E_n \exp\left(-\dfrac{E_n}{k_B T}\right)}{Z}$$

$$= \frac{\dfrac{L}{h}\displaystyle\int_{-\infty}^{\infty} dp \, \dfrac{p^2}{2m} \exp\left(-\dfrac{p^2}{2mk_B T}\right)}{\dfrac{L}{h}\displaystyle\int_{-\infty}^{\infty} dp \, \exp\left(-\dfrac{p^2}{2mk_B T}\right)}$$

$$= \frac{\dfrac{1}{2} k_B T \sqrt{2\pi m k_B T}}{\sqrt{2\pi m k_B T}} = \frac{1}{2} k_B T \tag{4.7}$$

となることがわかる。ここで，ガウス積分 (2.13)，(2.14) を用いた。

気体分子が 3 次元空間内を運動している場合も，上と全く同様な計算で，それぞれの運動方向の平均運動エネルギーが $\dfrac{1}{2} k_B T$ に等しいことが示される。すなわち，分子の運動量の y, z 成分をそれぞれ p_y, p_z とすると，

$$\left\langle \frac{p_y^2}{2m} \right\rangle = \left\langle \frac{p_z^2}{2m} \right\rangle = \frac{1}{2} k_B T \tag{4.8}$$

となり，全運動エネルギーの平均値は $\dfrac{3}{2} k_B T$ に等しいことが導かれる。

例題4.2　調和振動子の平均エネルギー

質量 m で固有角振動数 ω の古典的 1 次元調和振動子について，運動エネルギーの平均値および位置エネルギーの平均値が，ともに $\dfrac{1}{2} k_B T$ に等しいことを示せ。

解　振動子のエネルギーは，復元力の定数が $K = m\omega^2$ となることから，

$$E = \frac{p^2}{2m} + \frac{1}{2} m\omega^2 x^2 \tag{4.4}$$

となる。平均運動エネルギーは，分母と分子で積分の前に同じ係数が付くから，(4.7) 式と同様に，

第4章 カノニカル分布

$$\left\langle \frac{p^2}{2m} \right\rangle = \frac{\int_{-\infty}^{\infty} dp \int_{-\infty}^{\infty} dx \, \frac{p^2}{2m} \exp\left(-\frac{p^2}{2mk_BT} - \frac{m\omega^2}{2k_BT}x^2\right)}{\int_{-\infty}^{\infty} dp \int_{-\infty}^{\infty} dx \exp\left(-\frac{p^2}{2mk_BT} - \frac{m\omega^2}{2k_BT}x^2\right)}$$

$$= \frac{\int_{-\infty}^{\infty} \frac{p^2}{2m} \exp\left(-\frac{p^2}{2mk_BT}\right) dp}{\int_{-\infty}^{\infty} \exp\left(-\frac{p^2}{2mk_BT}\right) dp} = \frac{1}{2} k_B T$$

となる。

同様に,平均の位置エネルギーは,

$$\left\langle \frac{m\omega^2}{2} x^2 \right\rangle = \frac{\int_{-\infty}^{\infty} dp \int_{-\infty}^{\infty} dx \, \frac{m\omega^2}{2} x^2 \exp\left(-\frac{p^2}{2mk_BT} - \frac{m\omega^2}{2k_BT}x^2\right)}{\int_{-\infty}^{\infty} dp \int_{-\infty}^{\infty} dx \exp\left(-\frac{p^2}{2mk_BT} - \frac{m\omega^2}{2k_BT}x^2\right)}$$

$$= \frac{\int_{-\infty}^{\infty} \frac{m\omega^2}{2} x^2 \exp\left(-\frac{m\omega^2}{2k_BT}x^2\right) dx}{\int_{-\infty}^{\infty} \exp\left(-\frac{m\omega^2}{2k_BT}x^2\right) dx} = \frac{1}{2} k_B T$$

となり,題意は示された。 ∎

一般的なエネルギー等分配則

一般に,系のエネルギー E が運動量 p と座標 q により,

$$E(q, p) = ap^2 + bq^2 \quad (a > 0, \ b > 0) \tag{4.9}$$

と表され,p, q はそれぞれ $-\infty$ から ∞ までの値をとり得るものとする。これは例えば,p を調和振動子の運動量,q をその座標と考えれば理解しやすいであろう。このとき,例題4.2と同様に,

$$\langle ap^2 \rangle = \langle bq^2 \rangle = \frac{1}{2} k_B T \tag{4.10}$$

が成り立つことはすぐにわかる。そこで次のように,多くの自由度(例えば,空間内での並進運動ならば x, y, z 方向で自由度3,さらに,回転方向があれば自由度が増える)をもつ場合に一般化して考えてみよう。

例題4.3 エネルギー等分配則の一般形

自由度 N の系の i 番目 ($i = 1, 2, \cdots, N$) の自由度の運動量と座標をそれぞれ p_i, q_i とし,運動エネルギーを $K_N(p_1, \cdots, p_N)$,位置エネルギーを $V_N(q_1, \cdots, q_N)$,全エネルギーを $E_N = K_N + V_N$ とする。また,座標 q_i の

端で $V_N \to \infty$ とする。このとき，次式が成り立つことを示せ。

$$\left\langle p_i \frac{\partial E_N}{\partial p_j} \right\rangle = k_\mathrm{B} T \delta_{ij}, \quad \left\langle q_i \frac{\partial E_N}{\partial q_j} \right\rangle = k_\mathrm{B} T \delta_{ij} \tag{4.11}$$

これを，一般的な**エネルギー等分配則**という。

解 位相空間に関する積分を $\int \mathrm{d}\Gamma = \frac{1}{h^N} \int \mathrm{d}p_1 \cdots \mathrm{d}p_N \mathrm{d}q_1 \cdots \mathrm{d}q_N$ と書き，分配関数を $Z = \int \exp\left(-\frac{E_N}{k_\mathrm{B} T}\right) \mathrm{d}\Gamma$ とすると，

$$\left\langle p_i \frac{\partial E_N}{\partial p_j} \right\rangle = \frac{1}{Z} \int p_i \frac{\partial E_N}{\partial p_j} \exp\left(-\frac{E_N}{k_\mathrm{B} T}\right) \mathrm{d}\Gamma$$

$$= \frac{1}{Z} \int p_i \left(-k_\mathrm{B} T \frac{\partial}{\partial p_j} e^{-E_N/k_\mathrm{B} T}\right) \mathrm{d}\Gamma$$

と書ける。ここで，p_j に関して部分積分を行うと，

$$\left\langle p_i \frac{\partial E_N}{\partial p_j} \right\rangle = -\frac{k_\mathrm{B} T}{Z} \int \left(\left[p_i e^{-E_N/k_\mathrm{B} T}\right]_{p_j=-\infty}^{p_j=\infty} - \int_{-\infty}^{\infty} \frac{\partial p_i}{\partial p_j} e^{-E_N/k_\mathrm{B} T} \mathrm{d}p_j \right) \mathrm{d}\Gamma^j$$

$$= \frac{k_\mathrm{B} T}{Z} \delta_{ij} \int e^{-E_N/k_\mathrm{B} T} \mathrm{d}\Gamma = k_\mathrm{B} T \delta_{ij}$$

を得る。ここで，K_N は運動エネルギーであるから，$p_j \to \pm\infty$ のとき $K_N \to \infty$ となることを用いた。

また，$\left\langle q_i \frac{\partial E_N}{\partial q_j} \right\rangle = k_\mathrm{B} T \delta_{ij}$ は，$p_i \to q_i$, $p_j \to q_j$ とすれば同様に示される。 ∎

運動エネルギーを $K_N = \sum_{i=1}^{N} a_i p_i^2$ と書けば，

$$\left\langle p_i \frac{\partial E_N}{\partial p_j} \right\rangle = \left\langle p_i \frac{\partial K_N}{\partial p_j} \right\rangle = \langle 2 a_j p_i p_j \rangle = 2 \delta_{ij} \langle a_i p_i^2 \rangle$$

となるから，$\left\langle p_i \frac{\partial E_N}{\partial p_j} \right\rangle = k_\mathrm{B} T \delta_{ij}$ より，$\langle a_i p_i^2 \rangle = \frac{1}{2} k_\mathrm{B} T$ となる。こうして，自由度 N の運動エネルギーの平均値は，

$$\langle K_N \rangle = \frac{N}{2} k_\mathrm{B} T \tag{4.12}$$

と書けることがわかる。

4.3　自由エネルギーとエントロピー

平均エネルギー

確率分布が (4.2) 式で与えられるとき，系の平均エネルギー $\langle E \rangle$ は，

$$\langle E \rangle = \sum_n E_n P(E_n) = \frac{\sum_n E_n \exp\left(-\dfrac{E_n}{k_B T}\right)}{Z} \tag{4.13}$$

と書ける。ここで，$\beta = 1/k_B T$ とおくと，

$$\langle E \rangle = -\frac{1}{Z}\frac{\partial}{\partial \beta}\sum_n e^{-\beta E_n} = -\frac{1}{Z}\frac{\partial Z}{\partial \beta} = -\frac{\partial}{\partial \beta}\ln Z$$

となる。したがって，$\dfrac{\partial \beta}{\partial T} = -\dfrac{1}{k_B T^2}$ より，

$$\langle E \rangle = k_B T^2 \frac{\partial}{\partial T}\ln Z \tag{4.14}$$

を得る。

例題4.4　ヘルムホルツの自由エネルギー

熱力学において，系の内部エネルギーを U とするとき，ヘルムホルツの自由エネルギー F は，

$$F = U - TS \tag{4.15}$$

で定義される。一方，統計力学では，分配関数を用いて自由エネルギー F は，

$$F = -k_B T \ln Z \tag{4.16}$$

で定義される。系の平均エネルギー $\langle E \rangle$ と内部エネルギー U は等しいと考えられることにより，(4.15) 式と (4.16) 式の定義が同等であることを説明せよ。

解　付録の A.5 節で示されるように，(4.15) 式から $\left(\dfrac{\partial F}{\partial T}\right)_V = -S$ が導かれる。これより，

$$U = F + TS = F - T\left(\frac{\partial F}{\partial T}\right)_V = -T^2\left[\frac{\partial}{\partial T}\left(\frac{F}{T}\right)\right]_V$$

となる。一方，系の平均エネルギー (4.14) に (4.16) 式を代入すると，

$$\langle E \rangle = k_B T^2 \frac{\partial}{\partial T}\left(-\frac{F}{k_B T}\right) = -T^2\left[\frac{\partial}{\partial T}\left(\frac{F}{T}\right)\right]_V$$

となり，$\langle E \rangle$ と U は同じ式で与えられる．これは，(4.15) 式と (4.16) 式の定義が同等であることを示している．■

自由エネルギーとエントロピー

4.1 節で考えたように，温度 T の十分大きな熱浴に接した系 A がエネルギー $E \sim E + \Delta E$ の状態をとる確率 $P(E)$ を考える．エネルギー $E \sim E + \Delta E$ をとる量子状態の数を，$W(E) = \Omega(E)\,\Delta E$（$\Omega(E)$ は状態密度）とする．その中の 1 つの状態をとる確率は，(4.2) 式の分子で $E_n = E$ とおいて，

$$\frac{e^{-E/k_\mathrm{B}T}}{Z}$$

で与えられる．そこで，エネルギー $E \sim E + \Delta E$ のどれかの量子状態をとる確率は，

$$P(E) = \frac{1}{Z} W(E) e^{-E/k_\mathrm{B}T} \tag{4.17}$$

となる．ここで分配関数は，E をほぼ連続な値と見なすと，

$$Z = \int_0^\infty \Omega(E) e^{-E/k_\mathrm{B}T} \, \mathrm{d}E \tag{4.18}$$

となる．ボルツマンの原理 (3.15) を用いると，

$$S(E) = k_\mathrm{B} \ln\left(\Omega(E)\,\Delta E\right) \quad \Leftrightarrow \quad \Omega(E) = \frac{e^{S(E)/k_\mathrm{B}}}{\Delta E}$$

となり，分配関数 (4.18) は，

$$\begin{aligned} Z &= \int_0^\infty \exp\left[-\frac{E}{k_\mathrm{B}T} + \frac{S(E)}{k_\mathrm{B}}\right] \frac{\mathrm{d}E}{\Delta E} \\ &= \int_0^\infty \exp\left[-\frac{E - TS(E)}{k_\mathrm{B}T}\right] \frac{\mathrm{d}E}{\Delta E} = \int_0^\infty \exp\left[-\frac{F(E)}{k_\mathrm{B}T}\right] \frac{\mathrm{d}E}{\Delta E} \end{aligned} \tag{4.19}$$

となる．ここで，

$$F(E) = E - TS(E) \tag{4.20}$$

である．$S(E)$ を熱力学的エントロピーと同等であると見なし，$U \to E$ とすれば，(4.20) 式はヘルムホルツの自由エネルギー (4.15) である．

第4章 カノニカル分布

自由エネルギーと分配関数

　熱平衡状態にあるとき，系は最大確率の状態になっていると考えられる。エネルギー E の量子状態の中で，どれかの状態が実現する確率 $P(E)$ は，(4.17)式，および，$W(E) = e^{S(E)/k_B}$ を用いて，

$$P(E) \propto W(E) e^{-E/k_B T} = e^{-(E-TS)/k_B T} = e^{-F(E)/k_B T} \quad (4.21)$$

となる。これより $P(E)$ が最大となるとき，自由エネルギー $F(E)$ は最小となる。このことは，付録のA.4節に述べられた，「等温定積の条件下で安定な平衡状態は，ヘルムホルツの自由エネルギーが最小の状態である」に対応する。

　自由エネルギー $F(E)$ が $E = E_0$ で最小になるとすると，温度 T は一定であるから，

$$\left(\frac{\partial F}{\partial E}\right)_{E=E_0} = 1 - T\left(\frac{\partial S}{\partial E}\right)_{E=E_0} = 0 \;\Rightarrow\; \left(\frac{\partial S}{\partial E}\right)_{E=E_0} = \frac{1}{T}$$

となる。これは熱平衡系での温度の定義式(3.30)に他ならない。

　次に，自由エネルギー $F(E)$ を $E = E_0$ のまわりに展開してみよう。$\left(\frac{\partial F}{\partial E}\right)_{E=E_0} = 0$ であるから，

$$F(E) = F(E_0) + \frac{1}{2}\left(\frac{\partial^2 F}{\partial E^2}\right)_{E=E_0}(E-E_0)^2 + \cdots \quad (4.22)$$

と書ける。いま，$\left(\frac{\partial^2 F}{\partial E^2}\right)_{E=E_0} = F''(E_0)$ とおくと，分配関数 Z は(4.19)式より，

$$Z = \exp\left[-\frac{F(E_0)}{k_B T}\right]\int_0^\infty \exp\left[-\frac{F''(E_0)(E-E_0)^2 + \cdots}{2k_B T}\right]\frac{\mathrm{d}E}{\Delta E} \quad (4.23)$$

と書ける。また，

$$F''(E_0) = -T\left(\frac{\partial^2 S}{\partial E^2}\right)_{E=E_0} = -T\frac{\partial}{\partial E}\left(\frac{1}{T}\right)_{E=E_0} = \frac{1}{T}\left(\frac{\partial T}{\partial E}\right)_{E=E_0}$$

となる。さらに，エネルギー E は系の内部エネルギー U と見なすことができる。

　ここで，系の温度を1K上昇させる熱量を熱容量という。いま，系の体積変化は考えていないので，定積熱容量(以後，簡単化のために，単に比

熱と呼び，Cと書く）は $C = \left(\dfrac{\partial U}{\partial T} \right)_V$ と表される。これより，$A = \dfrac{E_0{}^2 F''(E_0)}{2k_{\mathrm{B}} T} = \dfrac{E_0{}^2}{2CT \cdot k_{\mathrm{B}} T}$，$t = \dfrac{E}{E_0} - 1$ とおくと，

$$\int_0^\infty \exp\left[-\frac{F''(E_0)(E - E_0)^2}{2k_{\mathrm{B}} T} \right] \mathrm{d}E = E_0 \int_{-1}^\infty e^{-At^2} \mathrm{d}t \quad (4.24)$$

となる。いま，E_0 と CT は同程度と考えられる。また，$k_{\mathrm{B}} T$ は1粒子あたりのエネルギーであるから，系の粒子数を N とすると，$E_0/k_{\mathrm{B}} T \sim N$ となり，A は N と同程度の値になる。そうすると，ガウス積分 (2.13) を用いて，

$$E_0 \int_{-1}^\infty e^{-At^2} \mathrm{d}t \approx E_0 \int_{-\infty}^\infty e^{-At^2} \mathrm{d}t = \sqrt{2\pi k_{\mathrm{B}} T^2 C}$$

となる。

こうして分配関数 (4.23) は，

$$Z = \exp\left[-\frac{F(E_0)}{k_{\mathrm{B}} T} \right] \frac{\sqrt{2\pi k_{\mathrm{B}} T^2 C}}{\Delta E}$$

となる。したがって，

$$\ln Z = -\frac{F(E_0)}{k_{\mathrm{B}} T} + \ln\left(\frac{\sqrt{2\pi k_{\mathrm{B}} T^2 C}}{\Delta E} \right)$$

が導かれる。ここで，$\dfrac{F(E_0)}{k_{\mathrm{B}} T} = \dfrac{E_0 - TS(E_0)}{k_{\mathrm{B}} T}$ は系の粒子数 N 程度の大きさである。一方，ΔE は系のエネルギー準位の間隔程度の量であり，$k_{\mathrm{B}} T$ は1粒子のエネルギー程度であるから，$\Delta E \sim k_{\mathrm{B}} T$ である。他方 TC は系のエネルギー程度であるから，$\ln\left(\dfrac{\sqrt{2\pi k_{\mathrm{B}} T^2 C}}{\Delta E} \right)$ は，$\ln N$ 程度の量になり，N が十分大きいとき無視できる。したがって，熱平衡状態の自由エネルギー $F(E_0)$ を改めて F_0 と書き，そのときの分配関数を Z_0 と書くと，

$$F_0 = -k_{\mathrm{B}} T \ln Z_0 \quad (4.25)$$

と表される。(4.25) 式は，統計力学的な自由エネルギーの定義式 (4.16) そのものである。

4.4 ほとんど独立な部分系の集合

考えている系が,同じ温度 T の熱浴に接触している,ほとんど独立な部分系 A, 系 B, … の集合である場合を考えよう。それぞれの部分系のエネルギーを $E_A, E_B, \cdots$ とすると,各系がほとんど独立であるから,全エネルギーは,

$$E = E_A + E_B + \cdots$$

と表される。全系の量子状態は,各系の量子状態を決めると定まる。そこで,各系の量子状態を $\{i, j, \cdots\}$ とし,そのエネルギーを $E_i^A, E_j^B, \cdots$ とすると,全系の量子状態 $\{i, j, \cdots\}$ のエネルギーは,

$$E_{i,j,\cdots} = E_i^A + E_j^B + \cdots \tag{4.26}$$

となり,全系の分配関数 Z は,

$$Z = \sum_{\{i,j,\cdots\}} \exp\left(-\frac{E_i^A + E_j^B + \cdots}{k_B T}\right)$$

$$= \sum_i \exp\left(-\frac{E_i^A}{k_B T}\right) \cdot \sum_j \exp\left(-\frac{E_j^B}{k_B T}\right) \cdots = Z_A Z_B \cdots \tag{4.27}$$

となり,各部分系の分配関数 $Z_A, Z_B, \cdots$ の積で与えられる。また,全系の自由エネルギー F は,

$$F = -k_B T \ln Z = -k_B T \ln(Z_A Z_B \cdots)$$

$$= -k_B T (\ln Z_A + \ln Z_B + \cdots) = F_A + F_B + \cdots \tag{4.28}$$

となり,各部分系の自由エネルギー $F_A, F_B, \cdots$ の和で与えられる。

例題4.5 ほとんど独立な N 個の量子論的調和振動子

(1) 量子力学では,質量 m,固有角振動数 ω の調和振動子のエネルギーは,

$$\varepsilon_n = \left(n + \frac{1}{2}\right)\hbar\omega \quad (n = 0, 1, 2, \cdots) \tag{4.29}$$

で与えられる。これより,1個の調和振動子の分配関数を求めよ。

(2) 質量 m,固有角振動数 ω のほとんど独立な N 個の調和振動子からなる系の内部エネルギー(平均エネルギー),比熱,自由エネルギーおよびエントロピーを求めよ。

解

(1) (4.29) 式より，1 個の調和振動子の分配関数 Z は，

$$\begin{aligned}Z &= \sum_{n=0}^{\infty} \exp\left[-\left(n+\frac{1}{2}\right)\frac{\hbar\omega}{k_B T}\right] \\&= \exp\left(-\frac{\hbar\omega}{2k_B T}\right)\cdot\left[1+\exp\left(-\frac{\hbar\omega}{k_B T}\right)+\exp\left(-2\frac{\hbar\omega}{k_B T}\right)+\cdots\right] \\&= \frac{\exp\left(-\frac{\hbar\omega}{2k_B T}\right)}{1-\exp\left(-\frac{\hbar\omega}{k_B T}\right)} = \frac{1}{\exp\left(\frac{\hbar\omega}{2k_B T}\right)-\exp\left(-\frac{\hbar\omega}{2k_B T}\right)} \\&= \frac{1}{2\sinh\left(\frac{\hbar\omega}{2k_B T}\right)}\end{aligned}$$

と求められる。ここで，$\sinh x$（ハイパボリックサインエックスと読む）は，双曲線関数と呼ばれ，

$$\sinh x = \frac{e^x - e^{-x}}{2} \tag{4.30}$$

で定義される。

(2) N 個の調和振動子からなる全系の分配関数 Z_N は，(4.27) 式より，

$$Z_N = Z^N = \left(2\sinh\left(\frac{\hbar\omega}{2k_B T}\right)\right)^{-N}$$

と書ける。ここで，$\cosh x$（ハイパボリックコサインエックスと読む）を，

$$\cosh x = \frac{e^x + e^{-x}}{2} \tag{4.31}$$

で定義し，x での微分をダッシュで表すと，

$$(\sinh x)' = \cosh x, \quad (\cosh x)' = \sinh x \tag{4.32}$$

が成り立つ。

系の内部エネルギー U は，$\langle E \rangle \to U$ として (4.14) 式より，$\beta = 1/k_B T$ を用いて，

$$\begin{aligned}U &= k_B T^2 \frac{\partial}{\partial T} \ln Z_N = -\frac{\partial}{\partial \beta} \ln Z_N \\&= N\frac{\partial}{\partial \beta} \ln\left[2\sinh\left(\frac{1}{2}\beta\hbar\omega\right)\right] = N\frac{\hbar\omega}{2}\frac{\cosh\left(\frac{1}{2}\beta\hbar\omega\right)}{\sinh\left(\frac{1}{2}\beta\hbar\omega\right)}\end{aligned}$$

$$= N\left[\frac{\hbar\omega}{2} + \frac{\hbar\omega \exp\left(-\frac{1}{2}\beta\hbar\omega\right)}{\exp\left(\frac{1}{2}\beta\hbar\omega\right) - \exp\left(-\frac{1}{2}\beta\hbar\omega\right)}\right]$$

$$= N\hbar\omega\left[\frac{1}{2} + \frac{1}{e^{\hbar\omega/k_\mathrm{B}T} - 1}\right]$$

比熱 C は,

$$C = \frac{\partial U}{\partial T} = Nk_\mathrm{B}\left(\frac{\hbar\omega}{k_\mathrm{B}T}\right)^2 \frac{\exp\left(\frac{\hbar\omega}{k_\mathrm{B}T}\right)}{\left(\exp\left(\frac{\hbar\omega}{k_\mathrm{B}T}\right) - 1\right)^2} \tag{4.33}$$

となる。この式は, 振動子の自由度の数を $N \to 3N$ $(N = N_\mathrm{A})$ として, $N_\mathrm{A}k_\mathrm{B} = R$ とおくと, 第 2 章の章末問題 2.2 で考えた固体の比熱を与える (2c) 式に一致する (巻末の解答参照)。

自由エネルギー F は, (4.16) 式より,

$$F = -k_\mathrm{B}T \ln Z_N = Nk_\mathrm{B}T \ln\left[2\sinh\left(\frac{\hbar\omega}{2k_\mathrm{B}T}\right)\right]$$

$$= N\left[\frac{\hbar\omega}{2} + k_\mathrm{B}T \ln\left\{1 - \exp\left(-\frac{\hbar\omega}{k_\mathrm{B}T}\right)\right\}\right]$$

となり, エントロピー S は,

$$S = -\frac{\partial F}{\partial T} = Nk_\mathrm{B}\left[\frac{\hbar\omega}{2k_\mathrm{B}T}\coth\frac{\hbar\omega}{2k_\mathrm{B}T} - \ln\left\{2\sinh\left(\frac{\hbar\omega}{2k_\mathrm{B}T}\right)\right\}\right]$$

$$= Nk_\mathrm{B}\left[\frac{\hbar\omega}{k_\mathrm{B}T}\frac{1}{e^{\hbar\omega/k_\mathrm{B}T} - 1} - \ln\left\{1 - \exp\left(-\frac{\hbar\omega}{k_\mathrm{B}T}\right)\right\}\right]$$
$$\tag{4.34}$$

となる。ここで,

$$\coth x = \frac{\cosh x}{\sinh x} = \frac{e^x + e^{-x}}{e^x - e^{-x}} \tag{4.35}$$

である。■

4.5　理想気体のカノニカル集団としての扱い

第 3 章では, 理想気体をミクロカノニカル集団として扱い, エントロピーの計算を行ったが, ここでは, カノニカル集団として扱ってみよう。

4.5 理想気体のカノニカル集団としての扱い

一辺の長さ L の立方体容器内に入れられた N 個の単原子分子からなる理想気体のエネルギー E は，気体分子の運動エネルギーの総和として，

$$E = \sum_{i=1}^{N} \frac{p_{ix}^2 + p_{iy}^2 + p_{iz}^2}{2m}$$

と書ける．したがって，これより分配関数を求めてみよう．それには，位相空間での状態数の総和を求める必要があるが，それには，第3章で述べたように，$3N$ 次元での位相空間の体積を h^{3N} で割った上で，さらに，N 個の分子の同等性より，$N!$ で割る必要がある．こうして分配関数 Z は，$V = L^3$ として，

$$\begin{aligned}
Z &= \frac{1}{N! h^{3N}} \int_{-\infty}^{\infty} \mathrm{d}p_1 \cdots \int_{-\infty}^{\infty} \mathrm{d}p_N \int_0^L \mathrm{d}x_1 \cdots \int_0^L \mathrm{d}x_N \exp\left[-\frac{E}{k_\mathrm{B} T}\right] \\
&= \frac{V^N}{N! h^{3N}} \left[\int_{-\infty}^{\infty} \mathrm{d}p \exp\left(-\frac{p^2}{2m k_\mathrm{B} T}\right)\right]^{3N} = \frac{V^N}{N! h^{3N}} (2\pi m k_\mathrm{B} T)^{3N/2}
\end{aligned} \quad (4.36)$$

と求められる．

例題4.6 　理想気体の自由エネルギーとエントロピー

(4.36) 式を用いて単原子分子理想気体の自由エネルギー，エントロピーおよび内部エネルギーを求め，理想気体の状態方程式を導け．

解 　自由エネルギー F は，スターリングの公式 (2.26) を用いて，(4.16) 式より，

$$\begin{aligned}
F &= -k_\mathrm{B} T \ln Z \\
&= -N k_\mathrm{B} T \left[\frac{3}{2} \ln\left(\frac{2\pi m k_\mathrm{B} T}{h^2}\right) + \ln \frac{V}{N} + 1\right]
\end{aligned} \quad (4.37)$$

となる．

エントロピー S は，

$$S = -\left(\frac{\partial F}{\partial T}\right)_V = N k_\mathrm{B} \left[\frac{3}{2} \ln\left(\frac{2\pi m k_\mathrm{B} T}{h^2}\right) + \ln \frac{V}{N} + \frac{5}{2}\right] \quad (4.38)$$

内部エネルギー U は，(4.14) 式より，

$$U = k_\mathrm{B} T^2 \frac{\partial}{\partial T} \ln Z = \frac{3}{2} N k_\mathrm{B} T$$

となる．

また，付録の (A.38) の第1式より，気体の圧力 p は，

$$p = -\left(\frac{\partial F}{\partial V}\right)_T = \frac{Nk_B T}{V}$$

となるから，気体のモル数 n，気体定数 R を用いて，理想気体の状態方程式

$$pV = Nk_B T = nRT$$

を得る。 ∎

章末問題

4.1 カノニカル集団において，エネルギー E のゆらぎは，
$$\langle (E - \langle E \rangle)^2 \rangle = k_B T^2 C \tag{4.39}$$
で与えられることを示せ。また，N 個の単原子分子理想気体に対して，
$$\frac{\langle (E - \langle E \rangle)^2 \rangle}{\langle E \rangle^2}$$
を求めよ。ただし，C は集団の比熱(ここでは気体の体積変化は考えていないので，この場合，厳密には定積比熱)である。

4.2 ある種の物質を磁場中に置くと，原子の磁気モーメントが磁場の向きにそろい，磁場と平行な向きに磁化が起こる。このような物質を**常磁性体**という。原子の磁気モーメントは電子のスピン(量子力学で与えられる電子自体のもつ角運動量)に起因しているので，ここでは簡単に，原子はスピン $\frac{1}{2}\hbar$ をもつとする。この原子を磁場 H の中に置くと，スピンによる磁気モーメント(その大きさを μ とする)が磁場と平行(↑)になる場合と反平行(↓)になる場合があり，そのエネルギーはそれぞれ，
$$\varepsilon_\uparrow = -\mu H, \quad \varepsilon_\downarrow = \mu H \tag{4.40}$$
となる。このような N 個の独立な原子からなる物質を，一定温度 T の下で一様な磁場 H の中に置いた場合について考える。

(1) この物質をカノニカル集団として扱い，内部エネルギー U，エントロピー S，比熱 C，物質全体の磁気モーメント M を求め，C と M の温度依存性のグラフを描け。ただし，平行状態にある原子数を $N_\uparrow$，反平行状態にある原子数を $N_\downarrow$ とすると，

$$U = -\mu H(N_\uparrow - N_\downarrow), \quad M = \mu(N_\uparrow - N_\downarrow) \tag{4.41}$$

と表されることに注意せよ．

(2) 磁場が弱く，$\mu H \ll k_{\mathrm{B}} T$ が成り立つ場合，

$$M = \chi H \tag{4.42}$$

で定義される磁化率 χ を求め，χ が温度 T に反比例するという常磁性体に関する**キュリーの法則**が成り立つことを示せ．

第 5 章

前章までで、統計力学の基本的な構造を学んだので、本章では、統計力学を用いるとどのような物理を理解できるかを調べる。2 原子分子気体のエネルギーとプランク放射について学ぶ。

カノニカル分布の応用

5.1　ラグランジアンとハミルトニアン

ラグランジアン

　質量 m の質点の (x, y, z) 直交座標系での運動を考えてみよう。

　質点の運動エネルギー $K = \dfrac{1}{2} m(\dot{x}^2 + \dot{y}^2 + \dot{z}^2)$ を用いると、運動量 $\boldsymbol{p} = (p_x, p_y, p_z)$ は、

$$p_x = m\dot{x} = \frac{\partial K}{\partial \dot{x}}, \quad p_y = m\dot{y} = \frac{\partial K}{\partial \dot{y}}, \quad p_z = m\dot{z} = \frac{\partial K}{\partial \dot{z}}$$

と表される。いま、質点にはたらく力を $\boldsymbol{F} = (F_x, F_y, F_z)$ とすると、運動方程式は、

$$\frac{\mathrm{d}p_x}{\mathrm{d}t} = F_x, \quad \frac{\mathrm{d}p_y}{\mathrm{d}t} = F_y, \quad \frac{\mathrm{d}p_z}{\mathrm{d}t} = F_z$$

となり、$\boldsymbol{F}$ を保存力とすると、$\boldsymbol{F}$ はポテンシャル $U(x, y, z)$ により、

$$F_x = -\frac{\partial U}{\partial x}, \quad F_y = -\frac{\partial U}{\partial y}, \quad F_z = -\frac{\partial U}{\partial z}$$

と表される。そこで、$L = K - U$ とおくと、運動方程式は、

$$\frac{\mathrm{d}}{\mathrm{d}t}\left(\frac{\partial L}{\partial \dot{x}}\right) - \frac{\partial L}{\partial x} = 0, \quad \frac{\mathrm{d}}{\mathrm{d}t}\left(\frac{\partial L}{\partial \dot{y}}\right) - \frac{\partial L}{\partial y} = 0, \quad \frac{\mathrm{d}}{\mathrm{d}t}\left(\frac{\partial L}{\partial \dot{z}}\right) - \frac{\partial L}{\partial z} = 0 \tag{5.1}$$

と書ける。ここで，Lを**ラグランジアン**という。

(x, y, z)直交座標系に代わって，質点系のすべての位置を指定する座標$(q_1, q_2, \cdots)$を**一般化座標**という。したがって，時間にあらわに依存しないラグランジアンLは，一般化座標$(q_1, q_2, \cdots)$とその時間微分$(\dot{q}_1, \dot{q}_2, \cdots)$によって$L(q_1, q_2, \cdots, \dot{q}_1, \dot{q}_2, \cdots)$と表される。このとき(5.1)式は，一般に，

$$\frac{\mathrm{d}}{\mathrm{d}t}\left(\frac{\partial L}{\partial \dot{q}_i}\right) - \frac{\partial L}{\partial q_i} = 0 \quad (i = 1, 2, \cdots) \tag{5.2}$$

と表される。(5.2)式を**ラグランジュの運動方程式**という。また，一般化座標から，

$$p_i = \frac{\partial L}{\partial \dot{q}_i} \tag{5.3}$$

で定義されるp_iを**一般化運動量**といい，q_iとp_iは**正準共役**な関係にあるという。

例題5.1 3次元極座標でのラグランジアン

図5.1のように，点Pの原点Oからの距離をr，線分OPとz軸のなす角をθ $(0 \leq \theta \leq \pi)$，Pからxy平面へ引いた垂線をPHとして，線分OHがx軸となす角を$\phi (0 \leq \phi < 2\pi)$とする。このとき，点Pを$(r, \theta, \phi)$で表す座標を**3次元極座標**という。3次元極座標(r, θ, ϕ)を用いると，直交座標(x, y, z)は，

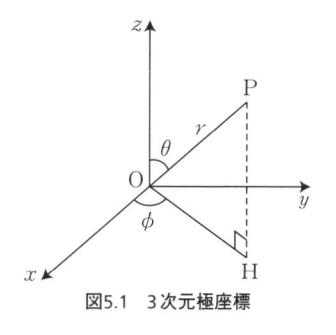

図5.1 3次元極座標

$$x = r\sin\theta\cos\phi, \quad y = r\sin\theta\sin\phi, \quad z = r\cos\theta \tag{5.4}$$

と表される。

(1) 点Pにある質量mの質点のラグランジアンLを(r, θ, ϕ)と$(\dot{r}, \dot{\theta}, \dot{\phi})$を用いて表せ。ただし，ポテンシャルを$U(r, \theta, \phi)$とする。

(2) (r, θ, ϕ)とそれぞれ正準共役な関係にある一般化運動量(p_r, p_θ, p_ϕ)を求め，ラグランジアンLを(r, θ, ϕ)と(p_r, p_θ, p_ϕ)を用いて表せ。

解

(1) (r, θ, ϕ) はすべて時間 t の関数であるから，
$$\dot{x} = \dot{r}\sin\theta\cos\phi + r\cos\theta\cos\phi\cdot\dot{\theta} - r\sin\theta\sin\phi\cdot\dot{\phi}$$
$$\dot{y} = \dot{r}\sin\theta\sin\phi + r\cos\theta\sin\phi\cdot\dot{\theta} + r\sin\theta\cos\phi\cdot\dot{\phi}$$
$$\dot{z} = \dot{r}\cos\theta - r\sin\theta\cdot\dot{\theta}$$

となり，これらを代入して，運動エネルギー $K = \frac{1}{2}m(\dot{x}^2 + \dot{y}^2 + \dot{z}^2)$ は，

$$K = \frac{1}{2}m(\dot{r}^2 + r^2\dot{\theta}^2 + r^2\dot{\phi}^2\sin^2\theta) \tag{5.5}$$

となる。したがって，ラグランジアン

$$L(r, \theta, \phi; \dot{r}, \dot{\theta}, \dot{\phi}) = \underline{\frac{1}{2}m(\dot{r}^2 + r^2\dot{\theta}^2 + r^2\dot{\phi}^2\sin^2\theta) - U(r, \theta, \phi)} \tag{5.6}$$

を得る。

(2) 正準共役な運動量 (p_r, p_θ, p_ϕ) は，

$$p_r = \frac{\partial L}{\partial \dot{r}} = \underline{m\dot{r}}, \quad p_\theta = \frac{\partial L}{\partial \dot{\theta}} = \underline{mr^2\dot{\theta}}, \quad p_\phi = \frac{\partial L}{\partial \dot{\phi}} = \underline{mr^2\dot{\phi}\sin^2\theta} \tag{5.7}$$

となる。ここで，(5.7) 式を用いて $\dot{r}, \dot{\theta}, \dot{\phi}$ を消去して，

$$L(r, \theta, \phi; p_r, p_\theta, p_\phi)$$
$$= \underline{\frac{1}{2m}\left(p_r^2 + \frac{1}{r^2}p_\theta^2 + \frac{1}{r^2\sin^2\theta}p_\phi^2\right) - U(r, \theta, \phi)} \tag{5.8}$$

を得る。■

ハミルトニアン

一般化座標 $q_i (i = 1, 2, \cdots)$ と正準共役な運動量 p_i を用いて，H を，

$$H = \sum_i \dot{q}_i p_i - L \tag{5.9}$$

と定義するとき，この H を**ハミルトニアン**あるいは**ハミルトン関数**という。ハミルトニアンは系の全エネルギーを与える。実際，3次元直交座標で質量 m の質点の運動を与えるラグランジアン

$$L = \frac{1}{2}m(\dot{x}^2 + \dot{y}^2 + \dot{z}^2) - U(x, y, z)$$

$$= \frac{1}{2m}(p_x{}^2 + p_y{}^2 + p_z{}^2) - U(x, y, z) \qquad (5.10)$$

と運動量

$$p_x = \frac{\partial L}{\partial \dot{x}} = m\dot{x}, \quad p_y = \frac{\partial L}{\partial \dot{y}} = m\dot{y}, \quad p_z = \frac{\partial L}{\partial \dot{z}} = m\dot{z}$$

より，

$$\begin{aligned}H &= \dot{x}\cdot p_x + \dot{y}\cdot p_y + \dot{z}\cdot p_z - L \\ &= \frac{p_x}{m}\cdot p_x + \frac{p_y}{m}\cdot p_y + \frac{p_z}{m}\cdot p_z - \left[\frac{1}{2m}(p_x{}^2 + p_y{}^2 + p_z{}^2) - U(x, y, z)\right] \\ &= \frac{1}{2m}(p_x{}^2 + p_y{}^2 + p_z{}^2) + U(x, y, z) \qquad (5.11)\end{aligned}$$

となり，系の全エネルギーを与えることがわかる。

5.2　2原子分子気体

2原子分子理想気体については，第1章例題1.2で述べたが，ここでは，カノニカル分布を用いて考察してみよう。2原子分子を重心運動と相対運動に分けたとき，分子の回転運動は，相対運動として現れる。

図5.2のように，質量 m_B の原子Bを原点とし，質量 m_A の原子Aの相対座標を3次元極座標 (r, θ, ϕ) で表すことにする。相対運動エネルギー K_r は，(5.5)式の m を原子AとBの換算質量 $\mu = \dfrac{m_A m_B}{m_A + m_B}$ で置き換えて，

図5.2　2原子分子

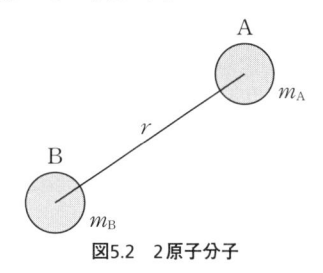

$$K_r = \frac{1}{2}\mu(\dot{r}^2 + r^2\dot{\theta}^2 + r^2\sin^2\theta\cdot\dot{\phi}^2)$$

と表される。原子Aに作用するポテンシャル U は相対距離 r のみで決まるはずであるから，$U(r)$ と書くと，相対運動に関するラグランジアンは，

$$L_r = \frac{1}{2}\mu(\dot{r}^2 + r^2\dot{\theta}^2 + r^2\sin^2\theta\cdot\dot{\phi}^2) - U(r) \qquad (5.12)$$

と書ける。ラグランジアン(5.12)より，(r, θ, ϕ) に共役な運動量 (p_r, p_θ, p_ϕ) は(5.7)式で $m \to \mu$ とした式で表され，相対運動のハミルトニア

ン H_r は,
$$H_r = \dot{r}p_r + \dot{\theta}p_\theta + \dot{\phi}p_\phi - L_r$$
$$= \frac{1}{2\mu}\left(p_r{}^2 + \frac{1}{r^2}p_\theta{}^2 + \frac{1}{r^2\sin^2\theta}p_\phi{}^2\right) + U(r) \quad (5.13)$$

となる。ハミルトニアン (5.13) が 2 原子分子の相対運動エネルギーを与える。

ここで, 2 原子分子の振動運動が凍結されるとして回転運動だけを考えることにしよう。すなわち, $r = a = $ 一定 とする。そうして, (5.13) 式を用いて回転運動の分配関数を求め, 各種の物理量を計算することにしよう。

例題5.2　2 原子分子気体のエネルギー

ハミルトニアン (5.13) を用いて, 回転運動の分配関数, エントロピー, および回転運動エネルギーの平均値を求めよ。これより, エネルギー等分配則が成り立っていることを確かめよ。

解　2 原子分子の回転運動に関する分配関数 Z は,

$$Z = \frac{1}{h^2}\int_{-\infty}^{\infty}dp_\theta\int_{-\infty}^{\infty}dp_\phi\int_0^\pi d\theta\int_0^{2\pi}d\phi$$
$$\times \exp\left[-\frac{1}{2\mu k_B T}\left(\frac{1}{a^2}p_\theta{}^2 + \frac{1}{a^2\sin^2\theta}p_\phi{}^2\right)\right]$$
$$= \frac{1}{h^2}\int_0^\pi d\theta\int_0^{2\pi}d\phi \cdot a\sqrt{2\pi\mu k_B T}\cdot a\sin\theta\sqrt{2\pi\mu k_B T}$$
$$= \underline{\frac{8\pi^2\mu a^2 k_B T}{h^2}}$$

ヘルムホルツの自由エネルギー F は,
$$F = -k_B T \ln Z = -k_B T \ln\left(\frac{8\pi^2\mu a^2 k_B T}{h^2}\right)$$

エントロピー S は,
$$S = -\frac{dF}{dT} = \underline{k_B\left[\ln\left(\frac{8\pi^2\mu a^2 k_B T}{h^2}\right) + 1\right]}$$

回転運動エネルギーの平均値は, (4.14) 式より,
$$\langle E_r\rangle = k_B T^2 \frac{d}{dT}\ln Z = \underline{k_B T} \quad (5.14)$$

となる。(5.14) 式により, θ と ϕ の 2 つの回転の自由度に平均として $\frac{1}{2}k_B T$ ずつのエネルギーが割り当てられ, エネルギー等分配則が成り立っ

ていることがわかる。　　　　　　　　　　　　　　　　　　　　■

電気双極子モーメントと誘電率

一定の大きさの電気双極子モーメントをもつ 2 原子分子からなる理想気体の電気分極について考え，誘電率を求めてみよう。

図 5.3 のように，$\pm q$ の電荷が l だけ離れて存在しているとき，電気双極子モーメントは，$p = ql$ ($|p| = p$) で定義される。このような電気双極子が電場 E ($|E| = E$) の中に置かれるときにもつエネルギーは次のようになる。

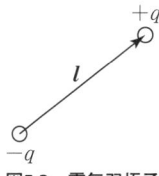

図5.3　電気双極子

例えば，2 電荷の中点を基準にとると，電荷 $+q$ のもつポテンシャルは $-qE \cdot \dfrac{l}{2}$，電荷 $-q$ のもつポテンシャルは $(-q)E \cdot \dfrac{l}{2}$ となるから，双極子全体でもつポテンシャルは，電場 E と双極子モーメント p のなす角を θ として，

$$-qE \cdot l = -pE\cos\theta$$

と表される。

電場 E の中に置かれたこの 2 原子分子の回転に関するハミルトニアン H は，換算質量を μ とし，(5.13) 式で $r \to l$ として，

$$H = \frac{1}{2\mu l^2}\left(p_\theta^2 + \frac{p_\phi^2}{\sin^2\theta}\right) - pE\cos\theta$$

となる。

例題5.3　電気分極と誘電率

電場 E ($|E| = E$) の中に置かれた電気双極子 p をもつ 2 原子分子理想気体について，1 分子の回転に関する分配関数 Z を求めよ。また，体積 V の理想気体の電気分極 P は，ヘルムホルツの自由エネルギー F の電場 E での微分により，

$$P = -\frac{1}{V}\frac{\partial F}{\partial E} \tag{5.15}$$

で与えられる。$pE \ll k_\mathrm{B}T$ の場合について，N 個の 2 原子分子からなる体積 V の理想気体の電気分極 P と電気感受率 χ_e を求めよ。ただし，χ_e は，$P = \chi_\mathrm{e} E$ で定義される。

解 分子の換算質量を μ とすると,(5.13)式より,1分子の回転に関する分配関数 Z は $r \to l$ として,

$$Z = \frac{1}{h^2} \int_{-\infty}^{\infty} dp_\theta \int_{-\infty}^{\infty} dp_\phi \int_0^\pi d\theta \int_0^{2\pi} d\phi$$
$$\times \exp\left[-\frac{1}{2\mu l^2 k_B T}\left(p_\theta^2 + \frac{1}{\sin^2\theta}p_\phi^2\right) + \frac{pE\cos\theta}{k_B T}\right]$$
$$= \frac{2\pi k_B T \mu l^2}{h^2} \int_0^\pi d\theta \int_0^{2\pi} d\phi \cdot \sin\theta \exp\left(\frac{pE\cos\theta}{k_B T}\right)$$

と書ける。ここで,$\cos\theta = t$ とおいて,

$$Z = \frac{(2\pi)^2 k_B T \mu l^2}{h^2} \int_{-1}^{1} \exp\left(\frac{pE}{k_B T} t\right) dt = \underline{\frac{2(k_B T)^2 \mu l^2}{pE \hbar^2} \sinh\left(\frac{pE}{k_B T}\right)}$$

を得る。

N 個の分子からなる気体の自由エネルギーは,$F_N = -Nk_B T \ln Z$ となるから[1],電気分極 P は(5.15)式より,

$$P = \frac{Nk_B T}{V} \frac{\partial}{\partial E}\left[-\ln E + \ln\left\{\sinh\left(\frac{pE}{k_B T}\right)\right\}\right]$$
$$= \frac{Np}{V}\left[-\frac{k_B T}{pE} + \coth\left(\frac{pE}{k_B T}\right)\right]$$

となる。ここで,$pE \ll k_B T$ のとき $x = \frac{pE}{k_B T} \ll 1$ となり,

$$\coth x \approx \frac{1}{x}\left(1 + \frac{x^2}{3}\right)$$

と書けるから,

$$P \approx \frac{Np}{V}\left[-\frac{1}{x} + \frac{1}{x}\left(1 + \frac{x^2}{3}\right)\right] = \underline{\frac{N}{V}\frac{p^2}{3k_B T} E}$$

を得る。また,電気感受率 χ_e は,

$$\chi_e = \frac{P}{E} = \underline{\frac{N}{V}\frac{p^2}{3k_B T}}$$

となる。 ■

---

1) N 個の分子が区別できないとして分配関数を $N!$ で割っても,F_N を電場 E で微分して得られる電気分極 P には影響しない。

5.3 量子論的効果

第 4 章で，カノニカル集団として扱うことのできる例として，古典的な調和振動子および量子力学的な調和振動子を説明し，分配関数などを求めた。ここでは，古典論による結果と量子論による結果の間にどのような関係があるか，考えることにしよう。

熱力学第 3 法則

付録の A.3 節で，熱力学的にエントロピーを定義したが，その議論を思い出してもわかるように，エントロピーは定数を除いて定めることができ，定数は任意にとることができる。定数はどの状態を標準状態にとるかで決まり，その標準状態のエントロピーとして与えられる。

「化学的に一様で，有限な密度をもつ物体のエントロピーは，温度が絶対零度に近づくと，圧力，密度，集合状態によらず一定値に近づく」

これを**ネルンスト-プランクの定理**という。この一定値を 0 ととれば，エントロピーの値を完全に定めることができる。

この定理から，「どのような方法でも，有限の過程で絶対零度に達することができない」ことがわかる。なぜなら，物体 A の温度を絶対零度に到達させるためには，物体 A のエントロピーを最低値になるまで減少させなければならないが，有限の過程で，物体 A のエントロピーを最低状態にすることは不可能であるからである。もしエントロピーが最低値になっている物体 B があったとしても，物体 A を物体 B と接触させれば，物体 A と B はともにエントロピーの最低状態ではなくなってしまう。こうして，物体 A のエントロピーを有限の過程で最低状態にすることができないことがわかる。また，この定理から，

「エントロピーおよびエントロピーを他の状態変数で微分した量（熱容量・比熱など）も，絶対零度で 0 に近づく」

ことがわかる。

この定理は，熱力学の第 1 法則，第 2 法則と同様に，基本的な経験則と考えられ，**熱力学第 3 法則**と呼ばれている。熱力学第 3 法則は，熱力学では経験則に過ぎないが，量子力学を用いた統計力学を用いると，当然の結

果として理解することができる。

調和振動子

第4章の例題4.1で求めたように，調和振動子のエネルギーの式 (4.4) を用いた議論により，1つの振動子の分配関数

$$Z = \frac{k_B T}{\hbar \omega} \tag{4.5}$$

が求められた。この式から，エントロピーや比熱の式を求めることができる。

例題5.4　古典的調和振動子のエントロピーと比熱

分配関数 (4.5) を用いて，N 個の調和振動子系のエントロピーと比熱を求めよ。

解　(4.5) 式より，ほとんど独立な N 個の調和振動子の分配関数は，

$$Z_N = Z^N = \left(\frac{k_B T}{\hbar \omega}\right)^N$$

となるから，自由エネルギー F とエントロピー S は，

$$F = -k_B T \ln Z_N = -N k_B T \ln\left(\frac{k_B T}{\hbar \omega}\right)$$

$$S = -\frac{\partial F}{\partial T} = N k_B \left[\ln\left(\frac{k_B T}{\hbar \omega}\right) + 1\right] \tag{5.16}$$

となる。系のエネルギーは，(4.14) 式より，

$$E = k_B T^2 \frac{\partial}{\partial T} \ln Z_N = N k_B T$$

と書けるから，比熱 C は，

$$C = \frac{dE}{dT} = N k_B = \underline{nR} \tag{5.17}$$

と求められる。ここで，n は系のモル数，R は気体定数である。　■

調和振動子の量子論と古典論

第4章の例題4.5より，量子論的調和振動子 N 個の系のエントロピー S と比熱 C はそれぞれ，

$$S = N k_B \left[\frac{\hbar \omega}{k_B T} \frac{1}{e^{\hbar \omega / k_B T} - 1} - \ln\left\{1 - \exp\left(-\frac{\hbar \omega}{k_B T}\right)\right\}\right] \tag{4.34}$$

$$C = Nk_{\mathrm{B}} \left(\frac{\hbar\omega}{k_{\mathrm{B}}T} \right)^2 \frac{\exp\left(\frac{\hbar\omega}{k_{\mathrm{B}}T} \right)}{\left(\exp\left(\frac{\hbar\omega}{k_{\mathrm{B}}T} \right) - 1 \right)^2} \tag{4.33}$$

と表される。ここで，高温 $x = \frac{\hbar\omega}{k_{\mathrm{B}}T} \ll 1$ では，$e^x \approx 1 + x$ より，

$$S \approx Nk_{\mathrm{B}} \left[\ln\left(\frac{k_{\mathrm{B}}T}{\hbar\omega} \right) + 1 \right], \; C \approx Nk_{\mathrm{B}}$$

となり，古典論による値 (5.16)，(5.17) に一致する。

一方，低温 $x = \frac{\hbar\omega}{k_{\mathrm{B}}T} \gg 1$ では，

$$S \approx Nk_{\mathrm{B}} \left(\frac{\hbar\omega}{k_{\mathrm{B}}T} \right) \exp\left(-\frac{\hbar\omega}{k_{\mathrm{B}}T} \right) \tag{5.18}$$

$$C \approx Nk_{\mathrm{B}} \left(\frac{\hbar\omega}{k_{\mathrm{B}}T} \right)^2 \exp\left(-\frac{\hbar\omega}{k_{\mathrm{B}}T} \right) \tag{5.19}$$

となる。ここで，$T \to 0 (x \to \infty)$ で，x あるいは x^2 は発散するが，e^{-x} はそれより十分速く 0 に近づくので，$S \to 0$，$C \to 0$ となり，熱力学第 3 法則を満たすことがわかる。

量子論による一般的考察

　量子論では，一般的に系のエネルギーは飛び飛びの値をもつ。そこで，基底状態のエネルギーを E_0，第 1 励起状態のエネルギーを E_1 とし，$\Delta E = E_1 - E_0$ とする。絶対零度近傍では，$k_{\mathrm{B}}T \ll \Delta E$ となるから，系の状態としては，基底状態と第 1 励起状態を考えれば十分である。そこで，系の分配関数は，

$$\begin{aligned} Z &\approx \exp\left(-\frac{E_0}{k_{\mathrm{B}}T} \right) + \exp\left(-\frac{E_1}{k_{\mathrm{B}}T} \right) \\ &= \exp\left(-\frac{E_0}{k_{\mathrm{B}}T} \right) \left[1 + \exp\left(-\frac{\Delta E}{k_{\mathrm{B}}T} \right) \right] \end{aligned} \tag{5.20}$$

と書ける。

例題5.5 絶対零度でのエントロピーと比熱

　分配関数 (5.20) を用いて，量子系のエントロピーと比熱が絶対零度で 0 になることを確かめよ。

解　(5.20) 式より，自由エネルギー F は，

$$F = -k_B T \ln Z = E_0 - k_B T \ln\left[1 + \exp\left(-\frac{\Delta E}{k_B T}\right)\right]$$
$$\approx E_0 - k_B T \exp\left(-\frac{\Delta E}{k_B T}\right)$$

となる。ここで，$x = \frac{\Delta E}{k_B T} \gg 1$ であるから，$\ln(1+e^{-x}) \approx e^{-x}$ となることを用いた。そうすると，エントロピー S は，

$$S = -\frac{\partial F}{\partial T} = k_B\left(1 + \frac{\Delta E}{k_B T}\right)\exp\left(-\frac{\Delta E}{k_B T}\right) \tag{5.21}$$

となる。系のエネルギーは，

$$E = k_B T^2 \frac{\partial}{\partial T}\ln Z = E_0 + \Delta E \frac{e^{-\Delta E/k_B T}}{1 + e^{-\Delta E/k_B T}}$$
$$\approx E_0 + \Delta E \cdot \exp\left(-\frac{\Delta E}{k_B T}\right)$$

となるから，比熱は，

$$C = \frac{\partial E}{\partial T} = k_B\left(\frac{\Delta E}{k_B T}\right)^2 \exp\left(-\frac{\Delta E}{k_B T}\right) \tag{5.22}$$

と求められる。

(5.21), (5.22) 式より，

「$T \to 0$ すなわち $x = \frac{\Delta E}{k_B T} \to \infty$ のとき，$S \to 0$, $C \to 0$」

となることがわかる。 ∎

5.4 プランク放射

物体を高温に熱すると光を発し，温度を上げるにしたがって，赤から青白い光に変わる。このとき発せられる光の波長 λ の強度分布を調べると，図 5.4 のように，物体の温度 T によって定まった分布をもつことがわかる。プランクは，振動数

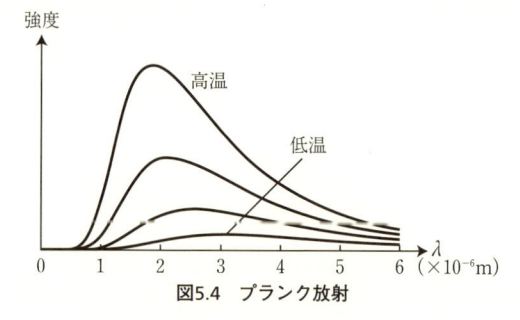

図5.4 プランク放射

ν（角振動数 $\omega = 2\pi\nu$）の電磁波のエネルギー ε が，
$$\varepsilon = nh\nu = n\hbar\omega \quad (n = 1, 2, \cdots) \tag{5.23}$$
のみをとると仮定することにより，図 5.4 の強度分布を説明することに成功した。これを**プランクの量子仮説**という。

熱平衡状態にある電磁場を扱うためには，図 5.5 のように，高温に熱せられた空洞内部に充満した電磁波を考えればよい。これを**空洞放射**という。空洞内の電磁波を知るには，空洞に空けられた小さな孔から漏れ出る電磁波を測定すればよい。

図 5.5 のような空洞内に充満した電磁波は定常波を形成している。第 3 章の 3.2 節で述べたように，一辺の長さ L の立方体空洞内に生じた定常波の x, y, z 方向の波数 k_x, k_y, k_z は，それぞれ $\dfrac{\pi}{L}$ ごとに正の範囲に存在する。

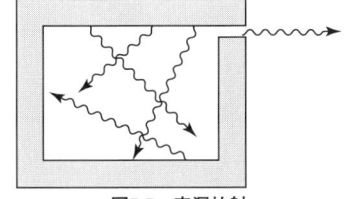

図5.5 空洞放射

そこで，波数 (k_x, k_y, k_z) を原点に関して対称に負方向に拡張し，波数 (k_x, k_y, k_z) はそれぞれ $\dfrac{2\pi}{L}$ ごとに存在すると考えることにより，波数空間の原点に関して対称に分布する状態を考えることができる（3.2 節「位相空間と等重率の原理」での議論と同様）。そうすると，波数ベクトル $\boldsymbol{k} = (k_x, k_y, k_z)$ の大きさ k が $k \sim k + dk$ の間に入る状態数は，電磁波の偏光の自由度が 2 であること，すなわち，横波の振動方向の自由度が 2 であることを考慮して因子 2 を付加し，

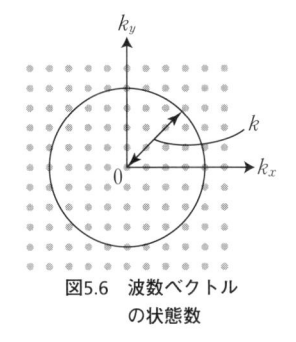

図5.6 波数ベクトルの状態数

$$\frac{2}{(2\pi/L)^3} 4\pi k^2 \, dk \tag{5.24}$$

と表される（図 5.6）。

いま，電磁波の波長 λ と振動数 ν の間に，真空中の光速を c として $\nu\lambda = c$ が成り立つから，角振動数 $\omega = 2\pi\nu$ と波数 $k = 2\pi/\lambda$ の間に，
$$\omega = ck \tag{5.25}$$

の関係が成り立つ。ここで，関係 $d\omega = cdk$ および空洞の体積 $V = L^3$ を用いると，振動数が $\omega \sim \omega + d\omega$ の間に入る電磁波の数は，(5.24) 式より，

$$D(\omega)\,d\omega = \frac{V}{\pi^2 c^3} \omega^2\,d\omega \tag{5.26}$$

と表される。

例題5.6 電磁波の平均エネルギー

角振動数 ω の電磁波の平均エネルギー $\langle \varepsilon \rangle$ を，プランクの量子仮説により求めよ。その際，

「温度 T で熱平衡にある電磁波のエネルギーが ε_n である確率 P_n は，

$$P_n = \frac{\exp\left(-\dfrac{\varepsilon_n}{k_B T}\right)}{\sum_{m=0}^{\infty} \exp\left(-\dfrac{\varepsilon_m}{k_B T}\right)} \tag{5.27}$$

で与えられる」

ことを用いよ。

解 プランクの仮説 (5.23) より，$\varepsilon_n = n\hbar\omega$ とおくと，平均エネルギー $\langle \varepsilon \rangle$ は，(5.27) 式を用いて，

$$\langle \varepsilon \rangle = \sum_{n=0}^{\infty} \varepsilon_n P_n = \frac{\sum_{n=0}^{\infty} n\hbar\omega \exp\left(-\dfrac{n\hbar\omega}{k_B T}\right)}{\sum_{m=0}^{\infty} \exp\left(-\dfrac{m\hbar\omega}{k_B T}\right)}$$

と書ける。ここで，$x = \exp\left(-\dfrac{\hbar\omega}{k_B T}\right)$ とおくと，

$$\langle \varepsilon \rangle = \hbar\omega \frac{x + 2x^2 + \cdots + nx^n + \cdots}{1 + x + x^2 + \cdots + x^n + \cdots}$$

となるが，$S = x + 2x^2 + \cdots + nx^n + \cdots$ とおくと，

$$(1-x)S = x + x^2 + \cdots + x^n + \cdots = \frac{x}{1-x} \Rightarrow S = \frac{x}{(1-x)^2}$$

となるから，

$$\langle \varepsilon \rangle = \hbar\omega \frac{\dfrac{x}{(1-x)^2}}{\dfrac{1}{1-x}} = \hbar\omega \frac{\exp\left(-\dfrac{\hbar\omega}{k_B T}\right)}{1 - \exp\left(-\dfrac{\hbar\omega}{k_B T}\right)} = \frac{\hbar\omega}{e^{\hbar\omega/k_B T} - 1} \tag{5.28}$$

を得る。 ∎

(5.28) 式は，第 4 章例題 4.5 で求めた調和振動子の平均エネルギーと，$\frac{1}{2}\hbar\omega$ を除いて一致していることに注意しよう．電磁波は調和振動子の集合と見なすことができる．$\frac{1}{2}\hbar\omega$ の違いは，プランクの量子仮説 (5.23) に零点振動 $\frac{1}{2}\hbar\omega$ が含まれていないためである．

図 5.4 の電磁波の強度分布は，エネルギーの波長分布である．角振動数が $\omega \sim \omega + d\omega$ の間にある電磁波のエネルギー密度（単位体積あたりのエネルギー）は，(5.26) 式，(5.28) 式より，

$$\rho(\omega)d\omega = \langle \varepsilon \rangle \frac{D(\omega)}{V} d\omega = \frac{\hbar}{\pi^2 c^3} \frac{\omega^3}{e^{\hbar\omega/k_{\rm B}T}-1} d\omega \tag{5.29}$$

となる．ここで，温度 T のとき波長が $\lambda \sim \lambda + d\lambda$ の間に入る電磁波のエネルギー密度 $u(\lambda, T)d\lambda$ を求めるには，ω が増加するとき波長 λ は減少するから符号を反転し，(5.25) 式より $\omega = \frac{2\pi c}{\lambda} \Rightarrow d\omega = -\frac{2\pi c}{\lambda^2} d\lambda$ と書けることを用いる．こうして，

$$u(\lambda, T) = \frac{16\pi^2 \hbar c}{\lambda^5} \frac{1}{\exp\left(\frac{hc}{\lambda k_{\rm B}T}\right) - 1} \tag{5.30}$$

を得る．(5.30) 式のグラフを各温度 T について描いたのが図 5.4 である．(5.30) 式を**プランクの放射式**という．

(5.29) 式より，温度 T のとき，単位体積あたりの電磁波のエネルギー E は，すべての角振動数の電磁波のエネルギーの和として，

$$E = \int_0^\infty \rho(\omega)d\omega = \frac{\hbar}{\pi^2 c^3} \int_0^\infty \frac{\omega^3}{e^{\hbar\omega/k_{\rm B}T}-1} d\omega \tag{5.31}$$

と表される．ここで，$x = \frac{\hbar\omega}{k_{\rm B}T}$ とおき，積分公式（下記参照）

$$\int_0^\infty \frac{x^3}{e^x - 1} dx = \frac{\pi^4}{15} \tag{5.32}$$

を用いると，

$$E = \frac{(k_{\rm B}T)^4}{\pi^2 c^3 \hbar^3} \int_0^\infty \frac{x^3}{e^x - 1} dx = \frac{\pi^2 k_{\rm B}^4}{15 c^3 \hbar^3} T^4 \propto T^4 \tag{5.33}$$

となる．(5.33) 式を**シュテファン・ボルツマンの法則**という．

ゼータ関数と積分公式 (5.32)

(5.32) 式は次のようにして計算できる。$x > 0$ のとき，$0 < e^{-x} < 1$ であるから，

$$I = \int_0^\infty \frac{x^3}{e^x - 1} dx = \int_0^\infty \frac{x^3 e^{-x}}{1 - e^{-x}} dx = \int_0^\infty x^3 e^{-x} \left(\sum_{n=0}^\infty e^{-nx} \right) dx$$

$$= \int_0^\infty x^3 \left(\sum_{n=1}^\infty e^{-nx} \right) dx = \sum_{n=1}^\infty \int_0^\infty x^3 e^{-nx} dx$$

と書ける。ここで，$t = nx$ とおき，ゼータ関数

$$\zeta(s) \equiv \sum_{n=1}^\infty \frac{1}{n^s} \tag{5.34}$$

を導入する。(3.16) 式で定義されたガンマ関数を用いると，

$$I = \sum_{n=1}^\infty \frac{1}{n^4} \int_0^\infty t^3 e^{-t} dt = \zeta(4) \Gamma(4) \tag{5.35}$$

となる。ここで，ゼータ関数の値として，

$$\zeta(2) = \frac{\pi^2}{6}, \quad \zeta(4) = \frac{\pi^4}{90}, \quad \zeta\left(\frac{3}{2}\right) = 2.612\cdots, \quad \zeta\left(\frac{5}{2}\right) = 1.342\cdots \tag{5.36}$$

が知られている。

(3.17) 式より $\Gamma(4) = 3! = 6$ となる。これと $\zeta(4) = \dfrac{\pi^4}{90}$ を (5.35) 式へ代入して (5.32) 式を得る。

10分補講

プランク放射と地球温暖化

すべての物体は，その温度に対応した波長分布をもつ電磁波を放射している。低温の物体は，可視光より波長の長い電磁波を放射し，表面温度が約 6000 度の太陽は，可視光のすべての波長を含む電磁波を放射している。地球は太陽から放射された電磁波を吸収し，自らもその表面温度に対応した電磁波を放射している。したがって，地球表面の温度は，吸収する太陽光のエネルギーと，放射するエネルギーがつり合っ温度として決まることになる。これだけであれば，太陽表面の温度が

一定である限り，地球表面の温度も一定に保たれるはずであるが，地球には大気があり，大気中の気体は固有の振動数の電磁波を吸収するため，大気中にどのような気体が多いかで，吸収される電磁波の振動数が変わってくる。

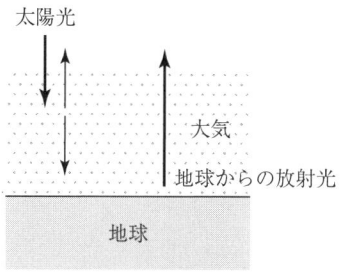

図5.7 地球の冷却化

例えば，図5.7のように，大気が太陽光の多くを吸収し，それらを地表面および地球外に同量ずつ放射し，地球表面からの放射光をすべて透過させた場合，太陽エネルギーの一部しか地球表面に到達せず，地球大気の温度は低下する。逆に，図5.8のように，大気が地球表面からの放射光の多くを吸収し，地表面および地

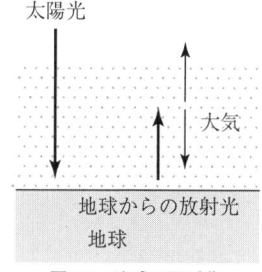

図5.8 地球の温暖化

球外に同量ずつ放射し，太陽光のすべてを透過させた場合，地球大気の温度は上昇する。

実際，大気中の二酸化炭素は，主に赤外線の領域の電磁波を吸収するため，比較的温度の低い地球表面からの放射光を吸収し放射する。ところが，太陽光に多く含まれている波長の電磁波はそのまま透過するため，二酸化炭素は，熱を地球大気に溜める働きをする。したがって，人間の活動によって大気中の二酸化炭素の濃度が増加すると，大気の温度が上昇する。これが，普通にいわれている人為的地球温暖化のメカニズムである。

地球温暖化には，さらに海水や雲など多くのメカニズムが複雑に絡み合っており，簡単に結論を出すことはできない。しかし，二酸化炭素など，温暖化を促進する気体の増加により，現在の大気の温度上昇が引き起こされているのは確かであろう。

章末問題

5.1 2原子分子気体の回転運動のハミルトニアンは、原子間距離を a とすると、(5.13) 式より、$H_{\text{rot}} = \dfrac{1}{2\mu a^2}\left(p_\theta{}^2 + \dfrac{1}{\sin^2\theta}\,p_\phi{}^2\right)$ と表される。いま、
$$L^2 = p_\theta{}^2 + \frac{p_\phi{}^2}{\sin^2\theta} \tag{5.37}$$
は角運動量の2乗であり、量子力学では、$l = 0, 1, 2, \cdots$ を用いると、
$$L^2 = l(l+1)\hbar^2 \tag{5.38}$$
と表される。ここで、l で与えられる角運動量をもつ量子力学的状態の数は $2l+1$ で与えられることが知られている。

低温領域でのエントロピーと比熱を求め、熱力学第3法則を満たすことを示せ。

5.2 プランクの放射式 (5.30) より、長波長・高温領域 $\dfrac{hc}{\lambda k_{\text{B}} T} \ll 1$ での $u_{\text{RJ}}(\lambda, T)$（これを**レーリー－ジーンズの式**という）、短波長・低温領域 $\dfrac{hc}{\lambda k_{\text{B}} T} \gg 1$ での $u_{\text{W}}(\lambda, T)$（これを**ウィーンの式**という）を求めよ。

第6章

前章につづいて，統計力学の応用として，格子振動を考えて固体の比熱について学ぶ。つづいてグランドカノニカル分布を考えて大分配関数を導入する。また，ド・ブロイ波長を用いて，古典論と量子論の境界を考える。

固体の比熱，グランドカノニカル分布

6.1　1次元格子振動

3次元固体を考える準備として，直線的に同じばねでつながれた原子の振動を考えてみよう。このような原子の直線的なつながりを **1次元格子** という。

図6.1のように，自然長 a，ばね定数 K のばねにつながれた質量 m の1次元格子を考えよう。原子はばね方向にのみ振動する（すなわち，**縦波を考える**）ものとする。いま，n 番目の原子の右向きの変位を u_n とする。$(n-1)$ 番目の原子と n 番目の原子の間のばねの伸びは $u_n - u_{n-1}$，n 番目の原子と $(n+1)$ 番目の原子の間のばねの伸びは $u_{n+1} - u_n$ であるから，n 番目の原子の運動方程式は，

$$m\ddot{u}_n = K(u_{n+1} - u_n) - K(u_n - u_{n-1}) \tag{6.1}$$

となる。ここで，(6.1) 式の右辺のような差を **差分** という。

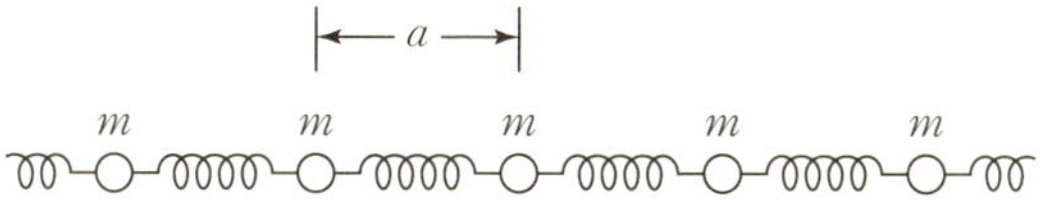

図6.1　1次元格子

連続体近似

いま,格子に沿ってx軸をとり,aを十分小さな長さとすると,変位uを位置xと時間tの連続関数として,

$$\frac{u_{n+1} - u_n}{a} \rightarrow \left(\frac{\partial u}{\partial x}\right)_{x=(n+1/2)a}$$

と見なすことができる。上式の右辺は,変位uの$x=(n+1/2)a$での1階の微分係数を表す。そこで,(6.1)式の右辺は,

$$K(u_{n+1} - u_n) - K(u_n - u_{n-1}) = aK\frac{u_{n+1} - u_n}{a} - aK\frac{u_n - u_{n-1}}{a}$$

$$\rightarrow aK\left(\frac{\partial u}{\partial x}\right)_{x=(n+1/2)a} - aK\left(\frac{\partial u}{\partial x}\right)_{x=(n-1/2)a}$$

となる。さらに,

$$\left(\frac{\partial u}{\partial x}\right)_{x=(n+1/2)a} - \left(\frac{\partial u}{\partial x}\right)_{x=(n-1/2)a} = a\frac{\left(\frac{\partial u}{\partial x}\right)_{x=(n+1/2)a} - \left(\frac{\partial u}{\partial x}\right)_{x=(n-1/2)a}}{a}$$

$$\rightarrow a\left[\frac{\partial}{\partial x}\left(\frac{\partial u}{\partial x}\right)\right]_{x=na} = a\left(\frac{\partial^2 u}{\partial x^2}\right)_{x=na}$$

となる。このように(6.1)式の右辺の差分を微分に書き換える近似を**連続体近似**という。こうして差分を含んだ運動方程式(6.1)は,微分方程式

$$m\frac{\partial^2 u}{\partial t^2} = a^2 K\frac{\partial^2 u}{\partial x^2} \tag{6.2}$$

に帰着する。

一般に,微分方程式

$$\frac{\partial^2 u}{\partial t^2} = c^2 \frac{\partial^2 u}{\partial x^2}$$

を1次元の**波動方程式**といい,cは波の速度(位相速度)を与える。そこで(6.2)式の解を,

$$u(x, t) = u_0 e^{i(kx - \omega t)} \tag{6.3}$$

とおいて代入すると,$k > 0$の解($+x$方向への進行波の解)として,

$$\omega = ck, \quad c = a\sqrt{\frac{K}{m}} \tag{6.4}$$

を得る。ここで(6.3)式は,u_0を複素振幅$u_0 = |u_0|e^{i\theta}$ (θは実数)として

$$u_0 e^{i(kx - \omega t)} = |u_0|[\cos(kx - \omega t + \theta) + i\sin(kx - \omega t + \theta)]$$

と書くことができる複素数である。いま,(6.2)式は実数係数の線形微分

方程式であるから，複素数 (6.3) が (6.2) 式の解であれば，その実数部分と虚数部分
$$\mathrm{Re}\,[u_0 e^{i(kx-\omega t)}] = |u_0|\cos(kx-\omega t+\theta)$$
$$\mathrm{Im}\,[u_0 e^{i(kx-\omega t)}] = |u_0|\sin(kx-\omega t+\theta)$$
は，ともに解である。いま，変位 u は実数であるから，物理的に意味をもっているのは，実数部分 $|u_0|\cos(kx-\omega t+\theta)$ である。

例題6.1 **格子振動の解**

運動方程式 (6.1) の解を考えよう。(6.1) 式の解を，連続体近似の解 (6.3) から，
$$u_n(t) = u_k e^{ikna} \tag{6.5}$$
とおくことにより，各格子の固有角振動数 ω_k と波数 k の関係式（これを**分散関係式**という）を求め，縦軸に ω_k，横軸に k をとり，$-\pi/a < k < \pi/a$ の範囲でグラフを描け。

解　(6.5) 式で与えられる $u_n(t)$ を (6.1) 式に代入すると，u_k は，
$$m\ddot{u}_k = K(e^{ika} + e^{-ika} - 2)u_k$$
$$= -2K(1 - \cos ka)u_k$$
$$= -4K u_k \sin^2\left(\frac{ka}{2}\right) \tag{6.6}$$
を満たす。(6.6) 式は，各格子が調和振動し，その固有角振動数が，
$$\omega_k = 2\sqrt{\frac{K}{m}}\left|\sin\frac{ka}{2}\right| \tag{6.7}$$

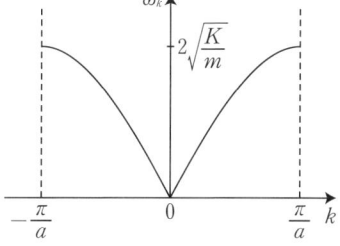

図6.2　1次元格子振動の分散関係

であることを示している。この分散関係式 (6.7) のグラフは図 6.2 のようになる。■

1 次元格子は，各格子点に (6.7) 式で与えられる固有角振動数 ω_k をもつ調和振動子が並んだ集合体と見なすことができる。

周期境界条件

N 個の原子からなる1次元格子が，図 6.3 のように輪になっているとする。このとき，
$$u_{N+1} = u_1 \tag{6.8}$$

が成り立つ．条件 (6.8) を**周期境界条件**という．

1次元格子振動の解 (6.5) を (6.8) 式へ代入すると，$L = Na$ とおいて，

$$e^{ikL} = 1 \Leftrightarrow k = \frac{2\pi}{L}n \quad (n \text{ は整数})$$
(6.9)

となる．ここで，n が N の整数倍ずれた振動子は同じ振動子であるから，独立な振動子は，N を偶数とすると，

$$n = -\frac{N}{2}+1, \, -\frac{N}{2}+2, \cdots,$$
$$\cdots, \frac{N}{2}-1, \frac{N}{2}$$

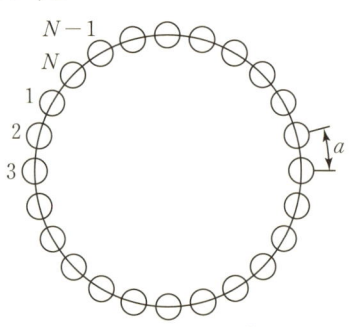

図6.3　円形の1次元格子

の N 個である．これは，N 個の格子振動（振動の自由度は N）を考えたのであるから当然である．

例題6.2　縦波の速さ

(1) (6.3) 式で与えられる波動の速度（位相速度）v を，波数 k と角振動数 ω を用いて表せ．

(2) 波数 $k(>0$ とする$)$ は波長 λ を用いて $k = 2\pi/\lambda$ と表される．いま，1次元格子を伝わる縦波について，波数 k の小さい（$ka \ll 1 \Leftrightarrow a \ll \lambda$）振動の伝わる速度を求めよ．

解

(1) 波の位相速度 v は，波の式 (6.3) の位相一定の点の速度であるから，

$$kx - \omega t = \text{const.}$$

の両辺を t で微分して，

$$v = \frac{dx}{dt} = \frac{\omega}{k} \quad (6.10)$$

と表される．

(2) $ka \ll 1$ のとき，(6.7) 式より $\omega_k = 2\sqrt{\frac{K}{m}} \left| \sin \frac{ka}{2} \right| \approx \sqrt{\frac{K}{m}} ka$ となるから，縦波の速度（位相速度）v_l は，

$$v_l = \frac{\omega_k}{k} = a\sqrt{\frac{K}{m}} \quad (6.11)$$

となる。この結果は，連続体近似した波の速さ c に一致している（(6.4)
式参照）。 ■

6.2　3 次元振動

　いよいよ，現実的な 3 次元固体での原子の振動を考えよう。3 次元固体の N 個の原子の振動も，これまで考えてきた 1 次元格子振動と同様に考えることができる。ただし，波数 k は 3 次元波数ベクトル $\boldsymbol{k} = (k_x, k_y, k_z)$ に置き換えられ，また，原子の振動が波の進行方向になる縦波（自由度 1）のほか，進行方向に垂直な 2 方向に振動する横波（自由度 2）を考慮に入れる必要がある。1 方向の振動には，1 次元振動と同様に N 個の振動が可能であるから，全振動子の個数は $3N$ 個である。すなわち，振動の自由度は $3N$ である。

振動子の分布密度

　x, y, z のどの方向の格子間隔も a である 3 次元立方体格子を考える。固有角振動数が $\omega \sim \omega + \mathrm{d}\omega$ に入る振動子の数を $D(\omega)\mathrm{d}\omega$ と書くとき，振動子の分布密度 $D(\omega)$ はどのように表されるのであろうか。1 次元格子の場合と同様に考えて，波数ベクトル $\boldsymbol{k}$ の大きさ k の小さいところで ($ka \ll 1$)，縦波の固有角振動数 $\omega_{k,l}$，横波の固有角振動数 $\omega_{k,t}$ が，

$$\omega_{k,l} = v_l k, \quad \omega_{k,t} = v_t k \tag{6.12}$$

で与えられるとする。そうすると，分散関係式（ω と k の関係式）が電磁波の場合と同じだから，縦波，横波のそれぞれの場合について分布密度 $D(\omega)$ は，5.4 節で考えたプランク放射の場合と同様に，

$$D_l(\omega) = \frac{V}{2\pi^2 v_l^3}\omega^2, \quad D_t(\omega) = \frac{V}{\pi^2 v_t^3}\omega^2$$

と表される。ここで，縦波の自由度は 1，横波の自由度は 2 であることを考慮した。こうして，速度 v を $\frac{1}{v^3} = \frac{1}{2v_l^3} + \frac{1}{v_t^3}$ で定義すると，全分布密度 $D(\omega)$ は，

$$D(\omega) = D_l(\omega) + D_t(\omega)$$

$$= \frac{V}{\pi^2 v^3} \omega^2 \tag{6.13}$$

と書くことができる。

デバイ模型

1次元格子の場合,波数 k には上限値 π/a が存在した。したがって,3次元格子でも,波数に上限値が存在すると考えられ,角振動数 ω にも上限値が存在するはずである。その上限値を ω_D とする。全振動子の数は $3N$ であるから,(6.13) 式で与えられる分布密度 $D(\omega)$ を用いると,上限値 ω_D を,

$$3N = \int_0^{\omega_D} D(\omega) d\omega = \frac{V}{\pi^2 v^3} \int_0^{\omega_D} \omega^2 d\omega = \frac{V}{3\pi^2 v^3} \omega_D^3$$
$$\Rightarrow \quad \omega_D = v \left(\frac{9\pi^2 N}{V} \right)^{\frac{1}{3}} \tag{6.14}$$

と定めることができる。調和振動子の分布密度 $D(\omega)$ が与えられると,固体の全エネルギーは,零点エネルギーから計った振動子の平均エネルギー $\langle \varepsilon \rangle$ の表式 (5.28) を用いて,

$$E = \int_0^{\omega_D} \langle \varepsilon \rangle D(\omega) d\omega = \frac{\hbar V}{\pi^2 v^3} \int_0^{\omega_D} \frac{\omega^3}{e^{\hbar \omega / k_B T} - 1} d\omega \tag{6.15}$$

で与えられる。

このようにして固体のエネルギーおよび比熱を考える模型を**デバイ模型**,このときの ω_D を**デバイ振動数**という。

例題6.3 **デバイ比熱**

デバイ温度を,

$$T_D = \frac{\hbar \omega_D}{k_B} \tag{6.16}$$

で定義する。(6.15) 式より固体のエネルギー E を与える一般的表式を積分形で表せ。また,(i) 低温極限 ($T \ll T_D$) と (ii) 高温極限 ($T \gg T_D$) で,エネルギー E および比熱 C の表式を求めよ。ここで,積分公式 (5.32) を用いてよい。

解 (6.15) 式で $x = \dfrac{\hbar \omega}{k_B T}$ とおく。(6.14) 式,(6.16) 式を用いると,

$$\frac{\hbar\omega_\mathrm{D}}{k_\mathrm{B}T} = \frac{T_\mathrm{D}}{T}, \quad \left(\frac{k_\mathrm{B}T}{\hbar}\right)^3 = \left(\omega_\mathrm{D}\frac{T}{T_\mathrm{D}}\right)^3 = \frac{9\pi^2 N v^3}{V}\left(\frac{T}{T_\mathrm{D}}\right)^3$$

と表されるので，固体のエネルギー E は任意の温度 T で，

$$E = 9Nk_\mathrm{B}T\left(\frac{T}{T_\mathrm{D}}\right)^3 \int_0^{T_\mathrm{D}/T} \frac{x^3}{e^x - 1}\,\mathrm{d}x \tag{6.17}$$

と書くことができる。

（i）低温極限では，$T_\mathrm{D}/T \to \infty$ として，積分公式 (5.32) より，エネルギーと比熱はそれぞれ，

$$E = \frac{3}{5}\pi^4 Nk_\mathrm{B}T\left(\frac{T}{T_\mathrm{D}}\right)^3, \quad C = \frac{\mathrm{d}E}{\mathrm{d}T} = \frac{12}{5}\pi^4 Nk_\mathrm{B}\left(\frac{T}{T_\mathrm{D}}\right)^3 \tag{6.18}$$

と求められる。ここで，低温での比熱が T^3 に比例することに注意しよう。

（ii）高温極限では $x \leq \dfrac{T_\mathrm{D}}{T} = \dfrac{\hbar\omega_\mathrm{D}}{k_\mathrm{B}T} \ll 1$ となるから，$e^x - 1 \approx x$ と近似して，

$$E \approx 9Nk_\mathrm{B}T\left(\frac{T}{T_\mathrm{D}}\right)^3 \int_0^{T_\mathrm{D}/T} x^2 \mathrm{d}x = 9Nk_\mathrm{B}T\left(\frac{T}{T_\mathrm{D}}\right)^3 \cdot \frac{1}{3}\left(\frac{T_\mathrm{D}}{T}\right)^3 = 3Nk_\mathrm{B}T$$

$$C = \frac{\mathrm{d}E}{\mathrm{d}T} = 3Nk_\mathrm{B} = 3nR \tag{6.19}$$

を得る。ここで，$R = N_\mathrm{A}k_\mathrm{B}$（$N_\mathrm{A}$ はアボガドロ数）は気体定数であり，$n = N/N_\mathrm{A}$ はモル数である。(6.19) 式は，1.6 節で述べたデュロン－プティの法則を表している。■

こうして求められた比熱は，第 2 章の章末問題 2.2 で扱ったアインシュタイン比熱に比べて，広い温度範囲で，定量的に実験結果とよく一致していることが知られている。

6.3　グランドカノニカル分布の導入

周囲から孤立していて，粒子数もエネルギーも一定である孤立系の粒子の集団をミクロカノニカル集団，そのような集団がいろいろな量子状態をどのような確率でとるかを与える確率分布を，ミクロカノニカル分布といった。また，粒子数は一定に保たれるが，周囲とエネルギーのやりとりをする粒子の集団をカノニカル集団，その集団がとる確率分布をカノニカル

分布といった。

　ここでは，エネルギーだけでなく粒子のやりとりも行う**開いた系**を考えてみよう。このような系の確率分布は，4.1 節でカノニカル分布を導入したときと同様にして導くことができる。図 6.4 に示すように，考える系 A の周囲に A に比べて十分大きな系 B（一定温度 T）が広がっていて，系 A と系 B の間でエネルギーと粒子をやりとりする。しかし，熱平衡状態にある系 A と系 B 全体は外界から孤立しており，ミクロカノニカル集団を形成している。系 A のエネルギーを E_n，粒子数を N，系 B のエネルギーを E_B，粒子数を N_B とすると，全エネルギー E_0 と全粒子数 N_0 は，

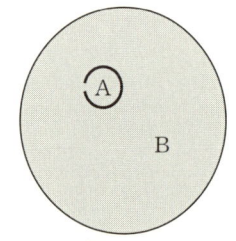

$$E_0 = E_n + E_B, \quad N_0 = N + N_B$$

図6.4　グランドカノニカル分布の導入

と表される。ここで，全系は孤立しているから，E_0 と N_0 は一定である。

例題6.4　**系 A の確率分布**

系 A が粒子数 N，エネルギー $E_n(N)$ の状態をとる確率が，

$$P_A(N, E_n) = \frac{1}{\Xi(T, \mu)} \exp\left[-\frac{1}{k_B T}(E_n(N) - \mu N)\right] \quad (6.20)$$

$$\Xi(T, \mu) = \sum_{N=0}^{N_0} \sum_n \exp\left[-\frac{1}{k_B T}(E_n(N) - \mu N)\right]$$

$$= \sum_{N=0}^{N_0} e^{\mu N / k_B T} Z_N \quad (6.21)$$

で与えられることを示せ。ここで，Z_N は N 粒子の分配関数であり，

$$Z_N = \sum_n \exp\left[-\frac{E_n(N)}{k_B T}\right]$$

である。

解　系 A が粒子数 N，エネルギー E_n の状態をとるとき，系 B は粒子数 N_B，エネルギー E_B をとる。系 B のこの量子状態の数を，$W_B(N_B, E_B)$ と書くと，$P_A(N, E_n)$ は，系 B が粒子数 N_B，エネルギー E_B をとる確率 $P_B(N_B, E_B)$ に等しく，等重率の原理より，

$$P_A(N, E_n) = P_B(N_B, E_B) \propto W_B(N_B, E_B)$$

となる。系 B のエントロピーを S_B とすると，

$$S_\mathrm{B} = k_\mathrm{B} \ln W_\mathrm{B} \quad \Leftrightarrow \quad W_\mathrm{B} = e^{S_\mathrm{B}/k_\mathrm{B}}$$

となり，

$$P_\mathrm{A}(N, E_n) \propto \exp\left[S_\mathrm{B}(N_\mathrm{B}, E_\mathrm{B})/k_\mathrm{B}\right] \tag{6.22}$$

となる。ここで，系 A が系 B に比べて十分小さいので，$N \ll N_0$，$E_n \ll E_0$ である。そこでエントロピー S_B を，

$$\begin{aligned}
S_\mathrm{B}(N_\mathrm{B}, E_\mathrm{B}) &= S_\mathrm{B}(N_0 - N, E_0 - E_n) \\
&\approx S_\mathrm{B}(N_0, E_0) - \left(\frac{\partial S_\mathrm{B}}{\partial N_\mathrm{B}}\right)_{N_\mathrm{B}=N_0} N - \left(\frac{\partial S_\mathrm{B}}{\partial E_\mathrm{B}}\right)_{E_\mathrm{B}=E_0} E_n
\end{aligned} \tag{6.23}$$

と展開しよう。系 B の温度を T，粒子の化学ポテンシャルを μ とすると，(6.23) 式を (6.22) 式へ代入し，熱力学の関係式(付録の (A.26) 式)より，

$$\begin{aligned}
P_\mathrm{A}(N, E_n) &\propto \exp\left[\frac{S_\mathrm{B}(N_0, E_0)}{k_\mathrm{B}} - \frac{1}{k_\mathrm{B}T}\left(E_n(N) - \mu N\right)\right] \\
&\propto \exp\left[-\frac{1}{k_\mathrm{B}T}\left(E_n(N) - \mu N\right)\right]
\end{aligned}$$

と求められる。これより，確率は規格化されるから，$P_\mathrm{A}(N, E_n)$ は (6.20) 式で与えられることがわかる。■

(6.20) 式で表される確率分布を**グランドカノニカル分布**（あるいは**大正準分布**），各状態が占める確率がグランドカノニカル分布で表される集団を**グランドカノニカル集団**（あるいは**大正準集団**）という。また，(6.21) 式で表される $\varXi(T, \mu)$ を**大分配関数**という。

6.4　大分配関数と熱力学関数

開いた系では，粒子数も変化する。系 A が粒子数 N をとる確率は，

$$\begin{aligned}
P_\mathrm{A}(N) &= \sum_n P_\mathrm{A}(N, E_n(N)) = \frac{1}{\varXi(T, \mu)} e^{\mu N/k_\mathrm{B}T} \sum_n e^{-E_n(N)/k_\mathrm{B}T} \\
&= \frac{1}{\varXi(T, \mu)} e^{\mu N/k_\mathrm{B}T} Z_N
\end{aligned} \tag{6.24}$$

と書けるから，系 A の平均の粒子数は，

$$\langle N \rangle = \sum_{N=0}^{\infty} N P_\mathrm{A}(N) = \frac{1}{\varXi(T, \mu)} \sum_{N=0}^{\infty} N e^{\mu N/k_\mathrm{B}T} Z_N \tag{6.25}$$

となる。ここで，
$$\frac{\partial \Xi(T,\mu)}{\partial \mu} = \frac{1}{k_B T} \sum_n N e^{\mu N/k_B T} Z_N$$
であることを用いると，
$$\langle N \rangle = \frac{k_B T}{\Xi(T,\mu)} \frac{\partial \Xi(T,\mu)}{\partial \mu} = k_B T \frac{\partial}{\partial \mu} \ln \Xi(T,\mu) \tag{6.26}$$
となるから，関数
$$J(\mu, T) \equiv -k_B T \ln \Xi(T,\mu) \tag{6.27}$$
を定義すると，
$$\langle N \rangle = -\frac{\partial J}{\partial \mu} \tag{6.28}$$
となる。

　一方，熱力学において，ヘルムホルツの自由エネルギー F の定義 (4.15) を用いて，熱力学関数
$$J = U - TS - \mu N = F - \mu N \tag{6.29}$$
を導入すると，$dU = TdS - pdV + \mu dN$（付録の (A.24) 式参照）を用いて，
$$\begin{aligned}
dJ &= dU - d(TS) - d(\mu N) \\
&= (TdS - pdV + \mu dN) - (TdS + SdT) - (\mu dN + Nd\mu) \\
&= -SdT - pdV - Nd\mu
\end{aligned} \tag{6.30}$$
を得ることができる。よって，
$$N = -\left(\frac{\partial J}{\partial \mu}\right)_{T,V} \tag{6.31}$$
が成り立つ。

　(6.28) 式と (6.31) 式を比較し，統計力学における平均の粒子数 $\langle N \rangle$ と熱力学における粒子数 N が同等であるとみなせば，(6.27) 式で統計力学的に定義した関数 J は，(6.29) 式で定義された熱力学関数 J と同等であることが予想される。

例題6.5 熱力学関数 J の同等性

(1) 熱力学関数 J の定義 (6.29) を用いて，粒子数 N の変動により $J(N)$ が最小となる $N = N_m$ で，系 A がとる確率 $P_A(N)$ は最大となることを示せ。その際，ヘルムホルツの自由エネルギー F の統計力学的定義

(4.16) を用いよ。
(2) 熱平衡状態では，系 A の粒子数 N のゆらぎは小さく（章末問題 6.2 参照），ほぼ $N = N_\mathrm{m}$ とみなすことができる。すなわち，最小値 $J(N_\mathrm{m})$ に比べて $N \neq N_\mathrm{m}$ の $J(N)$ は十分に大きいとみなせる。このことから，熱力学関数 J の統計力学的定義 (6.27) と同等の関係式を得ることができることを示せ。

解

(1) 自由エネルギー F の統計力学的定義 $F = -k_\mathrm{B} T \ln Z_N \Leftrightarrow Z_N = e^{-F/k_\mathrm{B}T}$ を用いると，確率 $P_\mathrm{A}(N)$ は，

$$P_\mathrm{A}(N) = \frac{1}{\varXi(T,\mu)} e^{\mu N/k_\mathrm{B}T} Z_N$$
$$= \frac{1}{\varXi(T,\mu)} e^{-(F-\mu N)/k_\mathrm{B}T} = \frac{1}{\varXi(T,\mu)} e^{-J(N)/k_\mathrm{B}T}$$

となるから，$J(N)$ が最小となる $N = N_\mathrm{m}$ で，確率 $P_\mathrm{A}(N)$ は最大となることがわかる。

(2) 大分配関数は，

$$\varXi = \sum_{N=0}^{\infty} e^{\mu N/k_\mathrm{B}T} Z_N = \sum_{N=0}^{\infty} e^{-J(N)/k_\mathrm{B}T}$$

と書けるが，$e^{-J(N)/k_\mathrm{B}T}$ は $N = N_\mathrm{m}$ のときだけ大きく，それ以外では十分小さいから，

$$\varXi \approx e^{-J(N_\mathrm{m})/k_\mathrm{B}T}$$

と表される。$J(N_\mathrm{m})$ をあらためて J_m と書き，このときの $e^{-J_\mathrm{m}/k_\mathrm{B}T}$ を $\varXi_\mathrm{m}$ と書くと，

$$\varXi_\mathrm{m} = e^{-J_\mathrm{m}/k_\mathrm{B}T} \Leftrightarrow J_\mathrm{m} = -k_\mathrm{B}T \ln \varXi_\mathrm{m}$$

となり，(6.27) 式と同等の関係式を得ることができる。 ■

6.5　理想気体

理想気体はこれまでもいろいろなところで扱ってきたが，ここでは，気体を古典論で扱うことのできる限界を考えながら，大分配関数 $\varXi$ を用いた扱いをしてみよう。

ド・ブロイ波長と古典論, 量子論

量子力学では, 粒子の位置と運動量を同時に定めることができないという**不確定性関係**が成り立つ. いま, 位置の不確定さを Δx, 運動量の不確定さを Δp とすると,

$$\Delta x \cdot \Delta p \geq \frac{\hbar}{2} \tag{6.32}$$

の関係が成り立つ. 粒子の運動量の大きさが p のとき, その不確定さは最大で $\Delta p \sim p$ (〜は程度を表す) となるから, 粒子の不確定さは $\Delta x \sim \dfrac{h}{p}$ となる. 不確定さ Δx は, 粒子の量子力学的な大きさとみなすことができる. 粒子間の距離が Δx より十分遠ければ量子力学的な影響はほとんどないであろうが, Δx 程度に近づくと量子力学を用いて考察する必要がある.

一方, 粒子が波の性質をもつと考えたときの波長 (これを**ド・ブロイ波長**という) λ は, 粒子の運動量の大きさを p とすると,

$$\lambda = \frac{h}{p} \tag{6.33}$$

で与えられる. よって, $\Delta x \sim \lambda$ となるから,

「粒子系を古典論で扱うことができるか, あるいは, 量子論が重要になるかの目安となる粒子間距離は, ド・ブロイ波長である」

ことがわかる.

まず, 理想気体について, その気体分子のド・ブロイ波長を評価しておこう.

質量 m の気体分子からなる温度 T の理想気体において, 平均運動量は,

$$\frac{\langle p^2 \rangle}{2m} = \frac{3}{2} k_B T \ \Rightarrow\ \sqrt{\langle p^2 \rangle} = \sqrt{3 m k_B T}$$

と書けるから, 平均のド・ブロイ波長は,

$$\lambda \approx \frac{h}{\sqrt{\langle p^2 \rangle}} = \frac{h}{\sqrt{3 m k_B T}}$$

となる. ここで, 上式との数係数の違いを無視して, ド・ブロイ波長を,

$$\lambda = \frac{h}{\sqrt{2\pi m k_B T}} \tag{6.34}$$

とおいておくと便利である. そうすると, 分子数 N の理想気体の分配関数

6.5 理想気体

Z_N, 自由エネルギー F_N, エントロピー S_N はそれぞれ, (4.36)〜(4.38) 式より,

$$Z_N = \frac{1}{N!}\left(\frac{V}{\lambda^3}\right)^N, \quad F_N = -Nk_\mathrm{B}T\left[\ln\left(\frac{V}{N\lambda^3}\right)+1\right],$$
$$S_N = Nk_\mathrm{B}\left[\ln\left(\frac{V}{N\lambda^3}\right)+\frac{5}{2}\right] \tag{6.35}$$

と表される。これより，理想気体の化学ポテンシャル μ は，付録の (A.38) 式より,

$$\mu = \frac{\partial F_N}{\partial N} = -k_\mathrm{B}T\ln\left(\frac{V}{N\lambda^3}\right) \tag{6.36}$$

と表される。分子1個の量子論的効果の及ぶ体積は λ^3 程度と考えられるから，気体が古典的である場合， $V \gg N\lambda^3$ が成り立っている。そうすると，(6.36) 式より， $\mu < 0$ となることに注意しよう。

例題6.6　気体のド・ブロイ波長

300 K での空気分子のド・ブロイ波長を求め，1気圧の空気は古典論で扱うことができることを示せ。ただし，空気 1 mol の質量を 30 g = 3.0 × 10^{-2} kg, 1気圧での体積を 22.4 × 10^{-3} m^3, ボルツマン定数を k_B = 1.38 × 10^{-23} J/K, プランク定数を h = 6.6 × 10^{-34} J·s, アボガドロ数を N_A = 6.02 × 10^{23} とする。

解　空気分子1個の質量は $m = \dfrac{3.0\times 10^{-2}}{6.02\times 10^{23}} = 5.0\times 10^{-26}$ kg であるから, (6.34) 式より，ド・ブロイ波長は,

$$\lambda = \frac{h}{\sqrt{2\pi m k_\mathrm{B}T}} = 1.8 \times 10^{-11}\ \mathrm{m}$$

となる。1気圧で 1 mol の空気の体積は $V = 22.4 \times 10^{-3}$ m^3 だから,

$$\frac{V}{N_\mathrm{A}\lambda^3} = 6.4 \times 10^6 \gg 1 \tag{6.37}$$

となり，古典論で扱えることがわかる。■

例題6.7　理想気体の熱力学関数

(6.36) 式を用いて，理想気体の熱力学関数 J，粒子数 N を求め，理想気体の状態方程式を導け。

解　理想気体の大分配関数 Ξ は,

$$\Xi(T,\mu) = \sum_{N=0}^{\infty} e^{\mu N/k_\mathrm{B}T} Z_N = \sum_{N=0}^{\infty} e^{\mu N/k_\mathrm{B}T} \frac{1}{N!} \left(\frac{V}{\lambda^3}\right)^N$$
$$= \sum_{N=0}^{\infty} \frac{1}{N!} \left(\frac{V e^{\mu/k_\mathrm{B}T}}{\lambda^3}\right)^N = \exp\left(\frac{V e^{\mu/k_\mathrm{B}T}}{\lambda^3}\right)$$

となり，(6.27) 式，(6.31) 式より，熱力学関数 J，粒子数 N はそれぞれ，

$$J = -k_\mathrm{B} T \ln \Xi(T,\mu) = -k_\mathrm{B} T V \left(\frac{e^{\mu/k_\mathrm{B}T}}{\lambda^3}\right) \tag{6.38}$$

$$N = -\frac{\partial J}{\partial \mu} = V \frac{e^{\mu/k_\mathrm{B}T}}{\lambda^3} \tag{6.39}$$

となる．また，(6.30) 式より，

$$p = -\left(\frac{\partial J}{\partial V}\right)_{T,\mu} = k_\mathrm{B} T \frac{e^{\mu/k_\mathrm{B}T}}{\lambda^3}$$

となるから，(6.39) 式より，

$$pV = k_\mathrm{B} T \frac{V}{\lambda^3} e^{\mu/k_\mathrm{B}T} \;\Rightarrow\; pV = N k_\mathrm{B} T$$

となり，理想気体の状態方程式を得る． ■

章末問題

6.1 f 次元固体の低温での比熱が，T^f に比例することを示せ．

6.2 大分配関数を用いて，系の粒子数のゆらぎの大きさ
$$\sqrt{\langle (N-\langle N\rangle)^2\rangle} = \sqrt{\langle N^2\rangle - (\langle N\rangle)^2}$$
は，平均値 $\langle N\rangle$ に比べて十分小さいことを示せ．

第 7 章

これまで考えてきた量子力学的効果に加えて,「ミクロな同種粒子」には重要な性質がある。すべての粒子は,フェルミ粒子とボース粒子に分けられ,それぞれの粒子は,フェルミ統計とボース統計にしたがう。

フェルミ分布とボース分布

7.1　同種粒子と波動関数の対称性

ミクロな同種粒子

図 7.1(a),(b) のように,同じ質量をもつ,外見上全く同一の 2 つの粒子が衝突する場合を考えてみる。(a) のように衝突したのか,(b) のように衝突したのか,見た目にはわからないかも知れないが,ビデオに撮ってスローモー

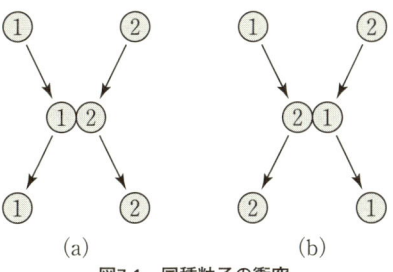

図7.1　同種粒子の衝突

ションで見れば,粒子 1 と粒子 2 が (a) のように並び方を変えずに衝突したのか,(b) のように入れ替わったのか,判断できるであろう。このように,古典論では同じように見える 2 つの粒子であっても,つねに区別できる。ところが量子論ではそうはいかないのである。

量子論では,粒子の位置と運動量を同時に決めることができないという不確定性原理が成り立つため,ミクロな粒子がどこに存在するかは,確率的に決められるだけであり,「確率の雲」で表される。したがって,2 つの同種粒子が近づくと,確率の雲は重なり,粒子 1 が右側にいるのか左側に

いるのか区別できなくなる。よって，衝突後，粒子1が左側にいる（図7.1(a)）のか，右側にいる（図7.1(b)）のか区別することはできない。このことは，次のことを意味する。

「量子論では同種粒子は区別できず，それらを入れ替えても物理的状態に変化は生じない」

波動関数の対称性とパウリの排他律

同種粒子は区別できないという性質を，量子力学的に考えてみよう。

量子力学では，粒子の状態は波動関数で表される。量子力学的粒子の状態は，その位置 r だけでなくスピンのような内部自由度 σ によっても与えられる。そこで，r と σ を合わせた座標を $x = (r, \sigma)$ と書くと，粒子の状態は x の複素波動関数 $\psi(x)$ で表される。さらに，観測される物理量は波動関数 $\psi(x)$ そのものではなく，$|\psi(x)|^2 = \psi(x)^*\psi(x)$（* は複素共役を表す）で与えられる。粒子1の座標を $x_1 = (r_1, \sigma_1)$ で表し，粒子2の座標を $x_2 = (r_2, \sigma_2)$ で表し，この2粒子の状態を波動関数 $\psi(x_1, x_2)$ と書くことにしよう。

同種粒子1と2が区別できないということは，$|\psi(x_1, x_2)|^2$ と $|\psi(x_2, x_1)|^2$ は観測量として区別できず，同じ状態を表すことになる。このことは，

$$|\psi(x_1, x_2)|^2 = |\psi(x_2, x_1)|^2$$

を意味する。したがって，

$$\psi(x_2, x_1) = \pm\, \psi(x_1, x_2) \tag{7.1}$$

が成り立つ。(7.1)式は，2つの同種粒子1と2の入れ替えに対し，波動関数は変化しない(対称)か，あるいは，符号を変える(反対称)か，のどちらかであることを示している。波動関数が粒子の入れ替えに対して対称である(すなわち，(7.1)式で + 符号をもつ)粒子を**ボース粒子**（または**ボソン**），マイナス符号をもつ粒子を**フェルミ粒子**（または**フェルミオン**）という。ボース粒子には，光子や π 中間子などが，フェルミ粒子には電子，陽子，中性子，ニュートリノなどの素粒子がある。

N 個の粒子の波動関数についても，同種粒子の任意の2個の座標 x_i と x_j の入れ替えに対して同様のことが成り立つはずである。すなわち，

$$\psi(x_1, \cdots, x_j, \cdots, x_i, \cdots, x_N) = \pm\, \psi(x_1, \cdots, x_i, \cdots, x_j, \cdots, x_N) \tag{7.2}$$

となる。ここで，$x_i = x_j = x$ とおくと，＋符号のボース粒子の場合は，
$$\psi(x_1, \cdots, x, \cdots, x, \cdots, x_N) = \psi(x_1, \cdots, x, \cdots, x, \cdots, x_N)$$
となるだけであるが，－符号のフェルミ粒子の場合は，
$$\psi(x_1, \cdots, x, \cdots, x, \cdots, x_N) = -\psi(x_1, \cdots, x, \cdots, x, \cdots, x_N)$$
$$\Rightarrow \psi(x_1, \cdots, x, \cdots, x, \cdots, x_N) = 0$$
となってしまう。このことは，ボース粒子は同じ状態（あるいは座標）に2個以上の同種粒子が何個でも入ることができるが，フェルミ粒子は同じ状態に2個以上入ることができないことを示している。フェルミ粒子に関するこの性質を**パウリの排他律**という。

複合粒子の性質

統計力学では，いくつかの素粒子が複合した原子や分子を扱うことが多い。これら原子や分子は，陽子，中性子，電子などの複合粒子である。複数のボース粒子やフェルミ粒子による複合粒子は，ボース粒子の性質をもつのであろうか，フェルミ粒子の性質をもつのであろうか。

2種の粒子1, 2が結合した2個の同種の複合粒子 A(1, 2) と B(1, 2) を考える。複合粒子 A(1, 2) と B(1, 2) を入れ替えることは，粒子1を入れ替えて，さらに粒子2を入れ替えることである。

もし，粒子1と2がともにフェルミ粒子であるとすると，粒子1の入れ替えで，2つの複合粒子 A, B の波動関数 $\psi(x_1^A, x_2^A; x_1^B, x_2^B)$ は負号がついて，
$$\psi(x_1^B, x_2^A; x_1^A, x_2^B) = -\psi(x_1^A, x_2^A; x_1^B, x_2^B)$$
となり，粒子2の入れ替えでさらに負号が付き，
$$\psi(x_1^B, x_2^B; x_1^A, x_2^A) = -\psi(x_1^B, x_2^A; x_1^A, x_2^B)$$
$$= (-1)^2 \psi(x_1^A, x_2^A; x_1^B, x_2^B)$$
となるから，2つの複合粒子の波動関数の符号は変化しない，したがって，この複合粒子はボース粒子であることがわかる。

同様に，粒子1がフェルミ粒子で粒子2がボース粒子であれば，複合粒子の交換により波動関数には負号が付き，複合粒子はフェルミ粒子となる。粒子1と2がボース粒子であれば，これらの複合粒子はボース粒子となる。一般に，奇数個のフェルミ粒子を含む複合粒子はフェルミ粒子であり，偶

数個のフェルミ粒子を含む複合粒子はボース粒子であることがわかる。

例題7.1　複合粒子の性質

次の複合粒子はフェルミ粒子 (F) か，ボース粒子 (B) か。
中性の水素原子 H，水素分子 (H_2)
中性の重水素原子 D （原子核 ^2_1D は陽子 1 個と中性子 1 個からなる）
中性のヘリウム 3 の原子 (^3_2He)，中性のヘリウム 4 の原子 (^4_2He)
ヘリウム 4 の 1 価のイオン (He^+)，中性の窒素原子 ($^{14}_7N$)

解

中性の水素原子：陽子 (F) 1 個の原子核と電子 (F) 1 個からなるから，<u>ボース粒子</u> (B)

水素分子：水素原子 (B) 2 個からなるから，<u>ボース粒子</u> (B)

中性の重水素原子：陽子 (F) 1 個，中性子 (F) 1 個，電子 (F) 1 個からなるから，<u>フェルミ粒子</u> (F)

中性のヘリウム 3 の原子：陽子 (F) 2 個，中性子 (F) 1 個，電子 (F) 2 個からなるから，<u>フェルミ粒子</u> (F)

中性のヘリウム 4 の原子：陽子 (F) 2 個，中性子 (F) 2 個，電子 (F) 2 個からなるから，<u>ボース粒子</u> (B)

ヘリウム 4 の 1 価のイオン：中性のヘリウム 4 の原子 (B) より，電子 (F) が 1 個不足しているから，<u>フェルミ粒子</u> (F)

中性の窒素原子：陽子 (F) 7 個，中性子 (F) 7 個，電子 (F) 7 個であるから，<u>フェルミ粒子</u> (F)

7.2　フェルミ統計とボース統計

グランドカノニカル集団による扱い方は，量子力学で，同一状態に 1 粒子しか入れないフェルミ粒子や，同一状態にいくらでも入ることのできるボース粒子を考えるとき，威力を発揮する。

大分配関数

粒子間に相互作用のない理想気体を考えよう。このとき，1 粒子の量子状態を考えればよい。この状態を r で表し，状態 r にある粒子数を n_r と

表す。そうすると，N 個の粒子系の量子状態は $(n_0, n_1, \cdots)$ を指定することによって与えられる。ただし，粒子数 n_r は，

$$\begin{cases} \text{フェルミ粒子系}: n_r = 0, 1 \\ \text{ボース粒子系} \quad : n_r = 0, 1, \cdots, \infty \end{cases} \tag{7.3}$$

である。

いま，全粒子数を N，全エネルギーを E とすると，

$$N = \sum_r n_r, \quad E = \sum_r \varepsilon_r n_r \tag{7.4}$$

と表される。これより，分配関数 Z_N は，クロネッカーのデルタ

$$\delta_{N, \sum_r n_r} = \begin{cases} 1, & N = \sum_r n_r \text{ のとき} \\ 0, & N \neq \sum_r n_r \text{ のとき} \end{cases}$$

を用いて，

$$Z_N = \sum_{\substack{\{n_0, n_1, \cdots\} \\ \text{ただし，} \sum_r n_r = N}} \exp\left[-\frac{1}{k_\mathrm{B} T} \sum_r \varepsilon_r n_r\right]$$

$$= \sum_{n_0} \sum_{n_1} \cdots \delta_{N, \sum_r n_r} \exp\left[-\frac{1}{k_\mathrm{B} T} \sum_r \varepsilon_r n_r\right] \tag{7.5}$$

となり，大分配関数 $\Xi(T, \mu)$ は，

$$\Xi(T, \mu) = \sum_{N=0}^{\infty} e^{\mu N / k_\mathrm{B} T} Z_N$$

$$= \sum_{N=0}^{\infty} e^{\mu N / k_\mathrm{B} T} \sum_{n_0} \sum_{n_1} \cdots \delta_{N, \sum_r n_r} \exp\left[-\frac{1}{k_\mathrm{B} T} \sum_r \varepsilon_r n_r\right]$$

$$= \sum_{n_0} \sum_{n_1} \cdots \exp\left(\frac{1}{k_\mathrm{B} T} \sum_r \mu n_r\right) \cdot \exp\left(-\frac{1}{k_\mathrm{B} T} \sum_r \varepsilon_r n_r\right)$$

$$= \left(\sum_{n_0} e^{-(\varepsilon_0 - \mu) n_0 / k_\mathrm{B} T}\right) \cdot \left(\sum_{n_1} e^{-(\varepsilon_1 - \mu) n_1 / k_\mathrm{B} T}\right) \cdots$$

$$= \prod_r \left(\sum_{n_r} e^{-(\varepsilon_r - \mu) n_r / k_\mathrm{B} T}\right) \tag{7.6}$$

と表すことができる。ここで (7.3) 式を用いると，

$$\text{フェルミ粒子系}: \sum_{n_r} e^{-(\varepsilon_r - \mu) n_r / k_\mathrm{B} T} = 1 + e^{-(\varepsilon_r - \mu)/k_\mathrm{B} T}$$

$$\text{ボース粒子系} \quad : \sum_{n_r} e^{-(\varepsilon_r - \mu) n_r / k_\mathrm{B} T} = \frac{1}{1 - e^{-(\varepsilon_r - \mu)/k_\mathrm{B} T}}$$

となるから，大分配関数は，

第 7 章 フェルミ分布とボース分布

$$\begin{cases} \text{フェルミ粒子系}: \Xi(T,\mu) = \prod_r \left(1 + e^{-(\varepsilon_r - \mu)/k_B T}\right) \\ \text{ボース粒子系}\ \ : \Xi(T,\mu) = \prod_r \left(\dfrac{1}{1 - e^{-(\varepsilon_r - \mu)/k_B T}}\right) \end{cases} \quad (7.7)$$

と書ける。

粒子数分布

粒子数分布を求めるために,

$$\alpha = -\frac{\mu}{k_B T},\ \beta = \frac{1}{k_B T}$$

とおいて, 関数

$$\Psi(\alpha, \beta) \equiv \ln \Xi(\beta, \alpha) = \begin{cases} \sum_r \ln\left(1 + e^{-\beta \varepsilon_r - \alpha}\right) & :\text{フェルミ粒子系} \\ -\sum_r \ln\left(1 - e^{-\beta \varepsilon_r - \alpha}\right) & :\text{ボース粒子系} \end{cases} \quad (7.8)$$

を導入しよう。ここで, $\Psi(\alpha, \beta)$ は分配関数 Z_N を用いて,

$$\Psi(\alpha, \beta) = \ln\left(\sum_{N=0}^{\infty} e^{-\alpha N} Z_N\right)$$

と書けるから, $\Psi(\alpha, \beta)$ を α で微分すると,

$$\frac{\partial \Psi(\alpha, \beta)}{\partial \alpha} = \frac{\partial}{\partial \alpha} \ln\left(\sum_{N=0}^{\infty} e^{-\alpha N} Z_N\right) = \frac{\sum_{N=0}^{\infty} (-N) e^{-\alpha N} Z_N}{\sum_{N=0}^{\infty} e^{-\alpha N} Z_N} = -\langle N \rangle \quad (7.9)$$

となる。よって,

$$\langle N \rangle = -\frac{\partial \Psi(\alpha, \beta)}{\partial \alpha} = \sum_r \frac{1}{e^{\beta \varepsilon_r + \alpha} \pm 1}$$

と書ける。ここで, ＋ 符号はフェルミ粒子系, － 符号はボース粒子系の場合である。これより, 状態 r を占める粒子数の平均値

$$\langle n_r \rangle = \begin{cases} \dfrac{1}{e^{(\varepsilon_r - \mu)/k_B T} + 1} & :\text{フェルミ粒子系} \\ \dfrac{1}{e^{(\varepsilon_r - \mu)/k_B T} - 1} & :\text{ボース粒子系} \end{cases} \quad (7.10)$$

を得る。

例題7.2　占有確率を用いた計算

N 粒子系において，各量子状態を占める粒子数が $(n_0, n_1, \cdots)$ となる確率は，

$$P(\{n_i\}) = \frac{1}{\Xi(T,\mu)} \exp\left(-\frac{1}{k_\mathrm{B}T}\sum_i (\varepsilon_i - \mu)n_i\right) \quad (7.11)$$

で与えられること（(6.20) 式参照）を用いて，状態 r を占める粒子数の平均値が，(7.10) 式で与えられることを示せ。

解　状態 r を占める粒子数の平均値 $\langle n_r \rangle$ は，

$$\langle n_r \rangle = \sum_{N=0}^{\infty}\sum_{n_0}\sum_{n_1}\cdots \delta_{N,\sum_j n_j}\, n_r P(\{n_r\})$$

$$= \frac{\left(\sum_{n_0} e^{-(\varepsilon_0-\mu)n_0/k_\mathrm{B}T}\right)\cdot\left(\sum_{n_1} e^{-(\varepsilon_1-\mu)n_1/k_\mathrm{B}T}\right)\cdots\left(\sum_{n_r} n_r e^{-(\varepsilon_r-\mu)n_r/k_\mathrm{B}T}\right)\cdots}{\left(\sum_{n_0} e^{-(\varepsilon_0-\mu)n_0/k_\mathrm{B}T}\right)\cdot\left(\sum_{n_1} e^{-(\varepsilon_1-\mu)n_1/k_\mathrm{B}T}\right)\cdots}$$

$$= \frac{\sum_{n_r} n_r e^{-(\varepsilon_r-\mu)n_r/k_\mathrm{B}T}}{\sum_{n_r} e^{-(\varepsilon_r-\mu)n_r/k_\mathrm{B}T}}$$

と書ける。ここで，分子は，

$$\sum_{n_r} n_r e^{-(\varepsilon_r-\mu)n_r/k_\mathrm{B}T} = k_\mathrm{B}T\frac{\partial}{\partial \mu}\left(\sum_{n_r} e^{-(\varepsilon_r-\mu)n_r/k_\mathrm{B}T}\right)$$

$$= \begin{cases} k_\mathrm{B}T\dfrac{\partial}{\partial \mu}\left(1 + e^{-(\varepsilon_r-\mu)/k_\mathrm{B}T}\right) = e^{-(\varepsilon_r-\mu)/k_\mathrm{B}T} & \text{：フェルミ粒子系} \\[2mm] k_\mathrm{B}T\dfrac{\partial}{\partial \mu}\left(\dfrac{1}{1 - e^{-(\varepsilon_r-\mu)/k_\mathrm{B}T}}\right) = \dfrac{e^{-(\varepsilon_r-\mu)/k_\mathrm{B}T}}{(1 - e^{-(\varepsilon_r-\mu)/k_\mathrm{B}T})^2} & \\ & \text{：ボース粒子系} \end{cases}$$

となるから，

$$\langle n_r \rangle = \begin{cases} \dfrac{e^{-(\varepsilon_r-\mu)/k_\mathrm{B}T}}{1 + e^{-(\varepsilon_r-\mu)/k_\mathrm{B}T}} = \dfrac{1}{e^{(\varepsilon_r-\mu)/k_\mathrm{B}T} + 1} & \text{：フェルミ粒子系} \\[2mm] (1 - e^{-(\varepsilon_r-\mu)/k_\mathrm{B}T})\,\dfrac{e^{-(\varepsilon_r-\mu)/k_\mathrm{B}T}}{(1 - e^{-(\varepsilon_r-\mu)/k_\mathrm{B}T})^2} = \dfrac{1}{e^{(\varepsilon_r-\mu)/k_\mathrm{B}T} - 1} & \\ & \text{：ボース粒子系} \end{cases}$$

となり，(7.10) 式を得る。■

7.3　理想気体の古典論と量子論

まず，理想気体の分子間の距離は十分大きくかつ温度が高く，分子間に量子論的影響を及ぼさない古典論の極限を考えてみよう。したがって，独立な N 個の同種分子からなる理想気体の分配関数 Z_N は，1粒子分配関数 Z を用いて $Z_N = \dfrac{1}{N!} Z^N$ と表される。

周期境界条件と状態密度

第3章で立方体容器に入れられた理想気体を考えて，シュレーディンガー方程式の解を求めたとき，定常状態で波数(運動量)は大きさのみをもつとし，壁の位置 $x=0, L$，$y=0, L$，$z=0, L$ で波動関数が0になるという境界条件を用いた。そして，位相空間を考える際，運動量を負に拡張して，位相空間の体積 h ごとに1つの状態が存在することを確かめた。このことは，はじめから正負の波数(運動量)をもつとして x, y, z 各方向へ長さ L の周期境界条件を課して状態数を求めることと同じである。周期境界条件を課すことは，6.1節の1次元格子振動を考察したときに行ったように，各方向へ輪になっているとみなすと考えてもよい。

3次元シュレーディンガー方程式 (3.1) を変数分離し，1次元シュレーディンガー方程式 (3.3) の一般解

$$\varphi_x(x) = A e^{ik_x x} + B e^{-ik_x x} \quad (A, B は任意定数) \tag{7.12}$$

に長さ L の周期境界条件

$$\varphi_x(x+L) = \varphi_x(x) \tag{7.13}$$

を課すことにする。ここで，(3.1) 式は実数係数の微分方程式であるから，6.1節で考えたように，$\varphi_x(x)$ の実数部分が実際の解と考えておけばよい。

(7.12) 式を (7.13) 式へ代入すると，

$$e^{ik_x L} = 1 \;\Rightarrow\; k_x L = 0, \pm 2\pi, \pm 4\pi, \cdots$$

すなわち，

$$k_x = \frac{2\pi n_x}{L}, \quad n_x = 0, +1, +2, \cdots$$

となる。同様のことを $\varphi_y(y)$，$\varphi_z(z)$ についても行い，エネルギーを求め

ると，
$$\varepsilon_{n_x, n_y, n_z} = \frac{h^2}{2mL^2}(n_x{}^2 + n_y{}^2 + n_z{}^2) \tag{7.14}$$
となる．ここで，$n_x = 0, \pm 1, \pm 2, \cdots$, $n_y = 0, \pm 1, \pm 2, \cdots$, $n_z = 0, \pm 1, \pm 2, \cdots$ であり，(n_x, n_y, n_z) 空間の各格子点が各量子状態に対応する．1 粒子の分配関数は，
$$Z = \sum_{n_x=-\infty}^{\infty} \sum_{n_y=-\infty}^{\infty} \sum_{n_z=-\infty}^{\infty} \exp\left[-\frac{\hbar^2}{2mk_\mathrm{B}T}\left(\frac{2\pi}{L}\right)^2 (n_x{}^2 + n_y{}^2 + n_z{}^2)\right] \tag{7.15}$$
と書ける．

系の大きさを無限大にすると $(L \to \infty)$，量子状態は連続的に分布することになるから，
$$Z = \int_0^\infty D(\varepsilon) e^{-\varepsilon/k_\mathrm{B}T} \mathrm{d}\varepsilon \tag{7.16}$$
と表される．ここで $D(\varepsilon)$ は，1 粒子状態の状態密度である．

1 粒子状態密度 $D(\varepsilon)$ は次のようにして求められる．(7.14) 式より，エネルギーが ε 以下の状態は，
$$n_x{}^2 + n_y{}^2 + n_z{}^2 \leq \frac{2m\varepsilon L^2}{h^2}$$
を満たす格子点として表される．したがって，エネルギーが ε 以下の状態数 $N(\varepsilon)$ は，(n_x, n_y, n_z) 空間において半径 $\frac{\sqrt{2m\varepsilon}L}{h}$ の球の体積として，
$$N(\varepsilon) = \frac{4\pi}{3}\left(\frac{\sqrt{2m\varepsilon}L}{h}\right)^3 = \frac{4\pi}{3}(2m\varepsilon)^{3/2}\frac{V}{h^3} \quad (V=L^3) \tag{7.17}$$
と表される．よって，
$$D(\varepsilon) = \frac{\mathrm{d}N(\varepsilon)}{\mathrm{d}\varepsilon} = 2\pi(2m)^{3/2}\frac{V}{h^3}\sqrt{\varepsilon} \tag{7.18}$$
と求められる．

例題7.3 関数 $\Psi(\alpha, \beta)$ の計算

(1) 積分公式
$$\int_0^\infty \sqrt{\varepsilon} e^{-\varepsilon/k_\mathrm{B}T} \mathrm{d}\varepsilon = (k_\mathrm{B}T)^{3/2}\frac{\sqrt{\pi}}{2} \tag{7.19}$$
が成り立つことを示せ．

(2) 積分公式 (7.19) を用いて,関数 $\Psi(\alpha, \beta)$ を,$\alpha = -\dfrac{\mu}{k_{\mathrm{B}}T}$,$V$,および (6.34) 式で与えられるド・ブロイ波長 λ を用いて表せ。

解

(1) $\sqrt{\varepsilon} = t$ とおくと,$\dfrac{\mathrm{d}t}{\mathrm{d}\varepsilon} = \dfrac{1}{2\sqrt{\varepsilon}} \Leftrightarrow \sqrt{\varepsilon}\,\mathrm{d}\varepsilon = 2t^2\,\mathrm{d}t$ より,ガウス積分 (2.14) を用いて,

$$\int_0^\infty \sqrt{\varepsilon}\, e^{-\varepsilon/k_{\mathrm{B}}T}\,\mathrm{d}\varepsilon = 2\int_0^\infty t^2 e^{-t^2/k_{\mathrm{B}}T}\,\mathrm{d}t = (k_{\mathrm{B}}T)^{3/2}\dfrac{\sqrt{\pi}}{2}$$

を得る。

(2) (7.18) 式を (7.16) 式へ代入して,積分 (7.19) および (6.34) 式を用いると,1 粒子分配関数は,

$$Z = \int_0^\infty 2\pi(2m)^{3/2}\dfrac{V}{h^3}\sqrt{\varepsilon}\, e^{-\varepsilon/k_{\mathrm{B}}T}\,\mathrm{d}\varepsilon = \dfrac{V}{\lambda^3}$$

となる。N 粒子分配関数は,N 個の分子の同等性により $N!$ で割り,

$$Z_N = \dfrac{1}{N!}Z^N = \dfrac{1}{N!}\left(\dfrac{V}{\lambda^3}\right)^N$$

となり,

$$\Psi(\alpha, \beta) = \ln\left(\sum_{N=0}^\infty e^{-\alpha N}Z_N\right) = \ln\left[\sum_{N=0}^\infty \dfrac{1}{N!}\left(\dfrac{e^{-\alpha}V}{\lambda^3}\right)^N\right]$$

$$= \ln\left[\exp\left(\dfrac{e^{-\alpha}V}{\lambda^3}\right)\right] = \dfrac{e^{-\alpha}V}{\lambda^3} = e^{-\alpha}Z$$

を得る。この結果は,$\Psi(\alpha, \beta) = -\beta J$ の関係にある熱力学関数 J の表式 (6.38) と一致している。 ∎

量子補正(高温展開)

次に,気体は,高温で希薄であり,分子間相互作用が無視できる程度に分子間距離が大きい理想気体とする。また,分子間距離はド・ブロイ波長に比べて十分大きい。そのような場合,分子間の量子論的影響がどのように現れるか考えてみよう。量子論的影響は,粒子がフェルミ粒子であるかボース粒子であるかということによって現れる。ここでは,気体の圧力 p の量子補正を計算する。

希薄極限で量子効果を無視した古典的理想気体の化学ポテンシャルに対

する表式 (6.36) を用いると，
$$\alpha = -\frac{\mu}{k_B T} = \ln\left(\frac{V}{N\lambda^3}\right)$$
となる。よって分子間距離が大きいことから，
$$e^\alpha = \frac{V}{N\lambda^3} \gg 1 \quad \Leftrightarrow \quad \alpha \gg 1$$
であり，$e^{-\alpha} \ll 1$ である。そこで，関数 Ψ を $e^{-\alpha}$ のべき級数に展開することを考える。
$$\pm \ln(1 \pm e^{-\beta\varepsilon_r} e^{-\alpha}) \approx e^{-\alpha} e^{-\beta\varepsilon_r} \mp \frac{1}{2} e^{-2\alpha} e^{-2\beta\varepsilon_r} + \cdots$$
より，フェルミ粒子とボース粒子に対して，関数 Ψ は，
$$\Psi \approx e^{-\alpha} \sum_r e^{-\beta\varepsilon_r} \mp \frac{1}{2} e^{-2\alpha} \sum_r e^{-2\beta\varepsilon_r} + \cdots$$
と展開される。ここで，$-$ 符号はフェルミ粒子であり，$+$ 符号はボース粒子である。

1 粒子分配関数を $Z = \sum_r e^{-\beta\varepsilon_r} = f(\beta)$ と書くと，
$$f(\beta) = \frac{V}{\lambda^3} = V\left(\frac{\sqrt{2\pi m/\beta}}{h}\right)^3$$
より，
$$\sum_r e^{-2\beta\varepsilon_r} = f(2\beta) = \frac{V}{\lambda^3} \frac{1}{2^{3/2}}$$
となるから，
$$\Psi = \frac{V}{\lambda^3}\left(e^{-\alpha} \mp \frac{e^{-2\alpha}}{2^{5/2}} + \cdots\right) \quad (- はフェルミ粒子，+ はボース粒子) \tag{7.20}$$
と表される。

例題7.4　状態方程式の量子補正

(7.20) 式を用いて，理想気体の状態方程式に対する量子補正を，微小量 $\dfrac{N\lambda^3}{V}$ ($\ll 1$) で表せ。その際，平均の粒子数を $\langle N \rangle = N$ とおき，量子効果を考慮すると，量 $e^{-\alpha} = \exp\left(\dfrac{\mu}{k_B T}\right)$ は，適当な係数 x を用いて，

$$e^{-\alpha} = \frac{N\lambda^3}{V}\left(1 + x\frac{N\lambda^3}{V} + \cdots\right) \tag{7.21}$$

と表されるとする。

解 (6.30) 式より，

$$p = -\left(\frac{\partial J}{\partial V}\right)_{T,\mu} \tag{7.22}$$

となるから，$\Psi(\alpha, \beta) = -\beta J = -\dfrac{1}{k_B T} J$ を (7.22) 式に代入して，

$$\frac{p}{k_B T} = \left(\frac{\partial \Psi}{\partial V}\right)_{\alpha,\beta} = \frac{1}{\lambda^3}\left(e^{-\alpha} \mp \frac{e^{-2\alpha}}{2^{5/2}} + \cdots\right) \tag{7.23}$$

を得る。ここで，系の粒子数 $\langle N \rangle = N$ は，(7.9) 式に (7.20) 式を用いて，

$$N = -\frac{\partial \Psi}{\partial \alpha} = \frac{V}{\lambda^3}\left(e^{-\alpha} \mp \frac{e^{-2\alpha}}{2^{3/2}} + \cdots\right) \tag{7.24}$$

と表されるから，(7.21) 式を (7.24) 式に代入して，$\dfrac{V}{\lambda^3}\left(\dfrac{N\lambda^3}{V}\right)^2$ の項の係数を 0 とおくことにより x を定めることができる。こうして，

$$x = \pm \frac{1}{2^{3/2}}$$

を得る。そこで，

$$e^{-\alpha} = \frac{N\lambda^3}{V} \pm \frac{1}{2^{3/2}}\left(\frac{N\lambda^3}{V}\right)^2 + \cdots$$

を (7.23) 式に代入して，

$$\frac{p}{k_B T} = \frac{N}{V}\left(1 \pm \frac{1}{2^{5/2}}\frac{\lambda^3 N}{V} + \cdots\right) \tag{7.25}$$

を得る。

(7.25) 式の結果は，理想気体の状態方程式 $pV = Nk_B T$ に対する量子補正が，微小量 $\dfrac{N\lambda^3}{V}$ で展開できることを表している。　■

章末問題

7.1 N 個の粒子からなる系を考える。1 粒子の量子状態をエネルギーの近いグループに分けて，l 番目のグループのエネルギーを E_l，その中の量子状態の数を g_l，そのグループに属する粒子数を N_l とする。

ここで,系の粒子数 N とエネルギー E は,
$$\sum_l N_l = N, \quad \sum_l E_l N_l = E \tag{7.26}$$
と表される。

(1) l 番目のグループの粒子 N_l 個を g_l 個の量子状態に分ける方法の数 W_l は,フェルミ粒子の場合とボース粒子の場合にそれぞれ,
$$W_l^{\text{F}} = \frac{g_l!}{N_l!(g_l - N_l)!}, \quad W_l^{\text{B}} = \frac{(g_l + N_l - 1)!}{N_l!(g_l - 1)!} \tag{7.27}$$
と表されることを示せ。

(2) (7.26) 式で与えられる条件の下に,全分配数(全状態数)$W = \prod_l W_l$ すなわち系のエントロピー $S = k_{\text{B}} \ln W$ が最大になる条件は,
$$\frac{N_l}{g_l} = \frac{1}{e^{\beta E_l + \alpha} \pm 1} \quad (\text{+ はフェルミ粒子,− はボース粒子}) \tag{7.28}$$
で与えられることを,ラグランジュの未定乗数法(付録 B 参照)を用いて示せ。ここで,α, β は未定乗数である。また,$g_l \gg 1, N_l \gg 1$ であり,g_l, N_l に比べて 1 を無視することができる。

(3) エントロピー S より,系の温度 T と化学ポテンシャル μ を定める関係式
$$\frac{\partial S}{\partial E} = \frac{1}{T}, \quad \frac{\partial S}{\partial N} = -\frac{\mu}{T} \tag{7.29}$$
を用いて,α と β を定めてフェルミ分布とボース分布の式 (7.10) を導け。ただし,1 粒子量子状態 i が l 番目のグループに入るとき,状態 i を占める粒子の平均値は,
$$\langle n_i \rangle = \frac{N_l}{g_l}$$
で与えられ,$\varepsilon_i \approx E_l$ である。

7.2 理想気体において,気体分子間距離が十分大きく温度が高い($\frac{N\lambda^3}{V}$ が十分小さい)とき,フェルミ分布とボース分布の分布関数 (7.10) はともに,
$$\langle n_r \rangle \approx e^{-(\varepsilon_r - \mu)/k_{\text{B}}T} \tag{7.31}$$
と表されることを示せ。(7.31) 式は,一般に**ボルツマン分布**と呼ばれる。

第8章

金属内の自由電子間の距離がド・ブロイ波長より短くなるフェルミ温度より低温では，量子効果が重要になり，電子縮退（フェルミ縮退）を起こす。同様に，理想ボース気体では，転移温度以下でボース凝縮を起こす。

フェルミ縮退とボース凝縮

8.1 自由電子気体

金属内の自由電子は，もしイオンによるポテンシャルの影響および電子間にはたらく力（これを**相互作用**という）を無視するならば，**自由電子気体**と考えることができる。ただし，この気体では，量子論を無視することはできない。

例題8.1 電子気体のド・ブロイ波長

温度 300 K の銅中における自由電子のド・ブロイ波長の数値を求め，この自由電子では量子効果が重要であることを示せ。ただし，ド・ブロイ波長は (6.34) 式で与えられるものとし，電子の質量を $m_e = 9.1 \times 10^{-31}$ kg，銅 1 mol の質量を $M = 63.6 \times 10^{-3}$ kg，密度を $\rho = 8.9 \times 10^3$ kg/m^3，ボルツマン定数を $k_B = 1.38 \times 10^{-23}$ J/K，プランク定数を $h = 6.6 \times 10^{-34}$ J·s，アボガドロ数を $N_A = 6.02 \times 10^{23}$ とする。

解 温度 300 K の自由電子のド・ブロイ波長 λ は，

$$\lambda = \frac{h}{\sqrt{2\pi m_e k_B T}} = 4.3 \times 10^{-9} \text{ m}$$

である。ド・ブロイ波長 λ は，電子 1 個の量子効果が及ぶおおまかな範囲を表すから，この範囲内に他の電子が入ると，電子間の量子効果が重要に

なる。

　銅原子1個が1個の自由電子を出すとすると，1 mol の銅の体積 V は，1 mol の質量 $M = 63.6 \times 10^{-3}$ kg を密度 $\rho = 8.9 \times 10^3$ kg/m^3 で割ることにより，

$$V = \frac{M}{\rho} = 7.1 \times 10^{-6} \text{ m}^3$$

とわかる。この体積中にアボガドロ数 $N_A = 6.02 \times 10^{23}$ の自由電子があるから，$\frac{N_A \lambda^3}{V} = 6.7 \times 10^3 \gg 1$ となり，古典的電子間の平均距離よりド・ブロイ波長が長いことがわかる。したがってこの系では，量子効果が重要であることがわかる。■

絶対零度とフェルミエネルギー

　体積 V の容器内に入っている，質量 m_e の N 個の自由電子を考えよう。まず，絶対零度の場合を考える。絶対零度はエネルギーの最も低い状態であり，電子はエネルギーの低い状態から順に詰まると考えられる。事実，(7.10) 式で与えられるエネルギー ε の状態を占める平均の電子数（これを**フェルミ分布関数**という）

$$f(\varepsilon) = \frac{1}{e^{(\varepsilon - \mu)/k_B T} + 1} \tag{8.1}$$

を考えると，$\varepsilon < \mu$ の場合，$T \to 0$ で $e^{(\varepsilon - \mu)/k_B T} \to 0$ となるから，$f(\varepsilon) = 1$ であることがわかる。$\varepsilon > \mu$ の場合，$T \to 0$ で $e^{(\varepsilon - \mu)/k_B T} \to \infty$ となるから，$f(\varepsilon) = 0$ である。したがって，図 8.1 に示されるように，絶対零度 $T = 0$ では，ε が μ 以下 $(x < 0)$ のエネルギー状態は完全に電子で占められ $(f(\varepsilon) = 1)$，μ より大きな $(x > 0)$ エネルギー状態には，電子は全く入らない $(f(\varepsilon) = 0)$。このように，絶対零度のとき，最もエネルギーの高い電子のもつエネルギーを**フェルミエネルギー**と呼んで，ε_F と書く。一般に化学ポテンシャル μ は温度依存

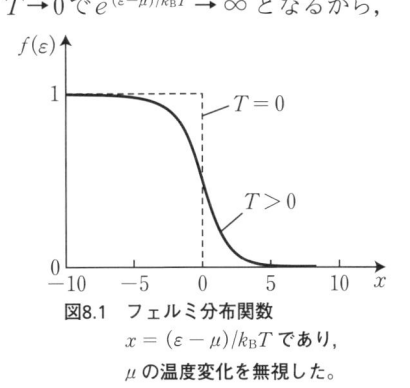

図8.1　フェルミ分布関数
$x = (\varepsilon - \mu)/k_B T$ であり，μ の温度変化を無視した。

性をもつが，フェルミエネルギー ε_F は絶対零度での化学ポテンシャル μ_0 に等しい。すなわち，

$$\varepsilon_\mathrm{F} = \mu_0 \tag{8.2}$$

である。6.5 節で考えたように，高温で粒子間距離が大きい場合，化学ポテンシャル μ は負であったが，低温では化学ポテンシャル μ は正である。

有限温度でのフェルミ分布関数 $f(\varepsilon)$ の値は，$\varepsilon = \mu$ の近く ($\Leftrightarrow x \approx 0$) で滑らかになり，エネルギー ε の幅 $2k_\mathrm{B}T$ ($x = -1 \sim 1$) 程度の領域で，0 と 1 の中間の値をとる (図 8.1)。

7.3 節で調べたように，自由電子気体の 1 粒子の量子状態は，電子気体を理想気体として求めることができる。ただし，電子はスピン $\frac{1}{2}$ のフェルミ粒子であるから，位相空間内の体積 h ごとに上向きスピンと下向きスピンという 2 つの量子状態があり，決まった運動量をもつ電子の量子状態の数は 2 となる。そうすると，絶対零度で N 個の電子が占める状態は，(7.17) 式で与えられる状態数の 2 倍となり，体積 V を占める電子数 N の電子気体のフェルミエネルギー ε_F は，

$$2 \cdot \frac{4\pi}{3}(2m_\mathrm{e}\varepsilon_\mathrm{F})^{3/2}\frac{V}{h^3} = N \ \Rightarrow \ \varepsilon_\mathrm{F} = \frac{h^2}{2m_\mathrm{e}}\left(\frac{3N}{8\pi V}\right)^{2/3} \tag{8.3}$$

と求められる。

以上のことを，図 8.2 に示す運動量空間で考えてみよう。自由電子を考えているので，電子のエネルギーは運動エネルギーだけである。したがって，フェルミエネルギー ε_F を与える運動量を**フェルミ運動量**と呼び，その大きさを p_F とすると，

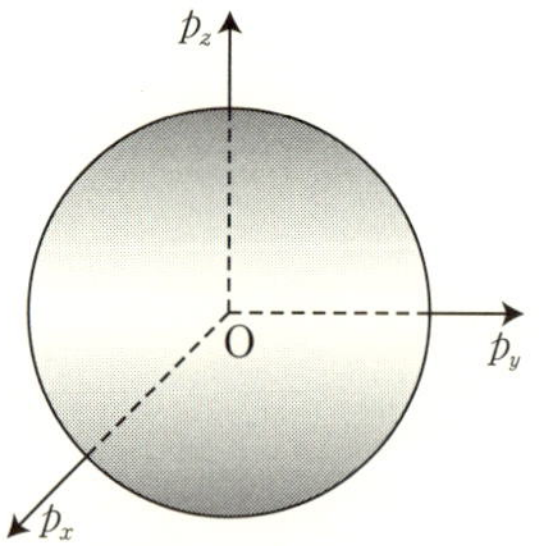

$$\varepsilon_\mathrm{F} = \frac{p_\mathrm{F}^2}{2m_\mathrm{e}}$$

図8.2 フェルミ球

$$\Rightarrow \ p_\mathrm{F} = \sqrt{2m_\mathrm{e}\varepsilon_\mathrm{F}} = \hbar\left(\frac{3N}{8\pi V}\right)^{1/3} \tag{8.4}$$

となる。絶対零度において，運動量空間で電子の存在する領域は球で表される。この球を**フェルミ球**，球の表面を**フェルミ面**という。

このように，エネルギーの低い状態から完全に電子の詰まった状態を**電**

子縮退，一般にフェルミ粒子が詰まった状態を**フェルミ縮退**という。通常，量子力学などでは，同じエネルギーをもつ状態が複数個存在するとき，そのエネルギー状態は「縮退している」というが，電子縮退あるいはフェルミ縮退というときの「縮退」は，「きっちりと詰まっている」という意味である。

8.2　有限温度での自由電子気体

次に，有限温度での振る舞いを考えよう。有限温度といっても，ここでは，量子効果が十分に反映される低温であり，$|\alpha| = \dfrac{\mu}{k_B T} \gg 1$ が満たされているとする。

全エネルギーと粒子数

1つの状態 r を占める平均の粒子数は，(7.10) 式の $\langle n_r \rangle$ で表されるから，系の全エネルギー E と全粒子数 N は，
$$E = \sum_r \varepsilon_r n_r, \quad N = \sum_r n_r$$
と書ける。いま，エネルギーが $\varepsilon \sim \varepsilon + d\varepsilon$ の間に存在する状態数は，電子に2つのスピン状態があることを考慮すると，(7.18) 式で与えられる状態密度 $D(\varepsilon)$ を用いて $2D(\varepsilon)d\varepsilon$ と表される。よって，$\langle n_r \rangle \to f(\varepsilon)$ として E と N は一般に，

$$E = 2\int_0^\infty \varepsilon D(\varepsilon) f(\varepsilon) d\varepsilon \tag{8.5}$$

$$N = 2\int_0^\infty D(\varepsilon) f(\varepsilon) d\varepsilon \tag{8.6}$$

と表される。

以下，有限温度での自由電子気体の性質を調べるために，関数 $\Psi(T, \mu)$ の低温での振る舞いを考察する。

関数 $\Psi(T, \mu)$ の低温展開

有限温度において関数 Ψ を，(7.8) 式より，
$$\Psi = \ln \Xi = \sum_r \ln(1 + e^{-(\varepsilon_r - \mu)/k_B T}) = 2\int_0^\infty D(\varepsilon) \ln(1 + e^{-(\varepsilon - \mu)/k_B T}) d\varepsilon$$

$$= 2\int_0^\mu D(\varepsilon)\ln(1+e^{-(\varepsilon-\mu)/k_BT})\mathrm{d}\varepsilon + 2\int_\mu^\infty D(\varepsilon)\ln(1+e^{-(\varepsilon-\mu)/k_BT})\mathrm{d}\varepsilon$$

と表そう.ここで,右辺第 1 項では $\varepsilon = \mu - x$,第 2 項では $\varepsilon = \mu + x$ とおいて代入すると,

$$\Psi = 2\int_0^\mu D(\mu-x)\ln(1+e^{x/k_BT})\mathrm{d}x$$
$$+ 2\int_0^\infty D(\mu+x)\ln(1+e^{-x/k_BT})\mathrm{d}x$$

となる.右辺第 1 項において,

$$\ln(1+e^{x/k_BT}) = \ln[e^{x/k_BT}(1+e^{-x/k_BT})] = \frac{x}{k_BT} + \ln(1+e^{-x/k_BT})$$

と書けることを用いると,

$$\Psi = \frac{2}{k_BT}\int_0^\mu D(\mu-x)x\,\mathrm{d}x + 2\int_0^\mu D(\mu-x)\ln(1+e^{-x/k_BT})\mathrm{d}x$$
$$+ 2\int_0^\infty D(\mu+x)\ln(1+e^{-x/k_BT})\mathrm{d}x \tag{8.7}$$

と表される.

(8.7) 式右辺の第 2 項,第 3 項において,$\ln(1+e^{-x/k_BT})$ は,x が k_BT ($\ll \mu$) 程度の小さな領域でのみ有限の値をもつ (このことは,有限温度では,**フェルミ面の近傍,すなわち $|\varepsilon - \mu|$ が k_BT 程度の範囲のエネルギーが電子気体の性質に寄与する**ことを意味している).領域 $x \geq \mu$ で,右辺第 2 項の被積分関数はほとんど 0 となるから,積分区間を $0 \sim \infty$ としても,その誤差は $e^{-\mu/k_BT}$ 程度となり無視できる.そこで,$D(\mu \mp x)$ を展開すると,第 2 項と第 3 項はそれぞれ,

$$\int_0^\infty D(\mu \mp x)\ln(1+e^{-x/k_BT})\mathrm{d}x$$
$$= \int_0^\infty \left[D(\mu) \mp x\left(\frac{\mathrm{d}D(\xi)}{\mathrm{d}\xi}\right)_{\xi=\mu} \right.$$
$$\left. + \frac{x^2}{2}\left(\frac{\mathrm{d}^2D(\xi)}{\mathrm{d}\xi^2}\right)_{\xi=\mu} + \cdots \right]\ln(1+e^{-x/k_BT})\mathrm{d}x$$

と表される.こうして,

$$\Psi \approx \frac{2}{k_BT}\int_0^\mu D(\mu-x)x\,\mathrm{d}x$$

$$+4\int_0^\infty \left[D(\mu) + \frac{x^2}{2}\left(\frac{\mathrm{d}^2 D(\xi)}{\mathrm{d}\xi^2}\right)_{\xi=\mu} + \cdots\right]\ln(1+e^{-x/k_\mathrm{B}T})\,\mathrm{d}x \tag{8.8}$$

が得られる。

例題8.2 (8.8) 式の右辺の積分計算

(8.8) 式の各項の積分を計算し，$k_\mathrm{B}T$ の 1 次の項までで，

$$\Psi = \frac{2}{k_\mathrm{B}T}\int_0^\mu D(\varepsilon)(\mu-\varepsilon)\,\mathrm{d}\varepsilon + \frac{\pi^2}{3}D(\mu)k_\mathrm{B}T + \cdots \tag{8.9}$$

となることを導け。ただし，必要ならば，(5.34) 式で定義されるゼータ関数，および (5.36) 式で与えられるその値を用いよ。

解 まず，(8.8) 式の右辺第 1 項の x の積分は，$\varepsilon = \mu - x$ を用いて ε の積分に戻せば，(8.9) 式の右辺第 1 項になる。

次に，部分積分法を用いて，次の積分を行う。

$$I_1 = \int_0^\infty \ln(1+e^{-x/k_\mathrm{B}T})\,\mathrm{d}x$$
$$= \left[x\ln(1+e^{-x/k_\mathrm{B}T})\right]_0^\infty + \frac{1}{k_\mathrm{B}T}\int_0^\infty \frac{xe^{-x/k_\mathrm{B}T}}{1+e^{-x/k_\mathrm{B}T}}\,\mathrm{d}x$$

ここで，右辺第 1 項は 0 となる。いま，$\dfrac{x}{k_\mathrm{B}T} = y$ とおくと，$0 < e^{-y} \leq 1$ であることから，

$$\frac{I_1}{k_\mathrm{B}T} = \int_0^\infty ye^{-y}\frac{1}{1+e^{-y}}\,\mathrm{d}y = \int_0^\infty ye^{-y}\sum_{n=0}^\infty (-e^{-y})^n\,\mathrm{d}y$$
$$= \sum_{n=0}^\infty (-1)^n \int_0^\infty ye^{-(n+1)y}\,\mathrm{d}y = \sum_{n=0}^\infty \frac{(-1)^n}{n+1}\int_0^\infty e^{-(n+1)y}\,\mathrm{d}y$$
$$= \sum_{n=0}^\infty \frac{(-1)^n}{(n+1)^2}$$

となる。ここで，ゼータ関数を用いると，

$$\frac{I_1}{k_\mathrm{B}T} = \sum_{n=0}^\infty \frac{(-1)^n}{(n+1)^2} = 1 - \frac{1}{2^2} + \frac{1}{3^2} - \frac{1}{4^2} + \cdots$$
$$= \zeta(2) - 2\left(\frac{1}{2^2} + \frac{1}{4^2} + \frac{1}{6^2} + \cdots\right)$$
$$= \zeta(2) - \frac{2}{2^2}\left(1 + \frac{1}{2^2} + \frac{1}{3^2} + \cdots\right)$$

$$= \left(1 - \frac{2}{2^2}\right)\zeta(2) = \frac{1}{2}\cdot\frac{\pi^2}{6} = \frac{\pi^2}{12}$$

となる。

さらに，積分

$$I_2 = \int_0^\infty \frac{x^2}{2}\ln(1 + e^{-x/k_BT})\,dx$$

$$= \left[\frac{x^3}{6}\ln(1 + e^{-x/k_BT})\right]_0^\infty + \frac{1}{6k_BT}\int_0^\infty \frac{x^3 e^{-x/k_BT}}{1 + e^{-x/k_BT}}\,dx$$

は，上と同様に $\dfrac{x}{k_BT} = y$ とおくと，

$$I_2 = \frac{(k_BT)^3}{6}\int_0^\infty \frac{y^3 e^{-y}}{1 + e^{-y}}\,dy \propto (k_BT)^3$$

となり，k_BT の 1 次の項まででは，積分 I_2 の項は無視できる。こうして，(8.8) 式から (8.9) 式が導かれる。■

エネルギー，化学ポテンシャルおよび比熱

電子気体の全エネルギー E を求めるために，まず，次の関係が成り立つことに注意しよう。

$$\frac{\partial}{\partial(1/T)}\left(\frac{J}{T}\right) = \frac{\frac{\partial(J/T)}{\partial T}}{\frac{\partial(1/T)}{\partial T}} = -T^2\left(\frac{1}{T}\frac{\partial J}{\partial T} - \frac{J}{T^2}\right) = J - T\frac{\partial J}{\partial T}$$

$$= J + TS = E - \mu N \tag{8.10}$$

ここで，(6.30) 式より $\dfrac{\partial J}{\partial T} = -S$ となることを用い，$U \to E$ とした。

また，(8.10) 式を用いる際，T と μ を独立変数とみなしていることに注意しよう。そうすると，(8.10) 式に関係 $J = -k_BT\cdot\Psi$ を用い，$\beta = 1/k_BT$ として，(8.9) 式より，

$$E - \mu N = -\frac{\partial \Psi}{\partial \beta} = -2\int_0^\mu D(\varepsilon)(\mu - \varepsilon)\,d\varepsilon + 2\frac{\pi^2}{6}D(\mu)(k_BT)^2 + \cdots \tag{8.11}$$

を得る。いま，全電子数 N は，フェルミエネルギー $\varepsilon_F = \mu_0$（絶対零度のときの化学ポテンシャル）を用いると，絶対零度でフェルミ分布関数は，

$$f(\varepsilon) = \begin{cases} 1 & (\varepsilon < \mu_0) \\ 0 & (\mu_0 < \varepsilon) \end{cases} \tag{8.12}$$

であることに注意して，

$$N = 2\int_0^{\mu_0} D(\varepsilon)\,\mathrm{d}\varepsilon \tag{8.13}$$

と表されるから，E は $(k_\mathrm{B}T)^2$ の項までで，

$$\begin{aligned}
E =& -2\int_0^{\mu} D(\varepsilon)(\mu-\varepsilon)\,\mathrm{d}\varepsilon + 2\frac{\pi^2}{6}D(\mu)(k_\mathrm{B}T)^2 + 2\mu\int_0^{\mu_0} D(\varepsilon)\,\mathrm{d}\varepsilon \\
=& -2\mu\left(\int_0^{\mu} D(\varepsilon)\,\mathrm{d}\varepsilon - \int_0^{\mu_0} D(\varepsilon)\,\mathrm{d}\varepsilon\right) + 2\int_0^{\mu}\varepsilon D(\varepsilon)\,\mathrm{d}\varepsilon \\
& + 2\frac{\pi^2}{6}D(\mu)(k_\mathrm{B}T)^2 \\
=& -2\mu\int_{\mu_0}^{\mu} D(\varepsilon)\,\mathrm{d}\varepsilon + 2\int_0^{\mu}\varepsilon D(\varepsilon)\,\mathrm{d}\varepsilon + 2\frac{\pi^2}{6}D(\mu)(k_\mathrm{B}T)^2
\end{aligned} \tag{8.14}$$

となる。

例題8.3　μ_0 近傍での展開

(8.14) 式右辺の各項を $\mu-\mu_0$ で展開し，

$$\begin{aligned}
E =& -2(\mu-\mu_0)^2 D(\mu_0) + 2\int_0^{\mu_0}\varepsilon D(\varepsilon)\,\mathrm{d}\varepsilon \\
& + 2\frac{\pi^2}{6}\left[D(\mu_0) + \left(\frac{\mathrm{d}D(\mu)}{\mathrm{d}\mu}\right)_{\mu=\mu_0}(\mu-\mu_0)\right](k_\mathrm{B}T)^2 + \cdots
\end{aligned} \tag{8.15}$$

を導け。

解　関数 $\varphi_N(\mu) = \int_{\mu_0}^{\mu} D(\varepsilon)\,\mathrm{d}\varepsilon$，$\varphi_E(\mu) \equiv \int_0^{\mu}\varepsilon D(\varepsilon)\,\mathrm{d}\varepsilon$，$D(\mu)$ を，$\mu-\mu_0$ で展開する。

$$\varphi_N(\mu) = \varphi_N(\mu_0) + \left(\frac{\mathrm{d}\varphi_N}{\mathrm{d}\mu}\right)_{\mu=\mu_0}(\mu-\mu_0) + \cdots = D(\mu_0)(\mu-\mu_0) + \cdots \tag{8.16}$$

$$\begin{aligned}
\varphi_E(\mu) =& \varphi_E(\mu_0) + \left(\frac{\mathrm{d}\varphi_E}{\mathrm{d}\mu}\right)_{\mu=\mu_0}(\mu-\mu_0) + \cdots \\
=& \int_0^{\mu_0}\varepsilon D(\varepsilon)\,\mathrm{d}\varepsilon + \mu_0 D(\mu_0)(\mu-\mu_0) + \cdots
\end{aligned}$$

$$D(\mu) = D(\mu_0) + \left(\frac{\mathrm{d}D(\mu)}{\mathrm{d}\mu}\right)_{\mu=\mu_0}(\mu-\mu_0) + \cdots$$

を (8.14) 式に代入して，(8.15) 式を得る。　　　　　　　　　　　　　　　■

電子気体の全電子数 N は，(6.31) 式に $J = -k_\mathrm{B}T\cdot\Psi$ を代入すると，

$$N = -\frac{\partial J}{\partial \mu} = k_\mathrm{B}T\frac{\partial \Psi}{\partial \mu} = 2\int_0^\mu D(\varepsilon)\mathrm{d}\varepsilon + 2\frac{\pi^2}{6}\frac{\mathrm{d}D(\mu)}{\mathrm{d}\mu}(k_\mathrm{B}T)^2 + \cdots \tag{8.17}$$

となる。(8.17) 式に $D(\mu)$ の展開式を代入し，(8.13)，(8.16) 式を用いて，

$$N = 2\int_0^\mu D(\varepsilon)\mathrm{d}\varepsilon + 2\frac{\pi^2}{6}\left(\frac{\mathrm{d}D(\mu)}{\mathrm{d}\mu}\right)_{\mu=\mu_0}(k_\mathrm{B}T)^2 + \cdots$$

$$\Rightarrow \quad 0 = 2D(\mu_0)(\mu-\mu_0) + 2\frac{\pi^2}{6}\left(\frac{\mathrm{d}D(\mu)}{\mathrm{d}\mu}\right)_{\mu=\mu_0}(k_\mathrm{B}T)^2 + \cdots$$

となり，T^2 の項までで，

$$\mu = \mu_0 - \frac{\pi^2}{6}\frac{1}{D(\mu_0)}\left(\frac{\mathrm{d}D(\mu)}{\mathrm{d}\mu}\right)_{\mu=\mu_0}(k_\mathrm{B}T)^2 \tag{8.18}$$

を得る。ここで，(7.18) 式より，

$$D(\mu_0) = 2\pi(2m)^{3/2}\frac{V}{h^3}\sqrt{\mu_0}$$

$$\left(\frac{\mathrm{d}D(\mu)}{\mathrm{d}\mu}\right)_{\mu=\mu_0} = \pi(2m)^{3/2}\frac{V}{h^3}\frac{1}{\sqrt{\mu_0}}$$

となり，$\mu_0 = \varepsilon_\mathrm{F}$ とおくと，有限温度での化学ポテンシャル $\mu(T)$ は，(8.18) 式より，絶対零度近傍で，

$$\mu(T) = \varepsilon_\mathrm{F}\left[1 - \frac{\pi^2}{12}\left(\frac{k_\mathrm{B}T}{\varepsilon_\mathrm{F}}\right)^2\right] \tag{8.19}$$

と求められる。これより，化学ポテンシャル μ は温度 T とともに，ほぼ図 8.3 のように変化することがわかるであろう。

絶対零度での系のエネルギー E_0 は，フェルミ分布関数 (8.12) に注意すると，

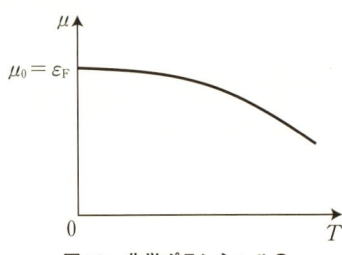

図8.3　化学ポテンシャルの温度変化の概念図

$$E_0 = 2\int_0^{\mu_0}\varepsilon D(\varepsilon)\mathrm{d}\varepsilon \tag{8.20}$$

と書けることがわかる。したがって，

となることに注意して，$(k_BT)^2$ の項までで $\mu_0 = \varepsilon_F$ より，

$$E = E_0 + \frac{\pi^2}{3}D(\mu_0)(k_BT)^2 = E_0 + \frac{\pi^2}{4}N\frac{(k_BT)^2}{\varepsilon_F} \tag{8.21}$$

を得る。ここで，(8.3) 式より $N = \frac{8\pi}{3}(2m_e\varepsilon_F)^{3/2}\frac{V}{h^3}$ であることを用いた。

例題8.4　絶対零度でのエネルギーと縮退圧

(8.20) 式を用いて絶対零度での電子気体のエネルギー E_0 を求め，N と ε_F で表し，体積 V に依存することを示せ。また，このときの系の圧力

$$p = -\left(\frac{\partial E_0}{\partial V}\right)_N \tag{8.22}$$

を，ε_F と粒子数密度 $\frac{N}{V}$ を用いて表せ。p は $\frac{N}{V}$ の何乗に比例するか。

古典論では，絶対零度での電子の速度は 0 であるから，圧力は 0 となる。したがって，(8.22) 式で求められる圧力は純粋に量子論的効果によるもので，**縮退圧**と呼ばれる。

解　状態密度

$$D(\varepsilon) = 2\pi(2m_e)^{3/2}\frac{V}{h^3}\sqrt{\varepsilon}$$

を (8.20) 式へ代入すると，$\mu_0 = \varepsilon_F$ とおいて，

$$E_0 = 2\cdot 2\pi(2m_e)^{3/2}\frac{V}{h^3}\int_0^{\varepsilon_F}\varepsilon^{3/2}d\varepsilon = 2\cdot 2\pi(2m_e)^{3/2}\frac{V}{h^3}\frac{2}{5}\varepsilon_F^{5/2}$$

$$= \underline{\frac{3}{5}N\varepsilon_F}$$

となる。ここで，(8.3) 式より $\varepsilon_F \propto V^{-2/3}$ であるから，

$$E_0 \propto V^{-2/3}$$

となり，E_0 は体積 V に依存することがわかる。

(8.3) 式より，

$$\left(\frac{\partial \varepsilon_F}{\partial V}\right)_N = -\frac{2}{3}\frac{h^2}{2m_e}\left(\frac{3N}{8\pi V}\right)^{2/3}\frac{1}{V} = -\frac{2}{3}\frac{\varepsilon_F}{V}$$

となるから，

$$p = -\left(\frac{\partial E_0}{\partial V}\right)_N = \underline{\frac{2}{5}\varepsilon_F\frac{N}{V}} \tag{8.23}$$

を得る。また，(8.3) 式より $\varepsilon_\mathrm{F} \propto \left(\dfrac{N}{V}\right)^{2/3}$ であるから，縮退圧は，$p \propto \left(\dfrac{N}{V}\right)^{5/3}$ となる。よって，5/3 乗に比例することがわかる。　■

　自由電子気体の低温での比熱 C は，(8.21) 式より，

$$C = \frac{\mathrm{d}E}{\mathrm{d}T} = \frac{\pi^2}{2} N k_\mathrm{B} \frac{k_\mathrm{B} T}{\varepsilon_\mathrm{F}} \tag{8.24}$$

となり，温度 T に比例することがわかる。また，この電子気体が古典統計力学に従うと考え，単原子分子理想気体の比熱 $\dfrac{3}{2} nR = \dfrac{3}{2} N k_\mathrm{B}$ (n はモル数，R は気体定数) と比べると，電子比熱は $\dfrac{k_\mathrm{B} T}{\varepsilon_\mathrm{F}}$ 倍程度小さいことがわかる。

　金属の比熱を考えてみる。各原子（イオン）が格子を形成しているので，格子振動による比熱 $3 N k_\mathrm{B}$（デュロン-プティの法則）のほかに，自由電子があれば，電子比熱が加わるはずである。しかし，電子比熱は格子比熱に比べて $\dfrac{k_\mathrm{B} T}{\varepsilon_\mathrm{F}}$ 倍程度小さい。後述するように，$k_\mathrm{B} T_\mathrm{F} = \varepsilon_\mathrm{F}$，$T_\mathrm{F} \sim 10^5$ K であるから，室温 $\sim 10^2$ K では，

$$\frac{k_\mathrm{B} T}{\varepsilon_\mathrm{F}} = \frac{T}{T_\mathrm{F}} \sim 10^{-3}$$

となる。したがって，金属の電子比熱は無視できることがわかる。

　また，電子比熱 (8.24) は，$T \to 0$ で $C \to 0$ となり，熱力学第 3 法則を満たしていることもわかる。

フェルミ温度

　ここで再び，量子論的効果が強く現れるための条件を思い出そう。これは，電子間の距離が，不確定性関係に従った電子の広がりの程度を与えるド・ブロイ波長に比べて小さくなることであった。温度が高くなるとド・ブロイ波長は短くなるので，電子間距離がド・ブロイ波長 λ の程度になる温度は，(6.34) 式および (8.3) 式より，

$$\frac{N \lambda^3}{V} \sim 1 \;\Rightarrow\; k_\mathrm{B} T \sim \frac{h^2}{2 \pi m_\mathrm{e}} \left(\frac{N}{V}\right)^{2/3} \sim \varepsilon_\mathrm{F}$$

となる。そこで，
$$k_B T_F = \varepsilon_F \tag{8.25}$$
とおいて，T_F を**フェルミ温度**と呼ぶ。そうすると，系の温度が T_F より低ければ，量子力学を用いた上のような議論が必要であるが，T_F より高温であれば，古典的な理想気体と考えることができる。$k_B T$ は，気体を古典的と考えたときの電子のもつ平均運動エネルギーであるから，その運動エネルギーが ε_F 程度より大きくなると，図 8.1 に示したフェルミ分布関数は，ε_F 近傍での段差はなくなり，エネルギー ε の広い範囲に広がる。これが，古典論で扱うことのできる状態である。

フェルミ温度を評価してみよう。フェルミ温度は，
$$T_F = \frac{\varepsilon_F}{k_B} = \frac{1}{k_B} \frac{h^2}{2m_e} \left(\frac{3N}{8\pi V}\right)^{2/3} \tag{8.26}$$
で与えられる。電子気体の場合，銅では例題 8.1 で求めた 1 mol の銅の体積 $V = \frac{M}{\rho} = 7.1 \times 10^{-6} \, \text{m}^3$ と，アボガドロ数 $N = N_A = 6.02 \times 10^{23}$ より，単位体積当たりの電子数は，
$$\frac{N}{V} = 8.5 \times 10^{28} \, 1/\text{m}^3$$
となる。これを (8.26) 式に用いて，
$$T_F = 8.1 \times 10^4 \, \text{K}$$
を得る。したがって，金属内自由電子のフェルミ温度は $10^4 \sim 10^5$ K であり，通常の温度では，量子論を用いて考える必要があることがわかる。

これまでの議論は，電子気体でなくてもスピン 1/2 のフェルミ粒子であればそのまま成り立つ。したがって，粒子数密度が変わらずにフェルミ粒子の質量が大きくなれば，フェルミ温度は低下する。実際，ヘリウムの同位体である ^{3}He（ヘリウム 3）は，第 7 章の例題 7.1 で見たようにフェルミ粒子であり，質量は電子の 5000 倍程度なので，T_F はかなり低下し，絶対零度に近づかないと量子効果は現れない。

8.3　ボース凝縮

相互作用していないボース粒子系を，理想ボース気体という。理想ボー

ス気体では，有限温度においてマクロな数の粒子が，エネルギー 0 の状態に落ち込んでしまう．この現象を**ボース凝縮**（あるいは**ボース－アインシュタイン凝縮**）という．

粒子数分布と化学ポテンシャル

温度を T，化学ポテンシャルを μ とするとき，エネルギーが ε_r の 1 粒子量子状態 r を占める粒子数は，(7.10) 式より，

$$\langle n_r \rangle = \frac{1}{e^{(\varepsilon_r - \mu)/k_B T} - 1} \tag{8.27}$$

と表される．いま，全粒子数 N は，

$$N = \sum_r \frac{1}{e^{(\varepsilon_r - \mu)/k_B T} - 1} \tag{8.28}$$

であるが，これをエネルギーの最低状態（基底状態）$\varepsilon_0 = 0$（このエネルギーを 0 とする）に入る粒子数 N_0 と $\varepsilon_r > 0$ $(r \neq 0)$ の励起状態に入る粒子数 N' の部分に分けて考えてみる．

$$N = N_0 + N' \tag{8.29}$$

粒子数 N_0 は，

$$N_0 = \frac{1}{e^{-\mu/k_B T} - 1} \tag{8.30}$$

と表される．いま，ボース粒子は同じ状態に何個でも入ることができるから，絶対零度 $T = 0$ では全粒子が $\varepsilon_0 = 0$ の状態に入ると考えられる．そうすると，N_0 がマクロな数（正で非常に大きな数）になるためには，

$$\mu = 0 \quad (T = 0) \tag{8.31}$$

でなければならない．$\mu \neq 0$ のとき，N_0 はマクロな数にはならない．すなわち，$T = 0$ では $\mu = 0$ である．

もし，有限温度 $T \neq 0$ において $\mu = 0$ であれば，$\varepsilon_0 = 0$ の状態にマクロな数の粒子が入ることもわかる．さらに，$T \neq 0$ でも $N_0 \geq 0$ であるから（粒子数は負にならない），一般に，

$$\mu \leq 0 \quad (\text{任意の温度 } T) \tag{8.32}$$

でなければならない．

励起状態に入る粒子数 N' は，**ボース分布関数**

$$b(\varepsilon) = \frac{1}{e^{(\varepsilon-\mu)/k_\mathrm{B}T} - 1} \tag{8.33}$$

を用い，状態密度 $D(\varepsilon)$ に (7.18) 式を適用すると，

$$N' = \sum_{r \neq 0} \frac{1}{e^{(\varepsilon_r - \mu)/k_\mathrm{B}T} - 1} = \int_0^\infty D(\varepsilon)\, b(\varepsilon)\, \mathrm{d}\varepsilon$$

$$= 2\pi (2m)^{3/2} \frac{V}{h^3} \int_0^\infty \frac{\sqrt{\varepsilon}}{e^{(\varepsilon-\mu)/k_\mathrm{B}T} - 1}\, \mathrm{d}\varepsilon$$

と書ける。ここで，上式の被積分関数の分子に $\sqrt{\varepsilon}$ が入るので，基底状態 $\varepsilon_0 = 0$ が含まれていないことに注意しよう。$x = \dfrac{\varepsilon}{k_\mathrm{B}T}$，$\alpha = -\dfrac{\mu}{k_\mathrm{B}T}$ とおき，関数

$$F_{3/2}(\alpha) \equiv \frac{2}{\sqrt{\pi}} \int_0^\infty \frac{x^{1/2}}{e^{x+\alpha} - 1}\, \mathrm{d}x \tag{8.34}$$

を定義しよう。そうすると，N' は，

$$N' = V \left(\frac{2\pi m k_\mathrm{B} T}{h^2} \right)^{3/2} F_{3/2}(\alpha) = \frac{V}{\lambda^3} F_{3/2}(\alpha) \tag{8.35}$$

となる。ここで，λ は質量 m のボース粒子のド・ブロイ波長である。

いま，(8.32) 式より $\alpha \geq 0$ であり，定義式 (8.34) より，関数 $F_{3/2}(\alpha)$ は α の減少関数であるから，不等式

$$F_{3/2}(\alpha) \leq F_{3/2}(0) \tag{8.36}$$

が成り立つ。そこで，

$$N = V \left(\frac{2\pi m k_\mathrm{B} T_\mathrm{c}}{h^2} \right)^{3/2} F_{3/2}(0) \tag{8.37}$$

で，臨界温度 T_c を定義する。

臨界温度 T_c より高温領域 $T(>T_\mathrm{c})$ の場合，(8.36) 式，(8.37) 式より，

$$N = N' = V \left(\frac{2\pi m k_\mathrm{B} T}{h^2} \right)^{3/2} F_{3/2}(\alpha) \tag{8.38}$$

を満たす $\alpha > 0$ ($\mu < 0$) が存在し，(8.37) 式，(8.38) 式より，

$$\frac{F_{3/2}(\alpha)}{F_{3/2}(0)} = \left(\frac{T_\mathrm{c}}{T} \right)^{3/2} < 1$$

となる。

一方，臨界温度 T_c より低温領域 $T (< T_\mathrm{c})$ では，$N' = N$ を満たす $\alpha \geq 0$ ($\because \mu \leq 0$) は存在しない。したがって $N' < N$ となり，基底状態

の粒子数 $N_0 = N - N' > 0$ はマクロな数となる．$T < T_c$ で，(8.30) 式で与えられる N_0 がマクロな数になるためには，$\mu = 0$ でなければならない．こうして，化学ポテンシャル μ は，

$$\mu \begin{cases} = 0 & T \leq T_c \\ < 0 & T_c < T \end{cases} \quad (8.39)$$

$T < T_c$ で励起状態の粒子数 N' と全粒子数 N の関係は，$\mu = 0 \Leftrightarrow \alpha = 0$ および T_c の定義式 (8.37) を用いて，

$$N' = V\left(\frac{2\pi m k_B T}{h^2}\right)^{3/2} F_{3/2}(0) < V\left(\frac{2\pi m k_B T_c}{h^2}\right)^{3/2} F_{3/2}(0) = N$$

と表され，

$$\frac{N'}{N} = \left(\frac{T}{T_c}\right)^{3/2}$$

を得る．これより，温度 $T(\leq T_c)$ での基底状態の粒子数の割合は，

$$\frac{N_0}{N} = \frac{N - N'}{N} = 1 - \left(\frac{T}{T_c}\right)^{3/2} \quad (8.40)$$

となり，図 8.4 が描かれる．

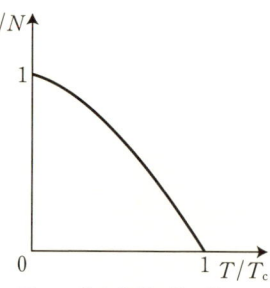

図8.4 基底状態の粒子数温度依存性

このように，$T < T_c$ で基底状態の粒子数がマクロな数になる現象を**ボース凝縮**という．

例題8.5 **ボース凝縮の簡単な模型**

ボース凝縮の本質を理解するために，簡単な模型を考えてみよう．ボース粒子の系において，基底状態 $\varepsilon_0 = 0$ とエネルギー $\varepsilon_1 (> 0)$ をもつ励起状態があり，励起状態には，同じエネルギーを与える M 個の状態がある，すなわち，励起状態は M 重に縮退しているとする．そうすると，全粒子数は基底状態にある粒子数と励起状態にある粒子数の和であり，

$$N = N_0 + N' = \frac{1}{e^{-\mu/k_B T} - 1} + \frac{M}{e^{(\varepsilon_1 - \mu)/k_B T} - 1} \quad (8.41)$$

と表される．

このボース粒子系の臨界温度 T_c と，化学ポテンシャル μ の温度依存性を求めよ．

解 この場合も，$T = 0$ で N_0 がマクロな数になるためには $\mu = 0$，また，有限温度 $T \neq 0$ で $N_0 \geq 0$ となるためには $\mu \leq 0$ である．

臨界温度 T_c は，(8.37) 式と同様に，$\alpha = 0$ すなわち $\mu = 0$ で $N = N'$ となる温度として，

$$N = \frac{M}{e^{\varepsilon_1/k_B T_c} - 1} \quad \Rightarrow \quad T_c = \frac{\varepsilon_1}{k_B \ln\left(1 + \dfrac{M}{N}\right)} \tag{8.42}$$

で与えられる。

$T > T_c$ では，(8.38) 式と同様に，

$$N = \frac{M}{e^{(\varepsilon_1 - \mu)/k_B T} - 1} \quad \Rightarrow \quad T = \frac{\varepsilon_1 - \mu}{k_B \ln\left(1 + \dfrac{M}{N}\right)} \tag{8.43}$$

(8.42) 式，(8.43) 式より，

$$\frac{T}{T_c} = 1 - \frac{\mu}{\varepsilon_1} \quad \Rightarrow \quad \underline{\mu = -\left(\frac{T}{T_c} - 1\right)\varepsilon_1 < 0}$$

を得る。

$T < T_c$ では，(8.43) 式を満たす $\mu \leq 0$ は存在しないから，基底状態の粒子数 N_0 はマクロな数である。N_0 がマクロな数となるためには，$\underline{\mu = 0}$ でなければならない。■

臨界温度と量子論

$T = T_c$ のとき，ボース粒子のド・ブロイ波長は，

$$\lambda_c = \frac{h}{\sqrt{2\pi m k_B T_c}}$$

と書けるから，(8.37) 式より，

$$\frac{N \lambda_c^3}{V} = F_{3/2}(0)$$

となる。$F_{3/2}(0)$ は 1 のオーダーの数であるから，$T < T_c$ ならばボース粒子間の距離が温度 T のボース粒子のド・ブロイ波長より小さくなり，量子論的効果が重要になる。フェルミ粒子の場合，量子論的温度領域 $T < T_F$ ではフェルミ気体がフェルミ縮退を起こすのと同様に，$T < T_c$ は量子論的温度領域となり，ボース気体はボース凝縮を起こす。

例題8.6　理想ボース気体の比熱

理想ボース気体のエネルギー E は，状態密度 $D(\varepsilon)$ とボース分布関数 $b(\varepsilon)$ を用いて，

$$E = \int_0^\infty \varepsilon D(\varepsilon) b(\varepsilon) \, d\varepsilon \tag{8.44}$$

で与えられる。$T < T_c$ においてエネルギー E を計算し，比熱 C を，臨界温度 T_c およびゼータ関数を用いて表せ。

解 状態密度 (7.18) とボース分布関数 (8.33) を用いると，

$$E = 2\pi (2m)^{3/2} \frac{V}{h^3} \int_0^\infty \frac{\varepsilon^{3/2}}{e^{(\varepsilon-\mu)/k_B T} - 1} \, d\varepsilon$$

となる。ここで，$T < T_c$ では $\mu = 0$ であるから，$x = \varepsilon/k_B T$ とおいて，

$$E = 2\pi (2m)^{3/2} \frac{V}{h^3} \int_0^\infty \frac{\varepsilon^{3/2}}{e^{\varepsilon/k_B T} - 1} \, d\varepsilon$$

$$= 2\pi (2m)^{3/2} \frac{V}{h^3} (k_B T)^{5/2} \int_0^\infty \frac{x^{3/2}}{e^x - 1} \, dx$$

例題 8.2 で行った積分計算と同様にして，(3.16) 式で定義されるガンマ関数と (5.34) 式で定義されるゼータ関数を用いて，

$$\int_0^\infty \frac{x^{3/2}}{e^x - 1} \, dx = \int_0^\infty \frac{x^{3/2} e^{-x}}{1 - e^{-x}} \, dx = \sum_{n=1}^\infty \int_0^\infty x^{3/2} e^{-nx} dx$$

$$= \sum_{n=1}^\infty \frac{1}{n^{5/2}} \int_0^\infty t^{3/2} e^{-t} dt = \zeta\left(\frac{5}{2}\right) \Gamma\left(\frac{5}{2}\right) = \frac{3\sqrt{\pi}}{4} \zeta\left(\frac{5}{2}\right)$$

となる。ここで，ガンマ関数の性質 (3.18) を用いた。これより，

$$E = \frac{3}{2} \zeta\left(\frac{5}{2}\right) (2\pi m)^{3/2} \frac{V}{h^3} (k_B T)^{5/2} \tag{8.45}$$

を得る。ここで，(8.34) 式は，上と同様にして，

$$F_{3/2}(0) = \frac{2}{\sqrt{\pi}} \int_0^\infty \frac{x^{1/2}}{e^x - 1} \, dx = \frac{2}{\sqrt{\pi}} \zeta\left(\frac{3}{2}\right) \Gamma\left(\frac{3}{2}\right) = \zeta\left(\frac{3}{2}\right)$$

となる。また，(8.37) 式から，

$$T_c^{3/2} = \frac{N}{V F_{3/2}(0)} \cdot \left(\frac{h^2}{2\pi m k_B}\right)^{3/2}$$

となることを用いて，求める比熱は，

$$C = \frac{dE}{dT} = \frac{15}{4} \zeta\left(\frac{5}{2}\right) (2\pi m)^{3/2} \frac{V}{h^3} k_B (k_B T)^{3/2}$$

$$= \frac{15}{4} \frac{\zeta(5/2)}{\zeta(3/2)} N k_B \left(\frac{T}{T_c}\right)^{3/2} \tag{8.46}$$

と求められる。

超流動

　液体ヘリウム 4 (^{4}He) は，$T_\lambda = 2.17$ K で粘性のない超流動状態へ相転移することが知られている。^{4}He はボース粒子であるから，これを粒子間の相互作用のない理想ボース気体とみなすと，ボース凝縮を起こす。液体 ^{4}He の密度を用いると，ボース凝縮を起こす臨界温度は $T_c \sim 3$K と見積もられる。臨界温度 T_c が超流動転移 T_λ に近いことなどから，超流動状態は液体 ^{4}He がボース凝縮を起こした状態と考えられたが，理想ボース気体のボース凝縮と考えると不都合な点も見出された。そのため，超流動状態は理想的なボース凝縮ではなく，^{4}He 原子間の相互作用が重要な役割を果たしているボース凝縮と考えられている。

光子気体

　5.4 節で扱ったプランク放射では，空洞内に電磁波，すなわち**光子（フォトン）が充満している**。これを**光子気体**という。光子はボース粒子である。このとき，光子気体でボース凝縮は起こるのであろうか。

　光子は壁に衝突して吸収されたり，壁から放出されたりし，つねにその数を変化させており，光子数は一定ではない。そうすると，7.2 節では粒子数が一定値 N に等しいという条件が付いていたために大分配関数を導入したが，N が任意にとれるのであれば，分配関数 Z は単に，

$$Z = \sum_{n_0}\sum_{n_1}\cdots \exp\left[-\frac{1}{k_B T}\sum_r \varepsilon_r n_r\right]$$

$$= \left[\sum_{n_0=0}^{\infty}\exp\left(-\frac{\varepsilon_0 n_0}{k_B T}\right)\right]\cdot\left[\sum_{n_1=0}^{\infty}\exp\left(-\frac{\varepsilon_1 n_1}{k_B T}\right)\right]\cdots$$

$$= \prod_r \left[\sum_{n_r=0}^{\infty}\exp\left(-\frac{\varepsilon_r n_r}{k_B T}\right)\right]$$

$$= \prod_r \left(\frac{1}{1-e^{-\varepsilon_r/k_B T}}\right)$$

となる。状態 r の平均の光子数は，$x = \varepsilon_r/k_B T$ とおいて，

$$\langle n_r \rangle = \frac{\sum_{n_r=0}^{\infty} n_r e^{-n_r x}}{\sum_{n_r=0}^{\infty} e^{-n_r x}} = -\frac{\partial}{\partial x}\ln\left(\sum_{n_r=0}^{\infty} e^{-n_r x}\right) = -\frac{\partial}{\partial x}\ln\left(\frac{1}{1-e^{-x}}\right)$$

$$= \frac{e^{-x}}{1-e^{-x}} = \frac{1}{e^{\varepsilon_r/k_{\mathrm{B}}T}-1} \tag{8.47}$$

と書ける．(8.47) 式は，**光子の化学ポテンシャルが 0 であること**を示している．

(8.47) 式より，温度 T が低下すると n_r は減少することがわかる．すなわち，温度の低下とともに光子は壁に吸収され，その数は減少する．その結果，**光子気体でボース凝縮は起きない**．

ボース凝縮は，粒子数が一定に保たれる結果，温度が T_{c} 以下になると，ほとんどすべての粒子に励起状態のエネルギーを与えることができなくなり，多くの粒子がエネルギー 0 の基底状態に落ち込む現象である．

10分補講

恒星の収縮とフェルミ縮退

フェルミ縮退という考え方は，本章で考えたように，金属などの性質を調べる上で用いられるだけでなく，恒星の進化を考える上でも重要な役割を果たしている．

恒星の中には非常に密度の高い星が存在する．例えば，シリウスBと呼ばれる恒星は密度が $1\times10^6\,\mathrm{g/cm^3}$ もあり，**白色矮星**と呼ばれる恒星である．金の密度が $19\,\mathrm{g/cm^3}$ 程度であるから，この星の密度がいかに大きいかがわかる．このような星はどのように生成されるのであろうか．恒星内部では，水素原子核の核融合により，ヘリウムが生成されると同時に莫大な熱エネルギーが放出され，すべてがヘリウム核になってしまうと核融合は止まる．そうすると，エネルギーの発生がないので質量の大きな恒星はその重力によって潰れていく．原子は破壊され，原子核を構成している陽子と中性子（これを**核子**という）および電子の集合体となる．フェルミ粒子である電子，中性子，陽子はそれぞれフェルミ縮退を起こし，例題 8.4 で求めた縮退圧が発生する．この縮退圧により，膨張しようとする力と重力がつり合った状態で恒星の収縮は止まる．実際，縮退圧は粒子

の質量に反比例するから，核子より質量の小さい電子の方がはるかに大きくなり，恒星の安定状態は電子の縮退圧で決まる。こうして安定した星が白色矮星である。しかし，星の質量がある程度以上に大きくなると，電子の縮退圧でも支えきれなくなり潰れてしまう。そうすると，電子は陽子に吸収され，すべては中性子となり，中性子の縮退圧で支えられた中性子星が誕生する。さらに質量が大きくなると，中性子の縮退圧でも支えられなくなり，ブラックホールへと変化する。ブラックホールは，あらゆる物質を飲み込んでしまい，光さえも外へ出ることができなくなる。

章末問題

8.1 (1) エネルギー ε 以下の状態数を $N(\varepsilon)$ とすると，

$$N(\varepsilon) = \int_0^\varepsilon D(\varepsilon')\mathrm{d}\varepsilon' \Leftrightarrow D(\varepsilon) = \frac{\mathrm{d}N(\varepsilon)}{\mathrm{d}\varepsilon} \quad (8.48)$$

と表される。また，$k_\mathrm{B}T \ll \mu$ である十分な低温において，フェルミ分布関数 $f(\varepsilon)$ の変化 $\dfrac{\mathrm{d}f(\varepsilon)}{\mathrm{d}\varepsilon}$ は，$\varepsilon = \mu$ の近傍でのみ 0 ではない値をもつ。これらの関係を用いて，(8.6) 式の右辺を $\varepsilon - \mu$ の最低次の項 $((\varepsilon - \mu)^2$ の項) まで展開し，

$$\frac{N}{2} = N(\mu) + \frac{1}{2}\left(\frac{\mathrm{d}D}{\mathrm{d}\varepsilon}\right)_{\varepsilon=\mu}\int_{-\infty}^\infty (\varepsilon - \mu)^2 \left(-\frac{\mathrm{d}f(\varepsilon)}{\mathrm{d}\varepsilon}\right)\mathrm{d}\varepsilon + \cdots \quad (8.49)$$

を導け。

(2) 絶対零度での化学ポテンシャルを μ_0 として，$N(\mu)$ の $\mu - \mu_0$ に関する 1 次の項までの展開式を (8.49) 式に代入することにより，化学ポテンシャル μ の $k_\mathrm{B}T$ の最低次の項 $((k_\mathrm{B}T)^2$ の項) までの展開式

$$\mu = \mu_0 - \frac{\pi^2}{6}\frac{1}{D(\mu_0)}\left(\frac{\mathrm{d}D}{\mathrm{d}\varepsilon}\right)_{\varepsilon=\mu_0}(k_\mathrm{B}T)^2 + \cdots \quad (8.50)$$

を導け。(8.50) 式は (8.18) 式に対応している。

8.2 2 次元理想ボース気体では，有限温度 $T \neq 0$ でボース凝縮は起きないことを示せ。

第 9 章

統計力学の応用として，相転移と臨界現象を考えよう。まず，相転移はどのようにして起こるかを説明する。続いて，相転移を記述する模型としてイジング模型をとり上げ，1 次元イジング模型を詳しく調べる。

相転移と臨界現象 I
―― イジング模型

9.1　相転移とは

相転移と臨界現象

　日常的な(マクロな)長さで，物質の性質が一様な状態である相が変化することを**相転移**という。例えば，氷は温度を上昇させると水になり，また水蒸気になる。これらは相転移の 1 例である。図 9.1 は，典型的な物質の三態の相図である。相図には，相の境界線，三重点 T，臨界点 C がある。例えば，圧力 p を一定値 p_1 に保って温度を上昇させていくと，はじめ固体(固相)であった物質が，固相と液相の境界線を越えると液体(液相)になり，さらに，液相と気相の境界線を越えると気体(気相)になる。一方，圧力を小さな一定値 p_2 に保って温度を上昇させていくと，固体と気体の境界線を越えたとき，固体は一気に気体になる。ところが，圧力を p_c より大きな一定値 p_3 に保って温度を上昇させていくと，固相と液相の境界線を越えると液体になるが，その後，液相と気相の境界線が存在せず，そこでは液体か気体かわからない状態になってし

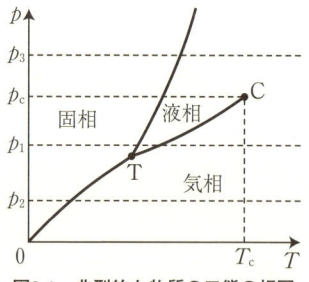

図 9.1　典型的な物質の三態の相図

まう。液相と気相の境界線には**臨界点**Cが存在し，それより圧力が高くなると液体と気体の区別がなくなってしまう。臨界点での圧力 p_c を**臨界圧**，臨界点での温度 T_c を**臨界温度**という。一般に臨界点近傍では，物質は特異な性質を示す。この現象を**臨界現象**といい，現在でも，統計力学の興味深い研究対象の1つになっている。

このとき，体積 V や比熱 C，エントロピー S などの物理量に，不連続な飛びや'とがり'（これを**カスプ**という）などが現れる。自由エネルギー F の1階の微分係数に不連続な飛びが現れる転移を**1次の相転移**，F の2階微分に不連続な飛びあるいは発散がある転移を**2次の相転移**という。

ヘルムホルツの自由エネルギー F を用いて，付録の (A.23)，(A.38) 式よりエントロピー S と比熱 C はそれぞれ，

$$S = -\frac{\partial F}{\partial T}, \ C = T\frac{\partial S}{\partial T} = -T\frac{\partial^2 F}{\partial T^2} \quad (9.1)$$

と表される。したがって，1次の相転移では，エントロピー S は図 9.2 のようになり，2次の相転移では，エントロピー S と比熱 C は，それぞれ図 9.3(a)，(b) のような特異性を示す。1次の相転移の例には，氷から水の転移，2次の相転移には，磁性体の常磁性・強磁性転移や液体 ^{4}He の超流動転移などがある。

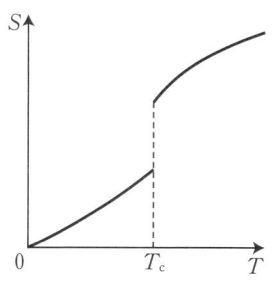

図9.2 **1次の相転移の典型例**
$T=T_c$ でエントロピーに飛びがある。

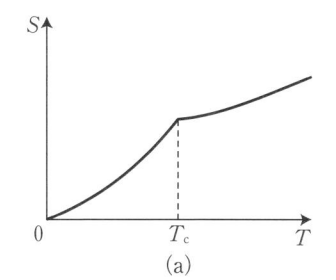

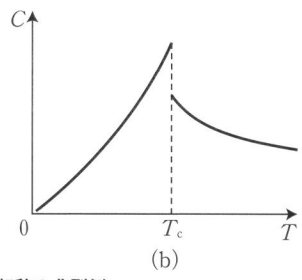

図9.3 2次の相転移の典型例
(a) $T=T_c$ でエントロピーに**特異性**が現れる。 (b) $T=T_c$ で比熱に**特異性**が現れる。

第9章 相転移と臨界現象 I ——イジング模型

協力現象と相転移

　一般に，系を構成している粒子間にはたらく相互作用によって，一種の秩序ができる現象を**協力現象**という．相転移は協力現象の1つである．

　物質が磁石のように磁気を帯びる（この性質を**磁性**という）のは，原子が**スピン**と呼ばれる磁気モーメントをもっているためである．量子力学的な**交換相互作用**と呼ばれる相互作用によって，近接する原子のスピンの向きが同じ向きに揃うとき（図9.4(a)）エネルギーの低い状態になり，逆向きになるとき（図9.4(b)）エネルギーは高くなる[1]．しかし，一方において，熱運動によりスピンの向きが揃わない状態も出現する．熱力学的にいえば，スピンの向きが揃う方がエネルギーは低く，スピンは揃ってエネルギーを下げようとするが，エントロピーを考えると，スピンは揃わずにエントロピーを増大させようとする．

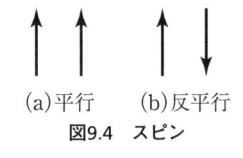

　図9.4　スピン　(a)平行　(b)反平行

　9.3節以降で詳しく考えるように，低温においては，エントロピーの効果は小さくなり，スピンの揃った状態（これを**強磁性状態**という）が出現し，高温においてはエントロピーの効果が支配的となり，スピンの揃わない状態，つまり，全体として磁気モーメントをもたない状態（常磁性状態）が実現する．原子間に相互作用がなければ相転移は起こらない．強磁性状態のように，秩序をもった相を**秩序相**といい，高温でスピンが揃わなくなり，無秩序になった相を**無秩序相**という．強磁性状態では，外部から磁場が加えられていなくても磁化をもつ．この磁化を**自発磁化**という．強磁性状態にある物質（これを**強磁性体**という）の温度を上げていくと，ある温度で相転移を起こし，自発磁化がなくなる．このような温度を**転移温度**という．また，自発磁化のように，秩序の程度を表す量を**秩序パラメーター**あるいは**オーダー・パラメーター**という．

　同様な現象は，2種混合液体あるいは固溶体（異なる物質が交じり合った固体）において実現する．2種類の粒子からなる混合体において，同種の粒子間には引力がはたらき，異種の粒子間には斥力がはたらく場合，低温では同種粒子が集まって2つの相に分離する．高温ではエントロピーの

---

[1] 古典論によって説明される磁気モーメント間の相互作用も存在するが，通常，交換相互作用の方がはるかに強い．

効果が効いてきて，粒子は混ざり合い，相分離しない。なお，いろいろな系の相転移については第 10 章で考えることにし，以下の節では，比較的簡単に，厳密に考察することのできる 1 次元イジング模型を考えることにする。

9.2　1次元イジング模型

イジング模型

スピン間に相互作用がはたらいている系の熱力学量を計算し，厳密に相転移を調べることは，一般的にはかなり難しいが，比較的容易に調べることのできる例として，**イジング模型**と呼ばれる模型がある。

各格子点にスピンがあり，スピンが上向きと下向きに対応して，それぞれ値 $s = +1, -1$ をとるものとする。隣どうしのスピンが相互作用をし，同じ方向を向いているときエネルギーは低く，反対方向を向いているときエネルギーは高いとする。このような模型を**強磁性イジング模型**という。また，外部磁場は上を向いているとし，上向きスピンのエネルギーは低いとする。このとき，系のエネルギーは，

$$E = -J \sum_{(i,j)} s_i s_j - \mu_\mathrm{B} H \sum_i s_i \quad (J > 0) \tag{9.2}$$

と表される。ここで，μ_B はスピンの磁気モーメントの単位を表し，**ボーア磁子**と呼ばれる。$\sum_{(i,j)}$ は隣り合うスピンの対について和をとるものとする。

1 次元イジング模型

イジング模型は，いろいろな物質で起こる相転移を記述できる一般的なモデルとして重要である。その中でも最も簡単で，かつ，厳密に解析を進めることができる **1 次元イジング模型**は大変教育的である。1 次元イジング模型は，図 9.5 のように，N 個のスピンが直線的（1 次元的）に並んだ模型である。**1 次元イジング模型では，有限温度で相転移は起きない**が，この模型の解析を進めることにより，イジング模型の扱いに慣れることにしよう。また，現実には完全な 1 次元物質はないが，1 次元方向の相互作用が，

他の方向に比べて極端に強い物質は存在する。そのような物質には1次元模型を適用して考えることができる。

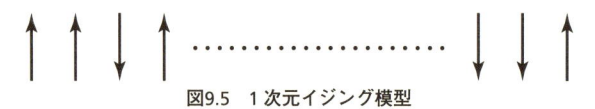

↑ ↑ ↓ ↑ ‥‥‥‥‥‥‥‥‥‥ ↓ ↓ ↑

図9.5 １次元イジング模型

例題9.1 **１次元イジング模型の熱力学的物理量**

エネルギーが (9.2) 式で与えられる N 個のスピンからなる１次元イジング模型で，外部磁場がない場合 $(H=0)$ を考える。また，境界条件は課さない（これを**自由境界条件**という）ことにする。この模型の分配関数 Z_N，自由エネルギー F，エントロピー S および比熱 C を求めよ。また，エントロピーと比熱の温度依存性のグラフを描け。

解 この場合，系のエネルギーは，(9.2) 式より，

$$E = -J \sum_{i=1}^{N-1} s_i s_{i+1} \tag{9.3}$$

となるから，分配関数 Z_N は，$K = J/k_\mathrm{B}T$ とおいて，

$$Z_N = \sum_{s_1=\pm 1} \cdots \sum_{s_N=\pm 1} \exp\left(K \sum_{i=1}^{N-1} s_i s_{i+1}\right) = \sum_{s_1,\cdots,s_N} e^{Ks_1 s_2} e^{Ks_2 s_3} \cdots e^{Ks_{N-1} s_N}$$

と書ける。ここで，まず s_N に関する和を計算する。

$$Z_N = \sum_{s_1,\cdots,s_{N-1}} e^{Ks_1 s_2} \cdots e^{Ks_{N-2} s_{N-1}} \left(e^{Ks_{N-1}} + e^{-Ks_{N-1}}\right)$$

となり，s_{N-1} が 1 であっても，-1 であっても，

$$e^{Ks_{N-1}} + e^{-Ks_{N-1}} = e^K + e^{-K}$$

となるから，

$$Z_N = (e^K + e^{-K}) Z_{N-1}$$

と書ける。次に s_{N-1} に関する和は，

$$\sum_{s_{N-1}=\pm 1} e^{Ks_{N-2} s_{N-1}} (e^K + e^{-K}) = (e^{Ks_{N-2}} + e^{-Ks_{N-2}})(e^K + e^{-K})$$

となり，再び s_{N-2} が 1 であっても，-1 であっても，

$$e^{Ks_{N-2}} + e^{-Ks_{N-2}} = e^K + e^{-K}$$

となることより，

$$Z_N = (e^K + e^{-K})^2 Z_{N-2}$$

となる。同様にして，

$$Z_N = (e^K + e^{-K})^{N-1} Z_1 = (e^K + e^{-K})^{N-1} \sum_{s_1=\pm 1} 1$$
$$= 2(e^K + e^{-K})^{N-1} = \underline{2(e^{J/k_B T} + e^{-J/k_B T})^{N-1}} \tag{9.4}$$

と求められる。いま，$N \gg 1$ であるから，1 および $\ln 2$ を無視して自由エネルギーは，

$$F = -k_B T \ln Z_N \approx \underline{-Nk_B T \ln(e^{J/k_B T} + e^{-J/k_B T})} \tag{9.5}$$

エントロピーは，

$$S = -\frac{\partial F}{\partial T} = \underline{Nk_B \left[\ln\left(2\cosh\frac{J}{k_B T}\right) - \frac{J}{k_B T}\tanh\frac{J}{k_B T} \right]} \tag{9.6}$$

比熱は，

$$C = T\frac{\partial S}{\partial T} = \frac{Nk_B \left(\dfrac{J}{k_B T}\right)^2}{\cosh^2\left(\dfrac{J}{k_B T}\right)} \tag{9.7}$$

と求められる。この結果から，有限温度でエントロピーや比熱に不連続性やカスプは現れず，相転移が起きないことがわかる。ここで得られた (9.4) ～ (9.7) 式は，第 4 章章末問題 4.2 で扱った，「磁場中に置かれた相関のないスピン系」の分配関数，自由エネルギー，エントロピー，比熱の表式で，$\mu H \to J$ としたものに等しい。ここで，$T \to 0$ のとき $S \to 0$，$C \to 0$ となり，熱力学第 3 法則を満たしている。

また，(9.6) 式，(9.7) 式より，横軸に $k_B T/J$ をとってエントロピーと比熱のグラフを描くと，図 9.6(a), (b) のようになる。

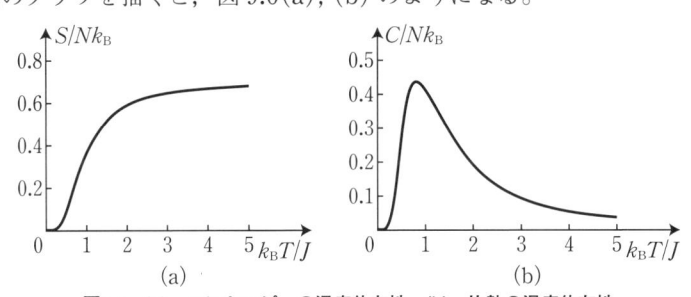

図9.6 (a) エントロピーの温度依存性 (b) 比熱の温度依存性

9.3 転送行列の方法

外部磁場がかけられ ($H \neq 0$),周期境界条件を課された 1 次元イジング模型を考えてみよう.周期境界条件を課されると,先ほど説明した s_N の値から順番に計算する方法を使うことはできないが,転送行列と呼ばれる行列を用いて分配関数を求めることはできる.この方法は,2 次元系の模型など,いろいろなところで役立つ強力な方法であるから,ここで詳しく考えておこう.

分配関数と転送行列

周期境界条件が課された系のエネルギーは,

$$E = -J\sum_{i=1}^{N} s_i s_{i+1} - \mu_B H \sum_{i=1}^{N} s_i \tag{9.8}$$

であり,条件

$$s_{N+1} = s_1 \tag{9.9}$$

が付加される.周期境界条件は,系の端を考える必要がないようにするために導入した条件であるから,スピン s_N と s_1 の相互作用を考慮して,(9.8) 式の第 1 項は $i = N$ までの和となる.自由境界条件の場合,(9.3) 式の和が $i = N - 1$ までであった.

(9.8) 式は,

$$\begin{aligned} E = & -Js_1 s_2 - \mu_B H s_1 - Js_2 s_3 - \mu_B H s_2 - \cdots - Js_N s_1 - \mu_B H s_N \\ = & -Js_1 s_2 - \frac{\mu_B H}{2}(s_1 + s_2) - \cdots - Js_N s_1 - \frac{\mu_B H}{2}(s_N + s_1) \\ = & -\sum_{i=1}^{N}\left[Js_i s_{i+1} + \frac{\mu_B H}{2}(s_i + s_{i+1})\right] \end{aligned}$$

と表される.そこで,分配関数は,

$$\begin{aligned} Z_H &= \sum_{s_1, s_2, \cdots, s_N} \exp\left[\frac{1}{k_B T}\sum_{i=1}^{N}\left(Js_i s_{i+1} + \frac{\mu_B H}{2}(s_i + s_{i+1})\right)\right] \\ &= \sum_{s_1, s_2, \cdots, s_N} \prod_{i} \exp\left[\frac{1}{k_B T}\left(Js_i s_{i+1} + \frac{\mu_B H}{2}(s_i + s_{i+1})\right)\right] \end{aligned}$$

と書ける.いま,$K = J/k_B T$,$h = \mu_B H/k_B T$ とおさ,

$$T_H(s_i, s_{i+1}) = \exp\left[Ks_i s_{i+1} + \frac{h}{2}(s_i + s_{i+1})\right]$$

を導入すると，

$$Z_H = \sum_{s_1, s_2, \cdots, s_N} T_H(s_1, s_2) T_H(s_2, s_3) \cdots T_H(s_N, s_1) \tag{9.10}$$

と書ける．ここで，$s_i = 1, -1$ の2つの値のみをとるから，$T_H(s_i, s_{i+1})$ を2行2列の行列（これを**転送行列**という）

$$T_H = \begin{pmatrix} T_H(1, 1) & T_H(1, -1) \\ T_H(-1, 1) & T_H(-1, -1) \end{pmatrix} = \begin{pmatrix} e^{K+h} & e^{-K} \\ e^{-K} & e^{K-h} \end{pmatrix} \tag{9.11}$$

の各成分と考えれば，

$$\sum_{s_2, \cdots, s_N} T_H(s_1, s_2) T_H(s_2, s_3) \cdots T_H(s_N, s_1)$$

は，T_H^N の**対角成分**を与える．一般に，n 次の正方行列 A の対角成分の和を**対角和**あるいは**トレース**と呼び，$\mathrm{Tr}\, A$ と書く．そこで分配関数 Z_H は，行列 T_H^N のトレース

$$Z_H = \mathrm{Tr}(T_H^N) \tag{9.12}$$

と書くことができる．

ここで，行列 T_H には次の性質があることを思い出しておこう[2]．いま，(9.11)式で与えられる2行2列の行列は実対称行列であるから，適当な直交行列 U を用いて，対角行列 $T_\mathrm{d} = U^{-1} T_H U$ を得ることができる．これを行列 T_H の**対角化**という．T_d の対角成分は，行列 T_H の固有値 λ_{H+}, λ_{H-} で与えられ，

$$T_\mathrm{d} = \begin{pmatrix} \lambda_{H+} & 0 \\ 0 & \lambda_{H-} \end{pmatrix} \tag{9.13}$$

と表される．また，行列 T_H^N は，

$$\begin{aligned} U^{-1} T_H^N U &= U^{-1} T_H U U^{-1} T_H U \cdots U^{-1} T_H U = T_\mathrm{d}^N \\ &= \begin{pmatrix} \lambda_{H+} & 0 \\ 0 & \lambda_{H-} \end{pmatrix}^N = \begin{pmatrix} \lambda_{H+}^N & 0 \\ 0 & \lambda_{H-}^N \end{pmatrix} \end{aligned} \tag{9.14}$$

と対角化することができる．

一般に，n 次の正方行列 A に対して，正則行列（逆行列の存在する行列）P を用いて，

---

[2] 例えば，『物理のための数学入門』（講談社基礎物理学シリーズ）第1章参照．

が成り立つことを用いる。

$$\mathrm{Tr}(P^{-1}AP) = \mathrm{Tr}\,A \tag{9.15}$$

(9.14)式，(9.15)式より，分配関数Zは，

$$Z = \mathrm{Tr}\,(T_H{}^N) = \mathrm{Tr}\,(U^{-1}T_H{}^N U) = \mathrm{Tr}\,(T_\mathrm{d}{}^N) = \lambda_{H+}{}^N + \lambda_{H-}{}^N \tag{9.16}$$

と求められる。

例題9.2　転送行列の固有値

(9.11)式で与えられる転送行列T_Hの固有値$\lambda_{H\pm}$を求めよ。

解　行列T_Hの固有ベクトルを$\bm{x} = \begin{pmatrix} x_1 \\ x_2 \end{pmatrix}$, 零ベクトルを$\bm{0} = \begin{pmatrix} 0 \\ 0 \end{pmatrix}$, 単位行列を$I = \begin{pmatrix} 1 & 0 \\ 0 & 1 \end{pmatrix}$とすると，

$$T_H \bm{x} = \lambda_H \bm{x} = \lambda_H I \bm{x} \;\Rightarrow\; (T_H - \lambda_H I)\bm{x} = \bm{0} \tag{9.17}$$

となり，$\bm{x}$が$\bm{0}$以外の解をもつ条件は，(9.17)式の係数行列式が0となることであり，

$$|T_H - \lambda_H I| = 0 \tag{9.18}$$

と書ける。(9.18)式を**固有方程式**あるいは**永年方程式**という。永年方程式(9.18)をあらわに書けば，

$$\begin{vmatrix} e^{K+h} - \lambda_H & e^{-K} \\ e^{-K} & e^{K-h} - \lambda_H \end{vmatrix} = 0$$
$$\Rightarrow\; \lambda_H{}^2 - e^K(e^h + e^{-h})\lambda_H + e^{2K} - e^{-2K} = 0$$

となり，固有値

$$\lambda_{H\pm} = \frac{1}{2}\left[e^K(e^h + e^{-h}) \pm \sqrt{e^{2K}(e^h + e^{-h})^2 - 4(e^{2K} - e^{-2K})} \right] \tag{9.19}$$

を得る。　■

熱力学的極限での分配関数

周期境界条件の下に転送行列を用いて分配関数を求め，その分配関数を，自由境界条件の下に求められた分配関数(9.4)と比較してみよう。外部磁場がかけられていない($H=0 \Leftrightarrow h=0$)場合，

$$\lambda_\pm = e^K \pm e^{-K}$$

となるから，分配関数は (9.12) 式より，

$$Z = \lambda_+{}^N + \lambda_-{}^N = (e^{J/k_BT} + e^{-J/k_BT})^N + (e^{J/k_BT} - e^{-J/k_BT})^N \tag{9.20}$$

となり，(9.4) 式とは異なる。この相違は境界条件の違いによる。実際，無限系 ($N \to \infty$) での自由エネルギーを調べてみる。$\lambda_+ > \lambda_-$ より，

$$Z = \lambda_+{}^N \left\{ 1 + \left(\frac{\lambda_-}{\lambda_+}\right)^N \right\} \to Z = \lambda_+{}^N \tag{9.21}$$

となるから，自由エネルギーは，

$$F = -k_BT \ln Z = -Nk_BT \ln \lambda_+ = -Nk_BT \ln (e^{J/k_BT} + e^{-J/k_BT})$$

となり，(9.5) 式に一致する。つまり，$N \to \infty$ の極限（これを**熱力学的極限**という）では境界条件は影響しなくなることを示している。

例題9.3 　**固有ベクトルを用いた分配関数の計算**

外部磁場のかけられていない 1 次元イジング模型の分配関数 (9.20) を，転送行列の固有ベクトルを計算した上で導け。

解 　外部磁場が 0 のとき，転送行列は，(9.11) 式で $h=0$ とおき，

$$T = \begin{pmatrix} e^K & e^{-K} \\ e^{-K} & e^K \end{pmatrix} \tag{9.22}$$

となる。固有値は $\lambda_\pm = e^K \pm e^{-K}$ であるから，対応する固有ベクトルを $|e_\pm\rangle = \begin{pmatrix} x_{1\pm} \\ x_{2\pm} \end{pmatrix}$ とおくと，

$$\begin{pmatrix} e^K & e^{-K} \\ e^{-K} & e^K \end{pmatrix} \begin{pmatrix} x_{1\pm} \\ x_{2\pm} \end{pmatrix} = (e^K \pm e^{-K}) \begin{pmatrix} x_{1\pm} \\ x_{2\pm} \end{pmatrix}$$

より，$x_{1\pm} = \pm x_{2\pm}$ を得る。これより，固有ベクトルは規格化して，

$$|e_\pm\rangle = \frac{1}{\sqrt{2}} \begin{pmatrix} 1 \\ \pm 1 \end{pmatrix} \tag{9.23}$$

となる。最後に，$\langle e_\pm | = \frac{1}{\sqrt{2}} (1, \pm 1)$ とおいて，

$$Z = \mathrm{Tr}(T^N) = \sum_{\sigma = \pm 1} \langle e_\sigma | T^N | e_\sigma \rangle = \lambda_+{}^N + \lambda_-{}^N$$

より (9.20) 式を得る。■

第 9 章 相転移と臨界現象 I ——イジング模型

例題9.4 磁化率

1 次元イジング模型について，熱力学的極限で考える。

一般に系の磁化 M_H は，外部磁場 H がかけられた系の自由エネルギー F_H により，

$$M_H = -\frac{\partial F_H}{\partial H} \tag{9.24}$$

で与えられる。これより，磁場の弱いところ $\left(h = \frac{\mu_B H}{k_B T} \ll 1\right)$ で，磁化 M_H を $\frac{\mu_B H}{k_B T}$ の 1 次の項まで求めよ。

また，1 スピンあたりの磁化率（帯磁率とも呼ぶ）χ は，

$$\chi = \frac{1}{N}\lim_{H \to 0}\frac{\partial M_H}{\partial H} \tag{9.25}$$

で与えられる。これより磁化率 χ を求めよ。

解 (9.21) 式と同様に，外部磁場 H のかけられた 1 次元イジング模型の分配関数は，熱力学的極限で $Z_H = \lambda_{H+}{}^N$ となり，自由エネルギーは，$K = J/k_B T$ を用いて，

$$\begin{aligned} F_H &= -k_B T \ln \lambda_{H+}{}^N \\ &= -N k_B T \ln \left[e^K \cosh h + \sqrt{e^{2K}\cosh^2 h - e^{2K} + e^{-2K}} \right] \\ &= -N[J + k_B T \ln(\cosh h + \sqrt{\sinh^2 h + e^{-4K}})] \end{aligned} \tag{9.26}$$

となる。したがって，(9.24) 式より，

$$\begin{aligned} M_H &= -\frac{\partial F_H}{\partial H} = -\frac{\mu_B}{k_B T}\frac{\partial F_H}{\partial h} \\ &= N\mu_B \frac{\sinh h \sqrt{\sinh^2 h + e^{-4K}} + \sinh h \cosh h}{(\cosh h + \sqrt{\sinh^2 h + e^{-4K}})\sqrt{\sinh^2 h + e^{-4K}}} \\ &= N\mu_B \frac{\sinh h}{\sqrt{\sinh^2 h + e^{-4K}}} \approx N\mu_B h e^{2K} = \underline{N\mu_B \frac{\mu_B H}{k_B T} e^{2J/k_B T}} \end{aligned} \tag{9.27}$$

を得る。また，磁化率 χ は (9.25) 式より，

$$\chi = \frac{1}{N}\lim_{H \to 0}\frac{\partial M_H}{\partial H} = \underline{\frac{\mu_B{}^2}{k_B T} e^{2J/k_B T}} \tag{9.28}$$

となる。(9.28) 式より，$T \to 0$ のとき，磁化率 χ は指数関数的に発散することがわかる。しかし，有限温度では，発散など，相転移を与えるよう

な異常性は現れない。　　　　　　　　　　　　　　　　　　　　■

9.4　磁化率と相関関数

　相転移を考えるとき，スピンどうしがどの程度関係しているのか（相関があるのか）を調べることは重要である．例えば，スピンがばらばらの方向を向いた（スピン間の相関がほとんどない）常磁性状態から温度を下げていくと，次第にスピンの方向が揃う（スピン間の相関が強くなる）ようになり，すべてのスピンの向きが揃うと強磁性状態になる．スピン間の相関は，i 番目のスピン状態 s_i と j 番目のスピン状態 s_j の積の期待値，$C_{ij} = \langle s_i s_j \rangle$ を計算すればよい．この C_{ij} を**相関関数**という．スピン間の相関関数 C_{ij} が大きくなると磁化率 χ は増加すると考えられるから，C_{ij} と χ の間には関係があるはずである．そこで，この関係を調べてみる．

　外部磁場がかけられた系の磁化 M_H は，全スピンの磁気モーメントの和であるから，$K = J/k_BT$, $h = \mu_B H/k_BT$ を用いて，

$$M_H = \frac{\mu_B}{Z_H} \sum_{s_1, s_2, \cdots, s_N} (s_1 + s_2 + \cdots + s_N) \exp\left[\sum_{i=1}^{N}(Ks_i s_{i+1} + hs_i)\right] \tag{9.29}$$

$$Z_H = \sum_{s_1, s_2, \cdots, s_N} \exp\left[\sum_{i=1}^{N}(Ks_i s_{i+1} + hs_i)\right] \tag{9.30}$$

と表される．1スピンあたりの磁化率 χ は，

$$\begin{aligned}\chi &= \frac{1}{N}\lim_{H\to 0}\frac{\partial M_H}{\partial H} = \frac{\mu_B}{Nk_BT}\lim_{h\to 0}\frac{\partial M_H}{\partial h}\\ &= \frac{\mu_B{}^2}{Nk_BT}\frac{1}{Z_H}\sum_{s_1, s_2, \cdots, s_N}(s_1 + s_2 + \cdots + s_N)^2 \exp\left(K\sum_{i=1}^{N}s_i s_{i+1}\right)\\ &\quad - \frac{\mu_B{}^2}{Nk_BT}\frac{1}{(Z_H)^2}\left[\sum_{s_1, s_2, \cdots, s_N}(s_1 + s_2 + \cdots + s_N)\exp\left(K\sum_{i=1}^{N}s_i s_{i+1}\right)\right]^2\\ &= \frac{\mu_B{}^2}{Nk_BT}\left[\sum_{i=1}^{N}\sum_{j=1}^{N}\langle s_i s_j\rangle - \left(\sum_{i=1}^{N}\langle s_i\rangle\right)^2\right]\end{aligned} \tag{9.31}$$

と表される．ここで，$\sum_{i=1}^{N}\langle s_i\rangle \propto M$ は磁場がかけられていないときの自発磁化を与える項であり，1次元イジング模型では0である．このことは，(9.27) 式で $H \to 0 (h \to 0)$ とすることでも確かめることができる．よって，

145

磁化率 χ と相関関数 $C_{ij} \equiv \langle s_i s_j \rangle$ の関係は，

$$\chi = \frac{\mu_B^2}{N k_B T} \sum_{i=1}^{N} \sum_{j=1}^{N} C_{ij} \tag{9.32}$$

で与えられる．

例題9.5　相関関数を用いた磁化率の計算

外部磁場のかけられていない1次元イジング模型の相関関数を計算して磁化率を求めよう．

(1) 相関関数 $C_{i,i+r} = \langle s_i s_{i+r} \rangle$ を転送行列法により求め，固有値 $\lambda_{\pm}$ を用いて表せ．

(2) 周期境界条件 $s_i = s_{i+N}$ ($i = 1, 2, \cdots, N$) を用いて $j = i + r$ ($r = 0, 1, 2, \cdots, N-1$) とおく．関係式 (9.32) を用いて求めた磁化率は，熱力学的極限 ($N \to \infty$) において，(9.28) 式に一致することを示せ．

解

(1) 相関関数 $C_{i,i+r}$ は，$K = J/k_B T$ を用いて，

$$C_{i,i+r} = \frac{\sum_{s_1, s_2, \cdots, s_N} s_i s_{i+r} \exp\left(K \sum_{n=1}^{N} s_n s_{n+1}\right)}{\sum_{s_1, s_2, \cdots, s_N} \exp\left(K \sum_{n=1}^{N} s_n s_{n+1}\right)} \tag{9.33}$$

と表される．転送行列 T は (9.22) 式で，固有値は $\lambda_{\pm} = e^K \pm e^{-K}$ で表され，固有ベクトル $|e_{\pm}\rangle$ は (9.23) 式となる．いま，相関関数 $C_{i,i+r}$ の分子 $C_{n:i,i+r}$ は，$T(s_n, s_{n+1}) = e^{K s_n s_{n+1}}$ を用いて，

$$\begin{aligned} C_{n:i,i+r} = \sum_{s_1, \cdots, s_N} & T(s_1, s_2) \cdots T(s_{i-1}, s_i) s_i T(s_i, s_{i+1}) \\ & \times \cdots T(s_{i+r-1}, s_{i+r}) s_{i+r} T(s_{i+r}, s_{i+r+1}) \cdots T(s_N, s_1) \end{aligned} \tag{9.34}$$

となる．この式の $s_i T(s_i, s_{i+1})$ と $T(s_{i+r-1}, s_{i+r}) s_{i+r}$ は，行列を用いてそれぞれ，

$$T_i = \begin{pmatrix} 1 \cdot T(1,1) & 1 \cdot T(1,-1) \\ (-1) \cdot T(-1,1) & (-1) \cdot T(-1,-1) \end{pmatrix} = \begin{pmatrix} e^K & e^{-K} \\ -e^{-K} & -e^K \end{pmatrix}$$

$$T_{i+r} = \begin{pmatrix} T(1,1) \cdot 1 & T(1,-1) \cdot (-1) \\ T(-1,1) \cdot 1 & T(-1,-1) \cdot (-1) \end{pmatrix} = \begin{pmatrix} e^K & -e^{-K} \\ e^{-K} & -e^K \end{pmatrix}$$

と書ける．これより，(9.34) 式は，

9.4 磁化率と相関関数

$$C_{\mathrm{n};i,i+r} = \sum_{\sigma=\pm 1} \langle e_\sigma | T^{i-1} T_i T^{r-2} T_{i+r} T^{N-i-r+1} | e_\sigma \rangle \tag{9.35}$$

と書ける。ここで,

$$\langle e_\pm | T^{i-1} = \langle e_\pm | \lambda_\pm^{i-1}, \quad T^{N-i-r+1} | e_\pm \rangle = \lambda_\pm^{N-i-r+1} | e_\pm \rangle$$

であり,

$$\langle e_\pm | T_i = \frac{1}{\sqrt{2}} (1, \pm 1) \begin{pmatrix} e^K & e^{-K} \\ -e^{-K} & -e^K \end{pmatrix}$$

$$= \frac{e^K \mp e^{-K}}{\sqrt{2}} (1, \mp 1) = \lambda_\mp \langle e_\mp |$$

$$T_{i+r} | e_\pm \rangle = \begin{pmatrix} e^K & -e^{-K} \\ e^{-K} & -e^K \end{pmatrix} \frac{1}{\sqrt{2}} \begin{pmatrix} 1 \\ \pm 1 \end{pmatrix}$$

$$= \frac{e^K \mp e^{-K}}{\sqrt{2}} \begin{pmatrix} 1 \\ \mp 1 \end{pmatrix} = \lambda_\mp | e_\mp \rangle$$

となる。これらを (9.35) 式に代入して, $\langle e_\mp | e_\mp \rangle = 1$ より,

$$C_{\mathrm{n};i,i+r} = \lambda_+^{N-r} \lambda_-^r + \lambda_-^{N-r} \lambda_+^r$$

を得る。一方,(9.33) 式の分母の分配関数 Z_N は $Z_N = \lambda_+^N + \lambda_-^N$ であるから,相関関数 $C_{i,i+r}$ は熱力学的極限で,

$$C_{i,i+r} = \frac{\lambda_+^{N-r} \lambda_-^r + \lambda_-^{N-r} \lambda_+^r}{\lambda_+^N + \lambda_-^N} \tag{9.36}$$

と求められる。

(2) 熱力学的極限で相関関数を考える。$M \gg 1$ であり,$N - 2M \gg 1$ である整数 M をとる。$r < M$ の場合,$\lambda_+ > \lambda_-$ より,

$$C_{i,i+r} = \frac{\lambda_+^{N-r} \lambda_-^r \left[1 + \left(\frac{\lambda_-}{\lambda_+} \right)^{N-2r} \right]}{\lambda_+^N \left[1 + \left(\frac{\lambda_-}{\lambda_+} \right)^N \right]} \approx \left(\frac{\lambda_-}{\lambda_+} \right)^r = (\tanh K)^r$$

$M \leq r \leq N - M$ の場合,

$$C_{i,i+r} \approx \frac{\lambda_+^{N-r} \lambda_-^r + \lambda_-^{N-r} \lambda_+^r}{\lambda_+^N} = \left(\frac{\lambda_-}{\lambda_+} \right)^r + \left(\frac{\lambda_-}{\lambda_+} \right)^{N-r}$$

$$= (\tanh K)^r + (\tanh K)^{N-r}$$

$r > N - M$ の場合,

$$C_{i,i+r} = \frac{\lambda_+{}^r \lambda_-{}^{N-r}\left[1+\left(\frac{\lambda_-}{\lambda_+}\right)^{2r-N}\right]}{\lambda_+{}^N\left[1+\left(\frac{\lambda_-}{\lambda_+}\right)^N\right]} \approx \left(\frac{\lambda_-}{\lambda_+}\right)^{N-r} = (\tanh K)^{N-r}$$

となる．ここで，$s_i^2 = 1$ であるから，

$$\sum_{i=1}^{N}\sum_{j=1}^{N}\langle s_i s_j\rangle = \sum_{i=1}^{N}\sum_{r=0}^{N-1}\langle s_i s_{i+r}\rangle = \sum_{i=1}^{N}\left(1+\sum_{r=1}^{N-1}C_{i,i+r}\right)$$

$$= N + N\left(\sum_{r=1}^{M-1}C_{i,i+r} + \sum_{r=M}^{N-M}C_{i,i+r} + \sum_{r=N-M+1}^{N-1}C_{i,i+r}\right)$$

$$= N + 2N\sum_{r=1}^{M-1}(\tanh K)^r = N\left[1 + 2\frac{\tanh K}{1-\tanh K}\right]$$

$$= N\frac{1+\tanh K}{1-\tanh K} = Ne^{2J/k_B T} \tag{9.37}$$

を得る．ここで，$\sum_{r=N-M+1}^{N-1} C_{i,i+r} = \sum_{r=1}^{M-1} C_{i,i+r}$ であること，および，熱力学的極限で，

$$\sum_{r=1}^{M-1}(\tanh K)^r \to \sum_{r=1}^{\infty}(\tanh K)^r$$

$$\sum_{r=M}^{N-M}\left[(\tanh K)^r + (\tanh K)^{N-r}\right] \to 0 \tag{9.38}$$

となることを用いた．

(9.37) 式を (9.32) 式に代入して (9.28) 式を得る． ∎

章末問題

9.1 自由境界条件の下に，1次元イジング模型のエネルギーを，

$$E = -\sum_{i=1}^{N-1}J_i s_i s_{i+1} \quad (J_1 = J_2 = \cdots = J_{N-1} = J) \tag{9.39}$$

と書いてみよう．このとき，$K_i = J_i/k_B T$ とおいて，$s_i s_{i+r}$ の間に $s_j^2 = 1$ $(j = i+1, \cdots, i+r-1)$ を挟むと，この模型の相関関数は，$C(r) \equiv C_{i,i+r} = \langle s_i s_{i+r}\rangle$

$$= \frac{\sum_{s_1, s_2, \cdots, s_N} s_i s_{i+1} \cdot s_{i+1} s_{i+2} \cdots s_{i+r-1} s_{i+r} \exp\left(\sum_{n=1}^{N-1} K_n s_n s_{n+1}\right)}{\sum_{s_1, s_2, \cdots, s_N} \exp\left(\sum_{n=1}^{N-1} K_n s_n s_{n+1}\right)}$$

(9.40)

となる。

(1) (9.40) 式の分子 $C_n(r)$ を,分配関数 Z の K_i, K_{i+1}, ⋯, K_{i+r-1} に関する微分として表すことにより,相関関数 $C(r)$ を求めよ。

(2) i 番目のスピンの影響がどこまで及んでいるかを示す目安となる距離 ξ を**相関距離**といい,この場合,ξ は,

$$C(r) \equiv e^{-r/\xi} \tag{9.41}$$

で定義される。(1) で求めた相関関数から相関距離を求めよ。

9.2 一般に,スピン s が q 個の値をもつとき,エネルギーが,

$$E = -J \sum_{(i,j)} \delta_{s_i, s_j} \tag{9.42}$$

で与えられる模型を q 状態の**ポッツ模型**という。(i,j) は隣り合うスピン対を表す。

(1) スピンが $s = \pm 1$ の値のみをもつ 2 状態ポッツ模型は,イジング模型と同等であることを示せ。

(2) $s = -1, 0, 1$ の 3 状態をもつ 1 次元ポッツ模型の分配関数を,周期境界条件の下で,転送行列法により求めよ。

第 10 章

実際に有限温度で相転移の起こる模型として，3 次元イジング模型をとり上げ，平均場近似を適用して転移温度と臨界指数を求める．また，いろいろな相転移がイジング模型でどのように記述できるかを考える．

相転移と臨界現象 II
―― 平均場近似と臨界指数

10.1　イジング模型における相転移

　この節では，3 次元イジング模型を考えよう．3 次元イジング模型は，厳密に解いて熱力学的物理量を計算することはできないが，1 次元系で起きなかった相転移が起きる．そこで，適当な近似を用いて相転移を調べることにする．

　系のエネルギーは，

$$E = -J \sum_{(i,j)} s_i s_j - \mu_\mathrm{B} H \sum_i s_i \tag{9.2}$$

で与えられる．ここで，(9.2) 式の第 1 項のスピン相関を考える際，注目するスピン s_0 のまわりのスピン s_j を，平均値 $\langle s_j \rangle = \langle s \rangle$ で置き換える近似をする．いま，s_0 のまわりの最近接スピンの数を z とし，これを **配位数** という．配位数は，1 次元模型では $z = 2$，2 次元正方格子模型では $z = 4$，3 次元立方格子模型では，$z = 6$ である．この状況を 1 次元と 2 次

図 10.1　1 次元格子，2 次元正方格子での配位数：注目しているスピンは □ で，そのスピンと隣り合うスピンは ○ で示されている．

元の模型で描くと，図 10.1 のようになる。いま，スピン s_0 のエネルギーは，
$$\varepsilon_0 \approx -zJ\langle s \rangle s_0 - \mu_\mathrm{B} H s_0 = -\mu_\mathrm{B} H^* s_0 \quad (10.1)$$
$$\mu_\mathrm{B} H^* = zJ\langle s \rangle + \mu_\mathrm{B} H \quad (10.2)$$
と表される。このときの磁場 H^* は**有効磁場**あるいは**分子場**といい，このような近似を**平均場近似**あるいは**分子場近似**という。エネルギーが (10.1) 式で与えられる系は，第 4 章の章末問題 4.2 で考えた系と同等である。

例題10.1 **磁化の計算**

エネルギーが (10.1) 式で与えられる系で $m = \langle s_0 \rangle$ とおくと，スピン s_0 の平均磁化は $\mu_\mathrm{B} m$ と書ける。系の自由エネルギーを求めて m を計算せよ。

解 注目しているスピン s_0 の分配関数は，
$$z_{H^*} = \sum_{s_0 = \pm 1} e^{-\varepsilon_0 / k_\mathrm{B} T} = e^{\mu_\mathrm{B} H^* / k_\mathrm{B} T} + e^{-\mu_\mathrm{B} H^* / k_\mathrm{B} T} \quad (10.3)$$

自由エネルギーは，
$$f_{H^*} = -k_\mathrm{B} T \ln z_{H^*} = -k_\mathrm{B} T \ln \left[2 \cosh\left(\frac{\mu_\mathrm{B} H^*}{k_\mathrm{B} T} \right) \right] \quad (10.4)$$

となる。これより，
$$m = -\frac{1}{\mu_\mathrm{B}} \frac{\mathrm{d} f_{H^*}}{\mathrm{d} H} = \tanh\left(\frac{\mu_\mathrm{B} H^*}{k_\mathrm{B} T} \right)$$
$$= \tanh\left(\frac{zJ}{k_\mathrm{B} T} \langle s \rangle + \frac{\mu_\mathrm{B} H}{k_\mathrm{B} T} \right) \quad (10.5)$$

と表される。 ■

以下では，m を簡単化のために「スピンの平均磁化」と呼ぶことにする。

自発磁化と相転移

(10.5) 式で，注目しているスピンの磁化が計算されたが，これで系のスピンの平均磁化そのものが求められたわけではない。系ではどのスピンも同等であるはずだから，$m = \langle s \rangle$ とおくと，(10.5) 式は，
$$m = \tanh\left(\frac{zJ}{k_\mathrm{B} T} m + \frac{\mu_\mathrm{B} H}{k_\mathrm{B} T} \right) \quad (10.6)$$

と表され，(10.6) 式を解くことによって m が定まる。(10.6) 式のように，両辺に m を含み，それを解いて m が定まるような方程式を**自己無撞着方程式**，あるいは**セルフ・コンシステント方程式**という。平均場近似では，このようなセルフ・コンシステント方程式の解として磁化を定める。そこ

が「磁場中に置かれた相関のないスピン系」の問題と異なるところである。
外部磁場がかけられていない ($H=0$) 場合を考える。

図 10.2 のように，(10.6) 式の解は，$y=m$ と $y=\tanh\left(\dfrac{zJ}{k_\mathrm{B}T}m\right)$ の交点として求められる。

$\dfrac{zJ}{k_\mathrm{B}T}>1$ のとき，解は $m=0$ 以外に $m\neq 0$ をもつが，$\dfrac{zJ}{k_\mathrm{B}T}<1$ のとき，解は $m=0$ のみである。温度 T が低下すると必ず $\dfrac{zJ}{k_\mathrm{B}T_\mathrm{c}}=1$ となる温度

$$T_\mathrm{c}=\dfrac{J}{k_\mathrm{B}}z \tag{10.7}$$

が存在する。$T>T_\mathrm{c}$ では $m=0$ となり，自発磁化は 0 となるが，$T<T_\mathrm{c}$ では $m\neq 0$ となり，系は自発磁化をもつ。すなわち，系は温度 T が低下し，$T<T_\mathrm{c}$ になると強磁性状態に転移する。このような温度 T_c を**転移温度**という。(10.7) 式からわかるように，転移温度は配位数 z に比例する。したがって，次元が高くなれば配位数は大きくなるから，イジング模型に平均場近似を用いて得られる転移温度は，次元が高いほど高くなることがわかる。

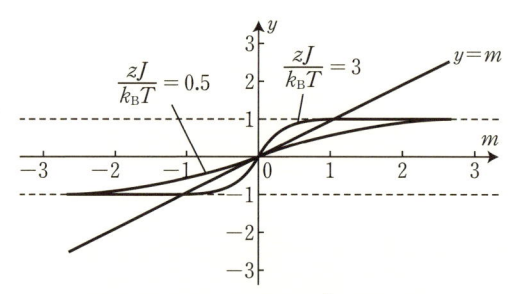

図10.2 $y=m$, $y=\tanh\dfrac{zJ}{k_\mathrm{B}T}m$ のグラフ

スピン対称性

外部から磁場がかけられていない ($H=0$) とする。イジング模型ですべてのスピンの向きを反転させると，系のエネルギーは，

$$E=-J\sum_{(i,j)}(-s_i)(-s_j)=-J\sum_{(i,j)}s_is_j$$

となって変化しない。したがって，温度が $T>T_\mathrm{c}$ で自発磁化が 0 であれ

ば，実際の系もスピンの反転に対して対称性を保っている。ところが，温度が低下し $T < T_c$ となり，自発磁化 $m > 0$ が存在する場合，系のスピンを反転させると $m \to -m$ となり，対称性が破れる。この対称性の破れは，外部から磁場をかけるなどして「スピン反転による対称性」を破るのではなく，温度を低下させるだけで系の対称性が自発的に破れるので，**自発的対称性の破れ**と呼ばれる。このような自発的対称性の破れは，相転移で一般的に生じる現象であり，素粒子論や物性論などの現代物理学で最も重要な概念の１つになっている。

10.2　平均場近似と相転移

　１次元イジング模型に平均場近似を適用すると，(10.7) 式で与えられる転移温度 $T_c > 0$ が存在する。ところが前章で求めたように，有限温度で相転移しない。これは，平均場近似が誤りであることを示しているのではないだろうか。確かに，１次元イジング模型では相転移は起きない。しかし，２次元イジング模型は厳密に解かれ，相転移が存在することが知られている。３次元イジング模型は厳密に解かれていない（多分，将来も解くことはできないであろう）が，次に述べる理由によって相転移が起きると考えられる。そうであれば，３次元イジング模型に平均場近似を用いて得られる結果は，定性的に正しいと考えられる。

系の自由度と相転移

　１次元イジング模型で相転移が起きない理由を述べよう。絶対零度では系のエネルギーが最低状態になるから，図 10.3(a) のように，スピンはすべて同じ方向を向いて揃った基底状態になる。隣り合うスピンの向きが逆になると，同じ向きのときに比べてエネルギーは $J - (-J) = 2J$ だけ高くなる。いま，有限温度でわずかなエネルギーが与えられ，１つのスピンの向きが反転したとする。このとき，図 10.3(b) に縦棒で示されたスピン間が逆向きとなり，エネルギーは $2J \times 2$

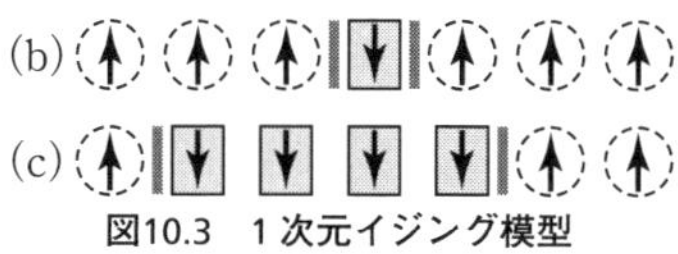

図10.3　１次元イジング模型での秩序相の破壊

$=4J$ だけ高くなる。ところが，図 10.3(c) のように，スピンが逆転する位置 (2 本の縦棒の間隔) が大きくなっても，系のエネルギーは変化しない。しかし，上向きの系の磁化は減少し，エネルギー変化を起こさずに磁化が 0 になることができる。こうしてエネルギーがわずかに与えられる有限温度では磁化は 0 となり，1 次元系で相転移は起きないと考えられる。

一方，2 次元系あるいは 3 次元系ではどうであろうか。基底状態にある系にわずかなエネルギーが与えられ，同じ向きを向いたスピンの 1 つが反転したとする。この反転に必要なエネルギーは，図 10.4 のような 2 次元系であれば $2J \times 4 = 8J$ である。次に，隣のスピンが反転するには，$2J \times (6-4) = 4J$ だけのエネルギーが必要である。一般的に，n 本 $(n \gg 1)$ の互いに隣り合ったスピンの向きが反転するには，円の面積を S とするとき，円周の長さは $\propto \sqrt{S}$ であるから，$2J \times \sqrt{n}$ 程度のエネルギーが必要であり，反転するスピンの数が増加すると，必要なエネルギーは増加する。したがって，有限温度でわずかなエネルギーが与えられても反転スピンの数は増加できず，系の磁化を 0 にすることができない。こうして，有限温度で自発磁化をもつようになり，相転移が起きる。

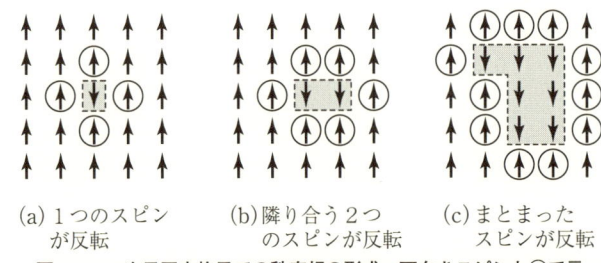

(a) 1 つのスピンが反転　(b) 隣り合う 2 つのスピンが反転　(c) まとまったスピンが反転

図10.4　2 次元正方格子での秩序相の形成：下向きスピンと◯で示された上向きスピンとの間でエネルギーを必要とする。

実際，2 次元イジング模型では，厳密な計算により有限温度で比熱に発散が生じることが確かめられており，相転移が起きる。次元が高くなると配位数が増加し，一般に相転移は起きやすくなる。したがって，3 次元イジング模型では有限温度で相転移が起きると考えられるから，平均場近似は定性的には正しい結果を与えると考えられている。章末問題 10.1 で調べるように，すべてのスピンと同じ強さで相互作用する**長距離相互作用模型**は，厳密に平均場近似と同じ結果を与え，有限温度で相転移が起きるこ

とが確かめられる。

平均場近似での臨界指数

臨界点近傍でいろいろな物理量がどのように発散するかを表すのに，臨界指数が用いられる。臨界温度 T_c により $t \equiv (T - T_c)/T_c$ を定義する。そうすると，比熱 C，(スピンの平均)磁化 m，磁化率 χ は，

$$C \propto t^{-\alpha}\ (T > T_c),\ C \propto t^{-\alpha'}\ (T < T_c),\ m \propto |t|^\beta\ (T < T_c,\ H = 0),$$
$$m \propto |H|^{1/\delta}\ (T = T_c),\ \chi \propto t^{-\gamma}\ (T > T_c) \tag{10.8}$$

と表される。ここで，H は外部からかけられた磁場である。このときの指数 $\alpha, \beta, \gamma, \delta$ を**臨界指数**という。

平均場近似でイジング模型の臨界指数を求めてみよう。

まず，臨界指数 γ を求める。(10.6) 式の右辺は，

「$|x| \ll 1$ のとき，$\tanh x \approx x$」

より，m と H はともに十分小さいとして，

$$m \approx \frac{1}{k_B T}(zJm + \mu_B H) \Rightarrow m = \frac{\mu_B}{k_B T - zJ}H$$

となる。(10.7) 式より $k_B T_c = zJ$ であるから，$T > T_c$ で $T \to T_c$ とすると，磁化率 χ は，

$$\chi \propto \frac{m}{H} \propto \frac{1}{T - T_c} \tag{10.9}$$

と発散する。これより，$\gamma = 1$ であることがわかる。また，磁化率 χ が臨界温度 T_c の近傍で (10.9) 式のように発散することを，**キュリー–ワイスの法則**という。

例題10.2 **臨界指数 β の計算**

(1) $|x| \ll 1$ のとき，近似式

$$\tanh x \approx x - \frac{1}{3}x^3 \tag{10.10}$$

を導け。

(2) (10.6) 式の右辺に (10.10) 式を用いることにより，臨界指数 β を求めよ。

解

(1) $|x| \ll 1$ のとき，$e^{\pm x} \approx 1 \pm x + \frac{1}{2}x^2 \pm \frac{1}{6}x^3$ より，

$$e^x + e^{-x} \approx 2 + x^2, \quad e^x - e^{-x} \approx 2x + \frac{1}{3}x^3$$

となり，

$$\tanh x = \frac{e^x - e^{-x}}{e^x + e^{-x}} \approx \frac{2x\left(1 + \frac{1}{6}x^2\right)}{2\left(1 + \frac{1}{2}x^2\right)} \approx x\left(1 + \frac{1}{6}x^2\right)\left(1 - \frac{1}{2}x^2\right)$$

$$\approx x - \frac{1}{3}x^3$$

を得る。

(2) 外部磁場は，$H = 0$ として (10.6) 式の右辺を，(10.10) 式を用いて m のべきに展開すると，

$$m \approx \frac{zJ}{k_B T}m - \frac{1}{3}\left(\frac{zJ}{k_B T}\right)^3 m^3$$

となる。この式の両辺を m（$\neq 0$ とする）でわり，$k_B T_c = zJ$ を用いて，

$$m = \frac{T}{T_c}\sqrt{\frac{3(T_c - T)}{T_c}} \propto |t|^{1/2} \quad \Rightarrow \quad \beta = \frac{1}{2} \qquad (10.11)$$

を得る。 ∎

臨界指数 α，α' と δ

まず，各スピンの平均磁化 m の臨界温度 T_c 近傍での温度依存性を利用して，系のエネルギーおよび比熱を計算する。全スピンの和は $N\langle s_0 \rangle = Nm$ となるから，外部磁場がかけられていない ($H = 0$) 系のエネルギーは，

$$E = -NzJm^2 \qquad (10.12)$$

と表される。ここで，$T > T_c$ の場合，$m = 0$ であるから $E = 0$ であり，比熱 C およびその臨界指数 α はそれぞれ，

$$C = \frac{dE}{dT} = 0 \quad \Rightarrow \quad C \propto (T - T_c)^0 \quad \Rightarrow \quad \alpha = 0 \qquad (10.13)$$

と求められる。

一方，$T < T_c$ の場合，(10.11) 式より，T_c 近傍で $m^2 \approx \frac{3(T_c - T)}{T_c}$

であるから，$E \propto -(T_c - T)$ であり，比熱 C と臨界指数 α' はそれぞれ，

$$C = \frac{dE}{dT} = \frac{3NzJ}{T_c} > 0 \;\Rightarrow\; C \propto (T_c - T)^0 \;\Rightarrow\; \alpha' = 0 \tag{10.14}$$

と求められる。また，比熱には $T = T_c$ で不連続な飛びがあることもわかる。

次に，臨界指数 δ を求めるために，$T = T_c$ において，(10.6) 式の右辺を m と H がともに十分小さいとして，(10.10) 式を用いて展開する。そうすると，$k_B T_c = zJ$ より，

$$m \approx \left(m + \frac{\mu_B}{zJ}H\right) - \frac{1}{3}\left(m + \frac{\mu_B}{zJ}H\right)^3 \tag{10.15}$$

となる。臨界指数 δ の定義，$m \propto H^{1/\delta}$ を思い出すと，

$$\frac{\mu_B}{zJ}H \propto m^\delta \tag{10.16}$$

と書ける。ここで，H と m はともに小さいから $\delta > 0$ である。(10.16) 式を (10.15) 式に代入し，m の次数を比較して次数が一致する条件を求める。$H \propto m^\delta$ が m^3 に比例するはずであることから，$\delta = 3$ を得る。

ここで，平均場近似による臨界指数をまとめておくと，

$$\alpha = 0,\; \beta = \frac{1}{2},\; \gamma = 1,\; \delta = 3 \tag{10.17}$$

となる。

10.3　いろいろな系の相転移とイジング模型

これまでイジング模型という特別な模型を用いて相転移を考えてきたが，それは，この模型がいろいろな系の相転移をうまく記述する模型になっているからである。そこでここでは，2元合金と格子気体がイジング模型で表されることを示してみることにしよう。

これまでは $J > 0$ である強磁性イジング模型をもっぱら考えてきたが，2元合金などを考えると，$J < 0$ である**反強磁性イジング模型**も登場するので，まず，反強磁性イジング模型について考えておこう。

反強磁性イジング模型

　$J < 0$ である反強磁性イジング模型では，隣り合うスピンが逆向きのとき，エネルギーが低くなるので，2次元正方格子の場合，絶対零度で図10.5のように，隣り合うスピンがすべて逆向きになる基底状態が実現すると考えられる。そこで，図10.5で上向きスピンの格子を副格子A，下向きスピンの格子を副格子Bと名づけることにする。そこで，副格子Aのスピンの磁化を $m_A = \langle s_A \rangle$，副格子Bのスピンの磁化を $m_B = \langle s_B \rangle$ とすると，基底状態では $m_A = 1$, $m_B = -1$ である。有限温度になりエネルギーが与えられると，副格子Aに下向きスピンが現れ，副格子Bに上向きスピンが現れ，外部磁場が0のとき，それらの数は平均として等しくなるであろう。そこで，各副格子の磁化を $m_A = m$, $m_B = -m$ とおくと，平均場近似で副格子Aにある注目するスピン s_A のエネルギーは，

$$\varepsilon_A = -zJ(-m)s_A = -z|J|ms_A \tag{10.18}$$

となる。(10.18) 式は，$|J| \to J$, $m \to \langle s \rangle$ とすれば，$H = 0$ のときの強磁性イジング模型のエネルギーの式 (10.1) に一致する。ここで，無限小の外部磁場 H を導入し，強磁性模型の場合と同じ計算をすれば，副格子の自発磁化 m が 0 になる臨界温度が，

$$T_N = \frac{|J|}{k_B}z \tag{10.19}$$

と求められる。このときの臨界温度 T_N を**ネール温度**という。

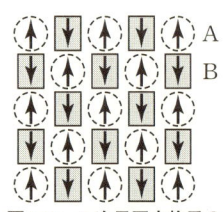

　この場合，$J < 0$ の反強磁性イジング模型の性質は，$J > 0$ の強磁性イジング模型と同じであることがわかる。ただし，反強磁性模型が強磁性模型にはない興味深い特別な性質を示す場合がある。例えば図10.6のように，2次元で格子が正三角形をなす場合である。この場合，3つの上向きスピンと3つの下向

きスピンで囲まれた正六角形の中心の格子点にあるスピンは，上を向いても下を向いてもエネルギーは等しくなる．この場合，基底状態は1つに定まらず，絶対零度でエントロピーは0にならない．このような系は**フラストレーション**をもつといい，フラストレーションをもつ系では，様々な面白い相転移が起こることが知られている．

2元合金

2種類の原子A，Bが混合した2元合金を考える．いま，ある格子点iに原子Aが入る場合を$s_i = 1$，原子Bが入る場合を$s_i = -1$と書くことにしよう．i番目の原子s_iと，j番目の原子s_jが隣り合うとすると，

$$\frac{1}{4}(1+s_i)(1+s_j)$$
$$= \begin{cases} 1 & \text{原子Aどうしが隣り合う場合} \\ 0 & \text{原子AとBあるいは原子Bどうしが隣り合う場合} \end{cases}$$

$$\frac{1}{4}(1-s_i)(1-s_j)$$
$$= \begin{cases} 1 & \text{原子Bどうしが隣り合う場合} \\ 0 & \text{原子AとBあるいは原子Aどうしが隣り合う場合} \end{cases}$$

$$\frac{1}{4}[(1+s_i)(1-s_j) + (1-s_i)(1+s_j)]$$
$$= \begin{cases} 1 & \text{原子AとBが隣り合う場合} \\ 0 & \text{原子Aどうしあるいはbどうしが隣り合う場合} \end{cases}$$

と書ける．そこで，原子Aどうしが隣り合うときにもつエネルギーをε_{AA}，原子Bどうしが隣り合うときにもつエネルギーをε_{BB}，原子Aと原子Bが隣り合うときにもつエネルギーをε_{AB}とすると，系全体のエネルギーは，

$$\begin{aligned} E &= \frac{\varepsilon_{AA}}{4}\sum_{(i,j)}(1+s_i)(1+s_j) + \frac{\varepsilon_{BB}}{4}\sum_{(i,j)}(1-s_i)(1-s_j) \\ &\quad + \frac{\varepsilon_{AB}}{4}\sum_{(i,j)}[(1+s_i)(1-s_j) + (1-s_i)(1+s_j)] \\ &= -J\sum_{(i,j)} s_i s_j + \text{const.} \end{aligned} \tag{10.20}$$

と表される．ここで，原子Aと原子Bの数が決まっていれば，AとBの

原子数の差を表す $\sum_i s_i$ は定数であることを用いた。

例題10.3　2元合金とイジング模型

(10.20) 式の定数 J を $\varepsilon_{AA}, \varepsilon_{BB}, \varepsilon_{AB}$ で表せ。

解　(10.20) 式において，

$$\frac{1}{4}(1+s_i)(1+s_j), \quad \frac{1}{4}(1-s_i)(1-s_j),$$
$$\frac{1}{4}[(1+s_i)(1-s_j)+(1-s_i)(1+s_j)]$$

の各項を展開し，$s_i s_j$ を計算すると，

$$J = -\frac{1}{4}(\varepsilon_{AA}+\varepsilon_{BB}-2\varepsilon_{AB}) \qquad (10.21)$$

となる。　∎

(10.21) 式より，$\varepsilon_{AA}+\varepsilon_{BB}<2\varepsilon_{AB}$ のとき，原子Aどうし，原子Bどうしが引き合い，$J>0$ の強磁性イジング模型に帰着する。基底状態は，図 10.7 のように，原子Aのみが集合した領域と原子Bのみが集合した領域に分離する。一方，$\varepsilon_{AA}+\varepsilon_{BB}>2\varepsilon_{AB}$ の場合，原子AとBが引き合い，反強磁性イジング模型に帰着し，基底状態は，図 10.8 のように原子AとBが隣り合う。

図10.7　2元合金の基底状態：原子Aどうし，原子Bどうしが引き合う場合。

図10.8　2元合金の基底状態：原子Aと原子Bが引き合う場合。

格子気体

第1章1.7節で述べたように，気体—液体間の相転移と臨界現象は，ファン・デル・ワールスの状態方程式でよく記述できるが，その相転移と臨界現象は，次のように考えると，3次元イジング模型で調べることができる。

気体分子が近づくと，はじめ弱い引力がはたらくが，さらに近づくと，強い斥力が作用する。そこで図 10.9 のように，空間を小さな領域に分けて，近距離で分子間に強い斥力が作用することを考慮して，各領域には1個しか分子が入らないとする。そして，

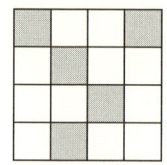

図10.9　格子気体：分子は☐の領域に存在する。

i 番目の領域に分子が入るときを $s_i = 1$, 分子が入らないときを $s_i = -1$ とし，分子間の距離がある程度近づくと引力が作用することを考慮して，隣り合う領域に分子が入ると，エネルギーは $\varepsilon\,(>0)$ だけ低下するとする。$\sum_i s_i$ は分子数で決まる定数であることを考慮して，系のエネルギーは，

$$E = -\frac{\varepsilon}{4}\sum_{(i,j)}(1+s_i)(1+s_j) = -J\sum_{(i,j)}s_i s_j + \text{const.} \quad \left(J = \frac{\varepsilon}{4}\right) \tag{10.22}$$

と表される。(10.22) 式は強磁性イジング模型のエネルギーを示している。したがって，基底状態は，上向きスピンが揃った状態になるが，分子数が領域数より少ないため，2 元合金の場合と同様に，分子が密に詰まった液化した領域と，分子が存在しない真空領域に分かれる。温度が高くなり，臨界温度 $T_c = \dfrac{zJ}{k_B}$ を超えると，分子密度は一様になり，気体と液体の相分離が起きなくなる。

10.4 ランダウの現象論

相転移は，転移点を境にして対称性の良い状態(例えば，一様な状態)から，対称性の低い状態への転移という形で現れる。磁性では磁化 m をオーダー・パラメーターとして，臨界温度 T_c より高温の $T > T_c$ では $m = 0$ の対称性の良い状態が出現し，$T < T_c$ の低温では $m \neq 0$ の対称性の破れた状態が現れる。そこで，イジング模型での各スピンのような微視的な量には立ち入らずに，対称性の考察のみから自由エネルギーのような熱力学関数をオーダー・パラメーターで展開し，その最小値で平衡状態が実現するという条件から現象を解析してみよう。このような理論を，**ランダウの現象論**という。オーダー・パラメーターは磁化に限らないが，ここでは磁化を念頭において，m を用いておく。

外部磁場がかけられていない場合

外部磁場がかけられていない場合，m を磁化とすると，スピンの向きをすべて反転させても系のエネルギーに変化はないから，自由エネルギー

は m の偶関数である。また，臨界現象を考察しようとしているのであるから，臨界点近傍のみを考え，m は 0 に近い小さな値とみなすことができる。そうすると，単位体積あたりの自由エネルギー f は m の偶数べきに展開することができ，高次の項を無視すると，

$$f = f_0 + am^2 + bm^4 \tag{10.23}$$

と表すことができる。ここで，f_0, a, b は m によらない定数であるが，a のみは温度 T に依存し，$b > 0$ とする。$b < 0$ の場合，m を大きくすると f はいくらでも小さくなるから，f の最小値を求めるにはさらに m の高次の項を考えねばならない。(10.23) 式のような展開を**ランダウ展開**という。

いま，m の値は，f を最小にする条件から決まるから，

$$\frac{\partial f}{\partial m} = 2am + 4bm^3 = 0 \tag{10.24}$$

より，$a > 0$ の場合は，$m = 0$ で f は最小となり，$a < 0$ の場合は，$m = \pm m_0 = \pm \sqrt{-\frac{a}{2b}}$ で最小となる。このときの自由エネルギー f を縦軸に，磁化 m を横軸にとり，$a > 0, a = 0, a < 0$ の場合のグラフを描くと，図 10.10 のようになる。

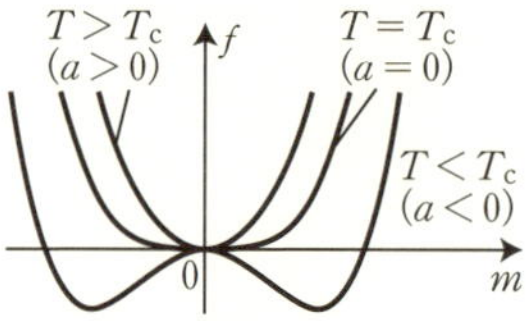

図 10.10 自由エネルギー f の磁化 m 依存性

$T > T_c$ のときは $m = 0$，$T < T_c$ のときは $m \neq 0$ である。また，a は $T = T_c$ で滑らかに正負の符号を変化させるとすれば，T_c 近傍で，

$$a = a_0(T - T_c), \quad a_0 > 0 \tag{10.25}$$

と表されるはずである。そうすると，臨界点近傍の $T < T_c$ での磁化 m_0 は，

$$m_0 = \sqrt{\frac{a_0(T_c - T)}{2b}} \tag{10.26}$$

と表される。(10.26) 式より，臨界指数 β は，$\beta = \frac{1}{2}$ となり，イジング模型に平均場近似を適用して求めた値 (10.11) に一致する。

例題 10.4　臨界指数 α

自由エネルギーに対するランダウ展開 (10.23) を用いて，比熱の臨界指数 α と α' を求めよ。このとき，$T = T_c$ で比熱に飛びはあるか。

解　$T > T_c$ のとき，$m = 0$ であるから $f = f_0$ となる。このとき，

単位体積あたりの比熱 C は，(9.1) 式より，

$$C = -T\frac{\partial^2 f}{\partial T^2} = 0 \tag{10.27}$$

となり，臨界指数は $\alpha = \underline{0}$ となる。

$T < T_c$ のとき，(10.23) 式の m に (10.26) 式の m_0 を代入すると，

$$f = f_0 - \frac{a_0^2}{4b}(T_c - T)^2$$

となり，比熱 C は，

$$C = \left(-T\frac{\partial^2 f}{\partial T^2}\right)_{T \to T_c} = \frac{a_0^2}{2b}T_c > 0 \tag{10.28}$$

と求められ，臨界指数は $\alpha' = \underline{0}$ となる。(10.27) 式，(10.28) 式より，$T = T_c$ で比熱に飛びがあることがわかる。これらの結果は，イジング模型に平均場近似を用いて得られた結果 (10.13)，(10.14) と一致している。 ∎

外部磁場がかけられた場合

イジング模型の場合，外部磁場がかけられると，スピンのエネルギーに $-\mu_B Hs$ が加わるから，1つのスピンあたりの自由エネルギー (10.23) に $-hm$ が加えられると考えられる。したがって $T = T_c$ の近傍で，

$$f = f_0 + a_0(T - T_c)m^2 + bm^4 - hm \tag{10.29}$$

より，f を最小にする磁化は，

$$\frac{\partial f}{\partial m} = 2a_0(T - T_c)m + 4bm^3 - h = 0 \tag{10.30}$$

で与えられる。ここで，$T > T_c$ で外部磁場が十分弱く，m が十分小さいとすると，m^3 の項は無視することができ，

$$m = \frac{h}{2a_0(T - T_c)}$$

となるから，磁化率は，

$$\chi = \frac{m}{h} \propto \frac{1}{T - T_c} \tag{10.31}$$

となる。これより，臨界指数 $\gamma = 1$ を得る。

例題10.5　臨界指数 δ

外部磁場がかけられたときの自由エネルギーの式 (10.29) を用いて，臨

界指数 δ を計算せよ．

【解】 $T = T_c$ において，自由エネルギー f を最小にする磁化 m は，(10.30) 式より，
$$h = 4bm^3 \quad \Rightarrow \quad m \propto h^{1/3}$$
となり，臨界指数 $\delta = \underline{3}$ を得る． ∎

ランダウ現象論による臨界指数

上で見てきたように，ランダウ現象論から求められた臨界指数は，すべて，イジング模型の平均場近似での臨界指数に一致している．このことは，ランダウ現象論は平均場近似に等価であることを示しているが，それだけではなく，ランダウ現象論が模型の詳細によらず同じ結果を与えるということが重要である．空間の次元が1次元か2次元か3次元かという空間的次元だけではなく，スピン成分の数にもよらないのである．

スピン模型には，イジング模型のように，スピンが単純な1成分で与えられるものだけではなく，2成分以上をもつベクトル $\boldsymbol{s}_i$ を用いて，エネルギーが，
$$E = -J \sum_{(i,j)} \boldsymbol{s}_i \cdot \boldsymbol{s}_j \tag{10.32}$$
で与えられる模型も存在する．スピンが2成分 $\boldsymbol{s}_i = (s_{ix}, s_{iy})$ をもつ模型を **XY 模型**，スピンが3成分 $\boldsymbol{s}_i = (s_{ix}, s_{iy}, s_{iz})$ をもつ模型を**ハイゼンベルク模型**という．ランダウ現象論は，このようにスピン変数を増やした模型に対しても同じ結果を与えるのである．

章末問題

10.1 イジング模型の長距離模型 LRM (Long Range Model) を考えてみよう．LRM 模型のエネルギーは，
$$E = -\frac{J}{2N} \sum_{i \neq j} s_i s_j \tag{10.33}$$
で与えられる．ここで，i, j について，ともに，$i = j$ を除いて 1, 2, $\cdots$, N の和をとる．

(1) k を任意の定数とした積分

$$e^{kx^2/2} = \sqrt{\frac{Nk}{2\pi}} \int_{-\infty}^{\infty} e^{-Nkm^2/2 + \sqrt{N}kmx} \, dm \tag{10.34}$$

が成り立つことを示せ。

(2) エネルギーが (10.33) 式で与えられる系の分配関数を, 積分 (10.34) を用いて表せ。

(3) 指数関数の肩に N のかけられた関数 $e^{N\phi(m)}$ の積分は, N が十分に大きな極限では, $\phi(m)$ の最大値で近似できる。すなわち, $m = m_0$ で $\phi(m)$ が最大値をとるとすると,

$$\int_{-\infty}^{\infty} e^{N\phi(m)} \, dm \approx e^{N\phi(m_0)} \tag{10.35}$$

と評価できる。これを**鞍点法**という。関数 $\phi(m)$ が極値をとる条件(**鞍点条件**)から定まる m は, イジング模型の平均場近似で求める磁化を与えることを示せ。

こうして, LRM は, イジング模型の平均場近似に同等であることがわかる。

第11章 臨界現象を調べる強力な方法の1つである，くりこみ群の方法を，1次元イジング模型を例として説明する。この模型では，近似なしにくりこみ群の式をつくることができるが，2次元以上の模型では近似を必要とする。

相転移と臨界現象 III
——くりこみ群とスケーリング則

11.1 くりこみ群とスケール変換

物理量に特異性の現れる臨界現象を調べる際，しばしば**くりこみ群**と呼ばれる方法が用いられる。いくつかの格子点を1つのブロックにまとめて1つの物理量に置き換え，それらのブロックをさらにいくつかまとめて1つの物理量に置き換える。このような**粗視化**（そしか）といわれる操作を順次行うことにより，現象の本質を際立たせて調べていこうというのが，くりこみ群の基本的な考え方である。

例えば，2次元イジング模型で考えてみよう。図 11.1 のように，まず，系全体を 3×3 の9個のスピンからなるブロックの集合と考える。1つのブロックの中の9個のスピンについて，上向きスピンの数が下向きスピンの数より多ければ，そのブロックを1つの上向きスピンで置き換え，下向きスピンの数が多ければ，ブロックを1つの下向きスピンで置き換える。こうして，系全体をブロック・スピンで書き表し，さらに，系全体を 3×3 の9個のブロック・スピンからなる大きなブロックと考えて，上と同様に，9個のブロック・スピンの中で上向きスピンが多いか，下向きスピンが多いかにより，それらを1つの大きなブロック・スピンで置き換える。このような操作を**ブロック・スピン変換**という。くりこみ群の方法は，こ

のような**スケール変換**を繰り返すことにより，臨界点近傍での系の性質を調べる方法である。

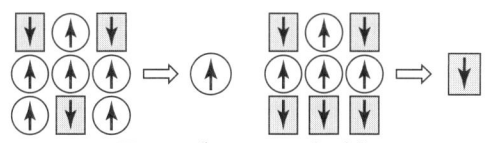

↓ ↑ ↓　　　　　↓ ↑ ↓
↑ ↑ ↑ ⇒ ↑　↑ ↑ ↑ ⇒ ↓
↑ ↓ ↑　　　　　↓ ↓ ↑

図11.1　ブロック・スピン変換

11.2　1次元イジング模型でのくりこみ群

くりこみ群の方法を具体的に調べるために，第9章で厳密に考察した1次元イジング模型を例にとり，**実空間くりこみ**という操作を行ってみよう。

1次元イジング模型のエネルギーは，

$$E = -J\sum_i s_i s_{i+1} - \mu_B H \sum_i s_i \tag{11.1}$$

で与えられるから，$K = J/k_B T$, $h = \mu_B H/k_B T$ として，分配関数は，

$$\begin{aligned} Z &= \sum_{s_1,\cdots,s_N} \exp\left[K\sum_i s_i s_{i+1} + h\sum_i s_i \right] \\ &= \sum_{s_1,\cdots,s_N} \exp\left[K(s_1 s_2 + s_2 s_3 + \cdots) + h(s_1 + s_2 + \cdots) \right] \end{aligned} \tag{11.2}$$

となる。ここで，偶数番目のスピン $s_2, s_4, s_6, \cdots$ の和を計算して[1]，

$$Z = \sum_{s_1, s_3, \cdots} A_2 \exp\left[K_2(s_1 s_3 + s_3 s_5 + \cdots) + h_2(s_1 + s_3 + \cdots) \right] \tag{11.3}$$

と書くと，K_2, h_2 と K, h の関係式

$$e^{4K_2} = \frac{\cosh(2K+h)\cosh(2K-h)}{\cosh^2 h} \tag{11.4}$$

$$e^{2h_2} = \frac{e^{2h}\cosh(2K+h)}{\cosh(2K-h)} \tag{11.5}$$

を得ることができる。

(11.2) 式から (11.3) 式になると，格子点の数が半分になるので，これは長さのスケールを2倍にしたことに相当する。したがって，(11.2) 式から (11.3) 式への変換は，**スケール因子** $b = 2$ のスケール変換（これを**くりこみ変換**ともいう）であり，(11.4) 式，(11.5) 式を**くりこみ群の式**とい

---

1) N が奇数のとき，1つのスピンが余るが，N が十分大きければ，スピン1つの影響は無視できるから落とせる。

う。

例題11.1 くりこみ群の式

(1) (11.2) 式より, $s_2 = \pm 1$ の和を求めて,
$$\sum_{s_2=\pm 1} \exp\left[K(s_1 s_2 + s_2 s_3) + h s_2\right] = A_2 \exp\left[K_2 s_1 s_3 + h'(s_1 + s_3)\right] \tag{11.6}$$
と書けることを説明し, K_2, h' と K, h の関係式を求めよ。

(2) 偶数番目のスピン $s_2, s_4, s_6, \cdots$ の和をすべて求めることにより, (11.4) 式, (11.5) 式を導け。

解

(1) (11.6) 式の左辺の和は,
$$\exp\left[K(s_1 + s_3) + h\right] + \exp\left[-K(s_1 + s_3) - h\right] \tag{11.7}$$
と書ける。この式を $\exp[f(s_1, s_3)]$ とおくと,
$$f(s_1, s_3) = \ln\left[e^{K(s_1+s_3)+h} + e^{-K(s_1+s_3)-h}\right] \tag{11.8}$$
となり, $f(s_1, s_3)$ は s_1, s_3 のべき級数で表される。ところが, $s_1^2 = s_3^2 = 1$ より, $s_1^2 s_3 = s_3$, $(s_1 s_3)^2 = 1$, $(s_1 s_3)^3 = s_1 s_3$ などとなるから, $f(s_1, s_3)$ は, 定数項と $s_1, s_3, s_1 s_3$ の項の和だけで表される。したがって, K_2, h', C を適当な定数として, (11.7) 式は,
$$\exp[f(s_1, s_3)] = \exp[K_2 s_1 s_3 + h'(s_1 + s_3) + C]$$
$$= A_2 \exp[K_2 s_1 s_3 + h'(s_1 + s_3)]$$
と書ける。ここで, $A_2 = e^C$ である。

次に,
$$\exp[K(s_1 + s_3) + h] + \exp[-K(s_1 + s_3) - h]$$
$$= A_2 \exp[K_2 s_1 s_3 + h'(s_1 + s_3)] \tag{11.9}$$
より, K_2 と h' を求める。この式は, $s_1 = \pm 1, s_3 = \pm 1$ のいずれの値を代入しても成り立つはずであるから,
$$s_1 = s_3 = 1, \; s_1 = -s_3 = 1, \; s_1 = s_3 = -1$$
を順次代入すると,
$$e^{2K+h} + e^{-(2K+h)} = A_2 e^{K_2+2h'} \tag{11.10}$$
$$e^h + e^{-h} = A_2 e^{-K_2} \tag{11.11}$$
$$e^{-2K+h} + e^{2K-h} = A_2 e^{K_2-2h'} \tag{11.12}$$

となる。

(11.10) 式と (11.12) 式の辺々割り算して，
$$e^{4h'} = \frac{\cosh(2K+h)}{\cosh(2K-h)} \tag{11.13}$$

(11.10) 式と (11.11) 式の辺々割り算して，(11.13) 式を用いて，
$$e^{2K_2+2h'} = \frac{\cosh(2K+h)}{\cosh h}$$
$$\Rightarrow \quad e^{4K_2} = \frac{\cosh(2K+h)\cosh(2K-h)}{\cosh^2 h} \tag{11.4}$$

を得る。

(2) 偶数番目のスピンの和をすべて求める計算は，(1) と同様になる。ただし，
$$h'(s_1+s_3)+h'(s_3+s_5)+\cdots+h'(s_{N-1}+s_1)=2h'(s_1+s_3+\cdots)$$
となること，および，奇数番目のスピン $s_1, s_3, \cdots$ はそのまま残ることから，
$$Z = \sum_{s_1,s_3,\cdots} A_2 \exp\left[K_2(s_1 s_3 + s_3 s_5 + \cdots) + (h+2h')(s_1+s_3+\cdots)\right]$$
となる。よって，$h_2 = h + 2h'$ より，(11.13) 式を用いて (11.5) 式を得る。(1) で求めた (11.4) 式は，すべての偶数番目のスピンの和をとっても変化しない。 ∎

くりこみ群の流れと固定点

くりこみ群の式 (11.4), (11.5) から，系のエネルギーを与えるパラメーター K と h が，くりこみ変換を繰り返すことにより，どのように変化していくか調べてみよう。そこで，変数の動きを見やすくするために，$x = e^{-4K}$, $y = e^{-2h}$ とおいて (11.4) 式と (11.5) 式を書き直してみる。
$$4\cosh(2K+h)\cosh(2K-h) = x + y + x^{-1} + y^{-1}$$
$$4\cosh^2 h = y + y^{-1} + 2$$
などより，$x_2 = e^{-4K_2}$, $y_2 = e^{-2h_2}$ とおいて，
$$x_2 = \frac{x(1+y)^2}{(x+y)(1+xy)}, \quad y_2 = \frac{y(x+y)}{1+xy} \tag{11.14}$$
となる。

第 11 章　相転移と臨界現象 III——くりこみ群とスケーリング則

例題11.2　**流れ図と固定点**

(11.14) 式の x, y に数値を代入して，$x_2 = x$，$y_2 = y$ となる 3 つの座標点（この点を**固定点**という）(x, y) を求め，$0 \leq x \leq 1$，$0 \leq y \leq 1$ の範囲でくりこみの流れ図を描け．また，臨界現象として興味深い固定点はどれか．

解　まず (11.14) 式に，① $x = y = 0$ を代入してみると，$x_1 = y_1 = 0$ となり動かない．また，② $x = 1$（y は任意）を代入しても，$x_2 = 1$，$y_2 = y$ で動かない．さらに，③ $\begin{cases} x = 0 \\ y = 1 \end{cases}$ を代入しても，$\begin{cases} x_2 = 0 \\ y_2 = 1 \end{cases}$ で動かない．これで 3 つの固定点が見つかった．

次に，固定点からわずかにずれた値を (x, y) に代入したとき，(x_2, y_2) がどのような値に変化するか求めてみる．例えば，$\begin{cases} x = 0.1 \\ y = 1 \end{cases}$ を代入すると，$\begin{cases} x_2 \cong 0.33 \\ y_2 = y = 1 \end{cases}$ となり（直線 a），また，$\begin{cases} x = 0.01 \\ y = 0.9 \end{cases}$ を代入すると，$\begin{cases} x_2 \cong 0.04 \\ y_2 \cong 0.81 \end{cases}$ となる（曲線 b）．さらに，(x_2, y_2) を (11.14) 式の (x, y) に代入して (x_3, y_3) を求める．このように**反復代入**する（これを **iteration** という）ことにより，流れ図 11.2 を得る．

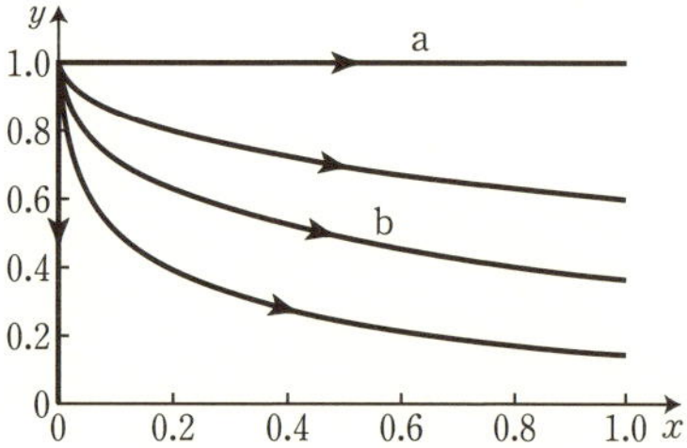

臨界現象として注目しているのは，臨界点近傍での振る舞いであり，1 次元イジング模型での臨界温度は $T = 0$ と考えられる．また，自発磁荷は $H \to 0$ で考える．よって，考察の対象になるのは，$T = 0$，$H = 0$ の近傍での振る舞いである．いま，(x, y) と (T, H) の関係は，

$$x = 0 \Leftrightarrow T = 0, \quad x = 1 \Leftrightarrow T = \infty$$
$$y = 0 \Leftrightarrow H = \infty \ (T \neq 0), \quad y = 1 \Leftrightarrow H = 0 \ (T \neq 0)$$

であるから，興味深い固定点は，$\begin{cases} x = 0 \\ y = 1 \end{cases}$ となる．■

図11.2　くりこみ群の流れ図

11.3　臨界指数とスケーリング則

例題 11.2 でも考えたように，興味があるのは固定点近傍での振る舞いである．そこで，固定点近傍で「くりこむ」ごとの物理量の微小な変化を線形化して考えれば十分である．そこで，1 次元イジング模型で，物理量 x, y を固定点 $(x, y) = (0, 1)$ の近傍で線形化しよう．$x \ll 1$，$y_\varepsilon = 1 - y \ll 1$ とすると，(11.14) 式の第 2 式は，微小量の 1 次の項までで，

$$y_2 = 1 - y_{2\varepsilon} \approx (1 - y_\varepsilon)(1 + x - y_\varepsilon)(1 - x) \approx 1 - 2y_\varepsilon$$

と書けることから，ただちに，

$$x_2 \approx 4x, \quad y_{2\varepsilon} \approx 2y_\varepsilon \tag{11.15}$$

を得る．ここで，$H = 0$ の近傍では，$h \ll 1$ であるから，

$$y = e^{-2h} \approx 1 - 2h \;\Rightarrow\; y_\varepsilon \approx 2h$$

となるから，

$$y_{2\varepsilon} \approx 2y_\varepsilon \;\Rightarrow\; h_2 \approx 2h \tag{11.16}$$

となることに注意しよう．

一般に，長さが $1/b$ 倍されるスケール変換で，物理量 A が，

$$A_2 = b^y A \tag{11.17}$$

に変換されるとき，指数 y を**スケーリング次元**という．いまの場合，$b = 2$ であるから，(11.16) 式より，1 次元イジング模型で磁場のスケーリング次元 y_h は，

$$y_h = 1 \tag{11.18}$$

であることがわかる．

自由エネルギーとスケーリング則

臨界点近傍で，線形化された物理量のスケーリング次元 y は，臨界指数と結び付けられる．ここからはしばらく，1 次元イジング模型ではなく，有限温度で相転移の起きる系を考えることにする．

1 つのスピンあたりの自由エネルギーが，臨界点近傍で $t = \dfrac{|T - T_c|}{T_c}$ と $h = \dfrac{\mu_B H}{k_B T}$ の関数で，$f(t, h)$ と表されるとする．11.2 節での考察から

わかるように，1次元模型では，1回のくりこみの操作によって分配関数は変化せず，長さのスケール(すなわち，スピンの数)が$1/b$倍になるから，1スピンあたりの自由エネルギーはb倍になる。

一般にd次元であれば，自由エネルギーはb^d倍になる。物理量tとhがそれぞれb^{y_t}倍，b^{y_h}倍になる（すなわち，tとhのスケーリング次元をそれぞれy_t, y_h）とすると，n回のくりこみ操作で自由エネルギーは，

$$f(b^{ny_t}t, b^{ny_h}h) = b^{nd}f(t,h)$$
$$\Rightarrow \quad f(t,h) = b^{-nd}f(b^{ny_t}t, b^{ny_h}h) \tag{11.19}$$

と変換される。

流れ図11.2からもわかるように，くりこみの操作を行うと，系は臨界点$t=0$から外れて温度tは増大する。そこで，くりこみ操作を，tを用いて表現するために，

$$b^{ny_t}t = 1 \tag{11.20}$$

とおく。これは，くりこみ操作を行うたびごとに温度の単位を大きいものに変更していることになり，くりこみ操作を多数回行った後の系の状態は，$t \ll 1$の状態となり，系は臨界温度T_c ($t=0$)近傍の振る舞いを示すことになる。

(11.20)式を(11.19)式に用いると，

$$f(t,h) = t^{d/y_t}f(1, ht^{-y_h/y_t}) \tag{11.21}$$

という関係式が得られる。この関係式を**スケーリング則**という。スケーリング則(11.21)を用いると，スケーリング次元y_t, y_hと臨界指数の関係式を得ることができる。

臨界指数とスケーリング次元

まず，比熱の臨界指数αを求めよう。それには，(9.1)式を利用すればよい。(9.1)式の係数Tは臨界温度T_cにほぼ等しく，臨界指数には関係しないので無視する。また，外部磁場をかけない場合を考え，(11.21)式で$h=0$とおいて，比熱Cの臨界指数αは，

$$C \propto \frac{\partial^2 f(t,0)}{\partial t^2} \propto t^{-\alpha}, \quad \alpha = 2 - \frac{d}{y_t} \tag{11.22}$$

と表される。

次に，自発磁化 $m(t)$ は，$f(t,h)$ を h で1階微分して $h=0$ とおくことにより求められ，臨界指数 β は，

$$m(t) \propto -\left(\frac{\partial f(t,h)}{\partial h}\right)_{h=0} \propto t^{\beta}, \quad \beta = \frac{d-y_h}{y_t} \tag{11.23}$$

となる。磁化率 $\chi(t)$ は，f を h で2階微分して $h=0$ とおくことにより求められ，臨界指数 γ は，

$$\chi(t) \propto \left(\frac{\partial^2 f(t,h)}{\partial h^2}\right)_{h=0} \propto t^{-\gamma}, \quad \gamma = \frac{2y_h-d}{y_t} \tag{11.24}$$

となる。

臨界指数 δ を求めるためには，$H=0$ すなわち $h=0$ の近傍での振る舞いを知ることが必要である。くりこみ操作を繰り返すと，$h=0$ から離れていくので，(11.20) 式の代わりに，

$$b^{ny_h}h = 1 \tag{11.25}$$

とおくと，(11.19) 式は，

$$f(t,h) = h^{d/y_h} f(th^{-y_t/y_h}, 1) \tag{11.26}$$

となる。いま，$T=T_c$ で考えるから $t=0$ とおき，h で微分すると，臨界指数 δ は，

$$m(h) \propto \left(\frac{\partial f(0,h)}{\partial h}\right) \propto h^{1/\delta}, \quad \delta = \frac{y_h}{d-y_h} \tag{11.27}$$

となる。こうして，一般的に臨界指数 $\alpha, \beta, \gamma, \delta$ を，スケーリング次元 y_t, y_h を用いて表すことができた。

(11.22)，(11.23)，(11.24)，(11.27) 式から y_t と y_h を消去すると，

$$\alpha + 2\beta + \gamma = 2, \quad \gamma = \beta(\delta - 1) \tag{11.28}$$

となる。(11.28) 式を**スケーリング関係式**という。第10章で求めた平均場近似による臨界指数 (10.17) は，確かにスケーリング関係式を満たしていることがわかる。

11.4　1次元イジング模型の絶対零度近傍での振る舞い

ここで，1次元イジング模型に戻り，くりこみ操作による $x = e^{-4K}$ の変換 (11.15) の第1式を考える。$x_2 = b^{y_x}x$ とおくと，1次元イジング模型の自由エネルギー f は x と h の関数と考えることができ，(11.19) 式，

(11.21) 式, (11.26) 式はそれぞれ,

$$f(x, h) = b^{-n}f(b^{ny_x}x, b^{ny_h}h) \tag{11.29}$$

$$f(x, h) = x^{1/y_x}f(1, hx^{-y_h/y_x}) \tag{11.30}$$

$$f(x, h) = h^{1/y_h}f(xh^{-y_x/y_h}, 1) \tag{11.31}$$

と表される。よって, 1次元イジング模型では, $t \to x$, $y_t \to y_x$ として考えればよいことがわかる。

まず, $T = 0$ の近傍での比熱を考える。いま, $x = e^{-4K}$ より $T = 0$ の近傍で, $\frac{\partial x}{\partial t} \propto \frac{1}{T^2}e^{-4K} \propto x$ となるから, (11.30) 式で $h = 0$(外部磁場 $H = 0$)において,

$$\frac{\partial f}{\partial t} = \frac{\partial x}{\partial t}\frac{\partial f}{\partial x} \propto x\frac{\partial f}{\partial x} \propto x^{1/y_x}$$

$$\frac{\partial^2 f}{\partial t^2} \propto \frac{\partial x}{\partial t}\frac{\partial}{\partial x}\left(x\frac{\partial f}{\partial x}\right) \propto x^{1/y_x}$$

となる。ここで, (11.15) の第1式 $x_2 \approx 4x$ より, $b = 2$ として $y_x = 2$ となるから, 1次元イジング模型の比熱 C は,

$$C \propto \frac{\partial^2 f(t,0)}{\partial t^2} \propto x^{1/y_x} \propto (e^{-4K})^{1/2} = e^{-2K} \tag{11.32}$$

で与えられることがわかる。

一方, 厳密に考えた比熱は, (9.7) 式より $T = 0$ の近傍で,

$$C = \frac{Nk_B\left(\frac{J}{k_BT}\right)^2}{\cosh^2\left(\frac{J}{k_BT}\right)} \propto \frac{K^2}{e^{2K} + e^{-2K} + 2} \propto e^{-2K}$$

と表され, (11.32) 式に一致する。

例題11.3 **臨界指数**

1次元イジング模型において, $t \to x$, $y_t \to y_x$ として対応する臨界指数 β_x, γ_x, δ_x をそれぞれ求めよ。また, これらの結果が第9章で求めた厳密な結果と矛盾しないことを説明せよ。

解 (11.23) 式で, $t \to x$, $y_t \to y_x$ とすると, この場合の自発磁化 $m(x)$ と臨界指数 β_x は,

$$m(x) \propto -\left(\frac{\partial f(x,h)}{\partial h}\right)_{h=0} \propto x^{\beta_x}, \quad \beta_x = \frac{d - y_h}{y_x} \tag{11.33}$$

となる。(11.18) 式で，求めた 1 次元イジング模型のスケーリング次元 $y_h = 1$, $y_x = 2$ および $d = 1$ を (11.33) 式へ代入して，

$$\beta_x = \underline{0} \tag{11.34}$$

を得る。

磁化率 $\chi(x)$ と臨界指数 γ_x は，(11.24) 式より，

$$\chi(x) \propto \left(\frac{\partial^2 f(x, h)}{\partial h^2} \right)_{h=0} \propto x^{-\gamma_x}, \quad \gamma_x = \frac{2y_h - d}{y_x} \tag{11.35}$$

となるから，$y_x = 2$, $y_h = 1$, $d = 1$ を代入して，

$$\gamma_x = \underline{\frac{1}{2}} \tag{11.36}$$

を得る。臨界指数 δ_x は，(11.27) 式と同じであり，$y_h = 1$, $d = 1$ を代入して，

$$\delta_x = \delta = \underline{\infty} \tag{11.37}$$

となる。

第 9 章で厳密に考えたように，1 次元イジング模型では有限温度で相転移は起こらず，臨界温度は $T = 0$ $(x = 0)$ とみなすことができる。$T > 0$ $(x > 0)$ で自発磁化は存在しないので，$m = 0$ である。また，$T = 0$ ではすべてのスピンが揃うので，$m = 1$ である。このことは，$\beta_x = 0$ と矛盾しない。

磁化率は，

$$\chi(x) \propto x^{-1/2} = (e^{-4K})^{-1/2} = e^{2K} \tag{11.38}$$

となり，厳密な値 (9.28) に一致する。また，厳密には，$T = 0$ で $m = 1$ であるから，$m \propto h^{1/\delta}$ とおくと，$\delta = \infty$ であることがわかる。この結果は，(11.37) 式と一致している。∎

11.5　実空間くりこみ

もう少し一般的に実空間くりこみを考えるために，まず，これまで述べてきた 1 次元イジング模型について，一般のスケール因子 b のくりこみを考察してみよう。

例題11.4　スケール因子 b のくりこみ

外部磁場のかけられていない1次元イジング模型

$$E = -J \sum_i s_i s_{i+1} \tag{11.39}$$

を考え，$K = J/k_\mathrm{B} T$ とする。

(1) $s_1^2 = s_2^2 = 1$ であることから，

$$e^{K s_1 s_2} = A_1 (1 + s_1 s_2 u_1) \tag{11.40}$$

と書くことができる。A_1 と u_1 を求めよ。

(2) 次に，

$$\sum_{s_2 = \pm 1} e^{K(s_1 s_2 + s_2 s_3)} = A_2 (1 + s_1 s_3 u_2) \tag{11.41}$$

とおいて，A_2 と u_2 を求めよ。

また，

$$\sum_{s_2, \cdots, s_b} e^{K(s_1 s_2 + s_2 s_3 + \cdots + s_b s_{b+1})} \propto 1 + s_1 s_{b+1} u_b \tag{11.42}$$

とおいて，u_b を求めよ。

解

(1) (11.40)式において，$s_1 = s_2 = 1$，$s_1 = -s_2 = 1$ とおくとそれぞれ，

$$e^K = A_1(1 + u_1), \quad e^{-K} = A_1(1 - u_1)$$

となる。これらより，

$$A_1 = \underline{\cosh K}, \quad u_1 = \underline{\tanh K} \tag{11.43}$$

を得る。

(2) (11.41)式の右辺をあらわに書くと，(11.41)式は，

$$e^{K(s_1 + s_3)} + e^{-K(s_1 + s_3)} = A_2(1 + s_1 s_3 u_2)$$

となるから，$s_1 = s_3 = 1$，$s_1 = -s_3 = 1$ を代入して，それぞれ，

$$e^{2K} + e^{-2K} = A_2(1 + u_2), \quad 2 = A_2(1 - u_2)$$

を得る。これらより，

$$A_2 = \underline{2 \cosh^2 K}, \quad u_2 = \underline{\tanh^2 K} \tag{11.44}$$

となる。そうすると，

$$\sum_{s_2, s_3} e^{K(s_1 s_2 + s_2 s_3 + s_3 s_4)} \propto \sum_{s_3} (1 + s_1 s_3 \tanh^2 K)(1 + s_3 s_4 \tanh K)$$

$$\propto 1 + s_1 s_4 \tanh^3 K \quad \Rightarrow \quad u_3 = \tanh^3 K$$

となる。以下同様にして，

$$u_b = \underline{\tanh^b K}$$

と求められる。　　　　　　　　　　　　　　　　　　　　　　■

ここで，長さのスケールが $1/b$ 倍されたときのくりこまれた結合定数（温度 T での相互作用の強さ）を K_b とおいて，

$$\sum_{s_2, \cdots, s_b} e^{K(s_1 s_2 + s_2 s_3 + \cdots + s_b s_{b+1})} \propto e^{K_b s_1 s_{b+1}} \propto 1 + s_1 s_{b+1} \tanh K_b$$

と書く。そうして，スケール因子 b のくりこみ群の式

$$\tanh K_b = \tanh^b K \tag{11.45}$$

を得る。

2次元以上の模型でのくりこみ

これまで述べてきたように，1次元イジング模型では，くりこみ操作は近似なしに実行することができるが，2次元以上で実空間のくりこみ操作を行うといろいろな項が多数現れ，有限個の変数で記述できなくなる。その場合，いろいろな近似法が提案されて成果をあげている。ここでは，それらの中でしばしば使われる近似的くりこみ処方を述べる。この近似法は，**ミグダル‐カダノフ近似**と呼ばれている。

2次元イジング模型で，スケール因子が $b = 2$ の場合を考える。図 11.3(a) のように，1つおきのスピンに作用する点線で示された相互作用を無視し，相互作用の強さ K をすべて2倍の $2K$ とする（図 11.3(b)）。そうすると，この模型の△のスピンに関する和をとる操作は，相互作用の強さ $2K$ の1次元イジング模型の場合とまったく同じであり，1つおきのスピンがくりこまれた相互作用の強さを K_2 とすると（図 11.3(c)），(11.44) 式より，

$$\tanh K_2 = \tanh^2 2K$$

が成り立つ。一般に，スケール因子 b の場合に同じ操作を行えば，

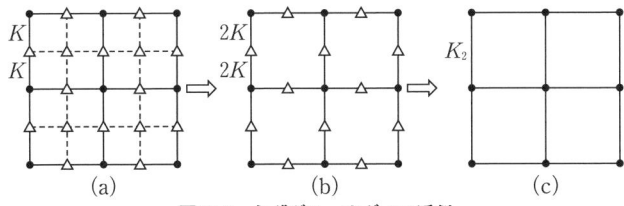

図11.3　ミグダル‐カダノフ近似

$$\tanh K_b = \tanh^b bK \tag{11.46}$$

となる。

この近似では，スケール因子 b が大きくなると無視する相互作用の数が増加するので，近似の精度は悪くなると考えられる。b を実数に拡張して，逆に，$b \to 1$ とすれば，厳密な結果に近づくはずである。

$b \to b + \Delta b$ としたとき，$K_b \to K_b + \Delta K_b$ として，くりこまれた相互作用の変化 $\dfrac{dK_b}{db}$ を求めると，$b \to 1$ の極限で，

$$\frac{dK_b}{db} = -\beta(K), \quad \beta(K) = -K - \sinh K \cdot \cosh K \cdot \ln(\tanh K) \tag{11.47}$$

という微分方程式を得ることができる（導出は例題 11.5）。(11.47) 式を**くりこみ群の微分方程式**といい，$\beta(K)$ は**くりこみ群のベータ関数**と呼ばれる。(11.47) 式より，臨界点を与える固定点 K^* は，

$$\beta(K^*) = 0 \tag{11.48}$$

により与えられる。実際，2 次元イジング模型は厳密に解かれており，

$$e^{-2K^*} = \tanh K^* \tag{11.49}$$

で与えられることが知られているが，この式で与えられる厳密な臨界点は，くりこみ群の方程式 (11.47) の固定点である（章末問題 11.2 参照）。すなわち，(11.47) 式から与えられる臨界点は厳密な結果に等しい。

例題 11.5　ベータ関数

くりこみ群の微分方程式 (11.47) を導け。

解　(11.46) 式の両辺の対数をとり，

$f(K_b) \equiv \ln(\tanh K_b), \quad g(b) \equiv \ln(\tanh^b bK) = b \ln(\tanh bK)$

とおく。関数 $f(K_b + \Delta K_b)$ と $g(b + \Delta b)$ を，

$$f(K_b + \Delta K_b) \approx f(K_b) + \frac{df}{dK_b}\Delta K_b, \quad g(b + \Delta b) \approx g(b) + \frac{dg}{db}\Delta b$$

と展開し，両辺の変化

$$\Delta f = f(K_b + \Delta K_b) - f(K_b), \quad \Delta g = g(b + \Delta b) - g(b)$$

を等しいとおくと，

$$\frac{df}{dK_b}\Delta K_b = \frac{dg}{db}\Delta b$$

となる。ここで，
$$\frac{\mathrm{d}f}{\mathrm{d}K_b} = \frac{1}{\sinh K_b \cdot \cosh K_b}, \quad \frac{\mathrm{d}g}{\mathrm{d}b} = \ln(\tanh bK) + \frac{bK}{\sinh bK \cdot \cosh bK}$$
と計算できるから，$\frac{\Delta K_b}{\Delta b} \to \frac{\mathrm{d}K_b}{\mathrm{d}b}$ として，
$$\frac{\mathrm{d}K_b}{\mathrm{d}b} = bK \frac{\sinh K_b \cdot \cosh K_b}{\sinh bK \cdot \cosh bK} + \sinh K_b \cdot \cosh K_b \cdot \ln(\tanh bK)$$
を得る。最後に，$b \to 1$ ($K_b \to K$) として，(11.47) 式を得る。∎

10分補講

2次元古典 XY 模型と KT 転移

くりこみ群を用いたスピン系の研究について，第11章でイジング模型を例にして説明したが，スピンの各成分が連続的に変化する古典 XY 模型やハイゼンベルク模型でも，くりこみ群を用いて調べることができる。このような模型では，わずかなエネルギーによってスピンの値が変化できるようになり，スピンは揃いにくくなるため，秩序ができにくくなることが予想される。実際，2次元古典 XY 模型やハイゼンベルク模型では相転移が起きないことが，厳密に示されている。

XY 模型のエネルギー E は，スピンの2次元成分の偏角 ϕ を用いて，
$$\boldsymbol{s} = (\cos\phi, \sin\phi)$$
とおくと，
$$\begin{aligned}
E &= -J \sum_{(i,j)} \boldsymbol{s}_i \cdot \boldsymbol{s}_j \\
&= -J \sum_{(i,j)} (\cos\phi_i \cos\phi_j + \sin\phi_i \sin\phi_j) \\
&= -J \sum_{(i,j)} \cos(\phi_i - \phi_j) \\
&\approx -J \sum_{(i,j)} \left[1 - \frac{1}{2}(\phi_i - \phi_j)^2\right] \approx \frac{J}{2} \sum_{(i,j)} (\phi_i - \phi_j)^2
\end{aligned}$$
と表される。ここで，低温では最近接スピンの向きは揃ってくると考えられるから角度差 $\phi_i - \phi_j$ は小さくなる。そこで，$\cos(\phi_i - \phi_j)$ を $(\phi_i - \phi_j)^2$ の項までで近似して系の性質を調べてみる。

いま，系を一辺 L の d 次元立方体
とし，系の左端の偏角を $\phi(x_1 = 0)$
$= 0$，右端の偏角を $\phi(x_1 = L) = \phi_0$
と固定する（図11.4）。ϕ は座標 x_1 の
増加とともに一様に変化し，座標 x_2,
$\cdots, x_d$ には依存しないとする。

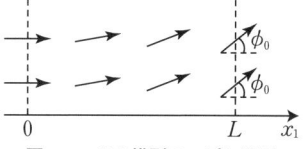

図11.4 XY模型のスピン配置

格子間隔を a とすると，x_1 方向のスピン対 (i, j) 間に，

$$\approx \frac{J}{2}(\phi_i - \phi_j)^2 = \frac{J}{2}a^2\left(\frac{\partial \phi}{\partial x_1}\right)^2 = \frac{J}{2}a^2\left(\frac{\phi_0}{L}\right)^2$$

のエネルギーがたまる。x_1 方向のスピン対は，x_1 方向の1列にほぼ $\frac{L}{a}$ 個あり，d 次元では $N \approx \left(\frac{L}{a}\right)^d$ 個ある。したがって系のエネルギーは，

$$E \approx \frac{J}{2}\left(\frac{L}{a}\right)^d a^2 \left(\frac{\phi_0}{L}\right)^2 = \frac{J}{2}\left(\frac{L}{a}\right)^{d-2}\phi_0^2$$

と書ける。これより次のことがわかる。

$d > 2$ の場合，$\phi_0 = 0$ のときは $E = 0$ であるが，$\phi_0 \neq 0$ のとき「$L/a \to \infty$，すなわち系が無限大ならば $E \to \infty$」となる。一方，$d < 2$ の場合，$\phi_0 = 0$，$\phi_0 \neq 0$ にかかわらず「$L/a \to \infty$ のとき $E \to 0$」となる。中間の $d = 2$ の場合，$\phi_0 \neq 0$ であっても系のエネルギーは有限に止まる。以上のことは，$d > 2$ の場合，絶対零度近くの低温ではエネルギーはわずかしか与えられないから，$\phi_0 = 0$ となりスピンが揃い，相転移が起きるであろう。一方，$d < 2$ の場合，スピンが揃っても揃わなくても系のエネルギーは十分小さくなるから，揃う必要がなく，相転移は起きないと考えられる。

$d = 2$ の場合，有限温度で長距離秩序は生じないが，ある温度より低温では，準長距離秩序が生じることが知られている。その温度より高温になると，図11.5のような多数のスピンの渦が生じて，準長距離秩序が破壊される。

このような2次元XY模型における相転移をコスタリッツ－サウ

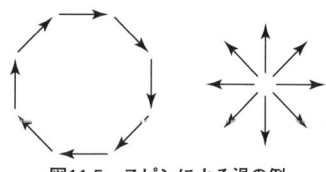

図11.5 スピンによる渦の例

レス転移（**KT 転移**）といい，準長距離秩序が形成された状態を**コスタリッツ－サウレス相**（**KT 相**）という。KT 転移は，くりこみ群の方法などを用いて詳しく調べられている。

章末問題

11.1 (11.45) 式の結果は，$b=2$ で，$h=0$ のときの (11.4) 式に一致することを確かめよ。

11.2 (11.49) 式で与えられる K^* は，(11.48) 式の固定点であることを示せ。

第12章

簡単な輸送現象として，拡散とブラウン運動，電気伝導，そして熱伝導を説明する。微粒子が拡散する確率は，ランダム・ウォークの長時間極限として求めることができる。さらに，水溶液中の微粒子の拡散を考える。

簡単な輸送現象
──ブラウン運動と電気伝導

12.1 拡散とランダム・ウォーク

図12.1のように，水より密度が大きく，水に溶けない微粒子からなる粉末を，シリンダー内の水中に入れると，微粒子は重力によって下方に沈殿する。

ところが，微粒子はすべて水底に溜まるのではなく，下方が濃く，上方は薄く分布する。この濃度分布は，重力によって下方へ移動する流れと，熱的なゆらぎによって，濃度の濃い方から薄い方へ広がろうとする流れとのつり合いで決まってくる。濃度が濃い方から薄い方へ広がる現象を**拡散**という。この拡散という現象を，微粒子の運動という観点から考察してみよう。まず，微粒子の運動を理想化した**ランダム・ウォーク**と呼ばれる模型を考えてみる。

図12.1 鉛直方向の微粒子の濃度分布

ランダム・ウォーク

問題を単純化して，1次元の直線上を微粒子がジャンプしながら左右へ動くとする。図12.2のように，はじめに微粒子は原点 $x=0$ にあり，時間 τ ごとにジャンプし，毎回のジャンプは独立で，1回のジャンプで距離

l を飛ぶとする。微粒子が x 軸正方向へ飛ぶか負方向へ飛ぶかは，等確率で起こるとする。そこで，i 回目のジャンプによる変位を $\Delta x_i = s_i l$ と書き，s_i は ± 1 をランダムにとるものとする。そうすると，N 回ジャンプ後の位置 x_N の期待値は，

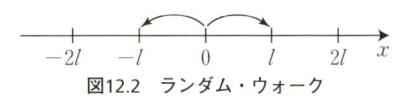

$$\langle x_N \rangle = \sum_{i=1}^{N} \langle s_i \rangle l = 0 \tag{12.1}$$

図12.2 ランダム・ウォーク

である。これでは，微粒子の拡散のようすがわからない。

例題12.1　変位の2乗平均

変位の2乗平均平方根 $\sqrt{\langle x_N{}^2 \rangle}$ を求めよ。

解　変位の2乗平均は，

$$\langle x_N{}^2 \rangle = \langle (s_1 + s_2 + \cdots s_N)^2 \rangle l^2 = \left[\sum_{i=1}^{N} \langle s_i{}^2 \rangle + \sum_{i \neq j} \langle s_i s_j \rangle \right] l^2$$

と書くことができる。ここで，$\langle s_i{}^2 \rangle = 1$ であり，各ジャンプが独立であるから，$i \neq j$ に対して $\langle s_i s_j \rangle = 0$ である。よって，

$$\langle x_N{}^2 \rangle = N l^2 \Rightarrow \sqrt{\langle x_N{}^2 \rangle} = l\sqrt{N} \tag{12.2}$$

を得る。　■

(12.2) 式は，N 回のジャンプで，平均的に $\sqrt{N}$ ステップだけ移動することを示している。

12.2　拡散の解析

ランダム・ウォークによる拡散の現象を，もう少し解析的に調べてみよう。原点から N 回のジャンプ後に，微粒子が位置 $x = ml$ にいる確率を $W(m, N)$ とする。図12.3のように，N 回後に位置 m にいるとすると，$(N-1)$ 回後に位置 $m-1$ にいて右向きにジャンプしたか，位置 $m+1$ にいて左向きにジャンプしたか，のどちらかであるから，

$$W(m, N) = \frac{1}{2} W(m-1, N-1) + \frac{1}{2} W(m+1, N-1) \tag{12.3}$$

が成り立つ。m の領域を $-\infty < m < +\infty$ であるとして，フーリエ変換を用いて解析しよう。

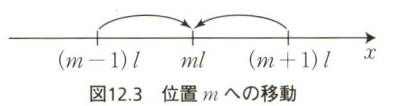

図12.3　位置 m への移動

フーリエ変換

$W(m, N)$ のフーリエ変換を，
$$\Phi(k, N) = \sum_{m=-\infty}^{\infty} W(m, N) e^{-ikml} \tag{12.4}$$
で定義し，(12.3) 式を用いると，

$\Phi(k, N)$
$= \dfrac{1}{2} \sum\limits_{m=-\infty}^{\infty} W(m-1, N-1) e^{-ik(m-1)l} e^{-ikl}$
$\quad + \dfrac{1}{2} \sum\limits_{m=-\infty}^{\infty} W(m+1, N-1) e^{-ik(m+1)l} e^{ikl}$
$= \dfrac{1}{2} \sum\limits_{m=-\infty}^{\infty} W(m, N-1) e^{-ikml} e^{-ikl} + \dfrac{1}{2} \sum\limits_{m=-\infty}^{\infty} W(m, N-1) e^{-ikml} e^{ikl}$
$= \dfrac{1}{2} e^{-ikl} \Phi(k, N-1) + \dfrac{1}{2} e^{ikl} \Phi(k, N-1) = \cos kl \cdot \Phi(k, N-1)$

が得られる。ここで，はじめ $N=0$ に微粒子は原点 $m=0$ にいたことから，$W(m, 0) = \delta_{m,0}$ となる。これを (12.4) 式に代入して $\Phi(k, 0) = 1$ となり，
$$\Phi(k, N) = \cos^N kl \tag{12.5}$$
を得ることができる。

例題12.2 確率 $W(m, N)$ の導出

(1) (12.5) 式の逆フーリエ変換
$$W(m, N) = \frac{l}{2\pi} \int_{-\pi/l}^{\pi/l} \Phi(k, N) e^{ikml} dk = \frac{l}{2\pi} \int_{-\pi/l}^{\pi/l} \cos^N kl \cdot e^{ikml} dk \tag{12.6}$$

を用いて，確率 $W(m, N)$ が，
$$W(m, N) = \frac{1}{2^N} \frac{N!}{((N-m)/2)!((N+m)/2)!} \tag{12.7}$$
で与えられることを導け。ただし，$(N-m)$ は偶数とする。

(2) 微粒子が右向きに $(N-r)$ 回進み，左向きに r 回進んで位置 $x = ml$ に達する確率として，(12.7) 式を導け。

解

(1) $\cos^N kl = \left(\dfrac{e^{ikl} + e^{-ikl}}{2} \right)^N$ の二項展開

$$\left(\frac{e^{ikl}+e^{-ikl}}{2}\right)^N = \left(\frac{1}{2}\right)^N \sum_{r=0}^{N}\frac{N!}{r!(N-r)!}e^{ikrl}e^{-ik(N-r)l}$$
$$= \left(\frac{1}{2}\right)^N \sum_{r=0}^{N}\frac{N!}{r!(N-r)!}e^{-ik(N-2r)l}$$

を (12.6) 式に代入すると，
$$W(m,N) = \frac{l}{2\pi}\left(\frac{1}{2}\right)^N \sum_{r=0}^{N}\frac{N!}{r!(N-r)!}\int_{-\pi/l}^{\pi/l}e^{-ik(N-2r-m)l}\,dk$$
となり，
$$\frac{l}{2\pi}\int_{-\pi/l}^{\pi/l}e^{-iknl}\,dk = \delta_{n,0} \tag{12.8}$$
を用いると，(12.7) 式が導かれる。

(2) 右向きに $(N-r)$ 回進み，左向きに r 回進むと，位置は，
$$x = ((N-r)-r)l = (N-2r)l$$
となるから，
$$m = N - 2r \;\Rightarrow\; r = \frac{N-m}{2},\; N-r = \frac{N+m}{2} \tag{12.9}$$
となる。また，右向きあるいは左向きにジャンプする確率は，ともに 1/2 であり，全部で N 回のジャンプの中で，右に $(N-r)$ 回ジャンプする場合の数は，${}_N C_{N-r} = \dfrac{N!}{(N-r)!r!}$ 通りであるから，求める確率は，
$$W(m,N) = \left(\frac{1}{2}\right)^N \frac{N!}{(N-r)!r!}$$
に (12.9) 式を代入して，(12.7) 式を得る。∎

長時間極限

微粒子が 1 回ジャンプしてから次にジャンプするまでの時間を τ とすると，N 回ジャンプするまでの時間は $t = N\tau$ と表される。いま，微粒子が $x = 0$ に置かれてから十分長い時間たった状態を考えて，$N \gg 1$ とし，$|m| \ll N$ とする。ここで，表式を簡単化するために $kl = K$ とおき，確率
$$W(m,N) = \frac{1}{2\pi}\int_{-\pi}^{\pi}\cos^N K \cdot e^{iKm}\,dK \tag{12.10}$$
を考える。(12.10) 式の被積分関数は，K が 0 から離れると急速に小さく

なるから，
$$\cos^N K = (1 - K^2/2 + \cdots)^N \approx e^{-NK^2/2}$$
とみなすことができる。積分範囲も $[-\pi, \pi]$ から $[-\infty, \infty]$ に広げてもほとんど変化しない。よって，

$$\begin{aligned} W(m, N) &\approx \frac{1}{2\pi} \int_{-\infty}^{\infty} e^{iKm - NK^2/2} dK \\ &= \frac{1}{2\pi} \int_{-\infty}^{\infty} \exp\left[-\frac{N}{2}\left(K - i\frac{m}{N}\right)^2 - \frac{m^2}{2N}\right] dK \\ &= \frac{1}{\sqrt{2\pi N}} e^{-m^2/2N} \end{aligned}$$

となる。$x = ml$, $t = N\tau$ であることを考慮すると，粒子が区間 $[x, x+dx]$ に見出される確率 $P(x, t)dx$ は，$D = l^2/2\tau$ とおいて，

$$P(x, t)dx = W\left(\frac{x}{l}, \frac{t}{\tau}\right)\frac{dx}{l} = \frac{1}{\sqrt{4\pi Dt}} \exp\left(-\frac{x^2}{4Dt}\right)dx \tag{12.11}$$

を得る。ここで，D は**拡散係数**と呼ばれる。また，$W\left(\dfrac{x}{l}, \dfrac{t}{\tau}\right)$ の後の因子 $\dfrac{1}{l}$ は，位置 $x = ml$ の前後の長さ l の区間に入る確率が，$W\left(\dfrac{x}{l}, \dfrac{t}{\tau}\right)$ と表されるためである。

12.3　拡散と拡散係数

(12.11) 式で与えられる確率密度 $P(x, t)$ は，**拡散方程式**と呼ばれる方程式

$$\frac{\partial P}{\partial t} = D\frac{\partial^2 P}{\partial x^2} \tag{12.12}$$

を満たすことがわかる（章末問題 12.1 参照）。そこでまず，拡散係数 D の物理的な意味を考えてみよう。

濃度勾配とアインシュタインの関係式

　水溶液中の微粒子の濃度（単位体積中の微粒子の数）が，位置 x に依存して $n(x)$ と表されるとする。図 12.4 のように，位置 x の左側の領域か

ら右側の領域へ，単位時間に単位面積を通過する微粒子の数（これを**拡散の流れ**と呼ぶ）を $J(x)$ とする。拡散は濃度の高

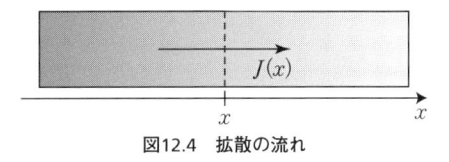

図12.4 拡散の流れ

いところから低いところへ向かって流れ，その強さ $J(x)$ は，濃度勾配の大きさ $\left|\dfrac{dn}{dx}\right|$ に比例すると考えられる。そこで，比例定数を D とすると，

$$J(x) = -D\frac{dn}{dx} \tag{12.13}$$

の関係式が成り立つ。

水中に薄く広がっている微粒子は，理想気体の気体分子と同じように振る舞うと考えられる。すなわち，温度 T のとき，微粒子が及ぼす圧力（これを**浸透圧**という）p とその濃度 $n = \dfrac{N}{V}$（N は体積 V 中の微粒子の数）の間には，ボルツマン定数を k_B として，状態方程式

$$pV = \frac{N}{N_A}RT \Leftrightarrow p = nk_BT \tag{12.14}$$

が成り立つ。ここで，R は気体定数，N_A はアボガドロ数である。

微粒子が重力を受けて水中を下降するとき，微粒子の半径を r，その速さを v とすると，微粒子は水から大きさ $F = 6\pi\eta rv$ の抵抗力を受ける。これを**ストークスの法則**といい，η は粘性係数で，20℃ の水の場合，$\eta = 1.00 \times 10^{-3}$ Pa·s である。

例題12.3 微粒子の濃度勾配と移動度

鉛直に立てられたシリンダー内の水中に，質量 m の粉末の微粒子が入れられている。水の温度は T で一様とし，重力加速度の大きさを g とする。

(1) 高さ h の位置にある微粒子にはたらく重力と浸透圧のつり合いより，微粒子の濃度勾配 $\dfrac{dn}{dh}$ を求めよ。

(2) 重力と抵抗力がつり合って，微粒子は一定速度で下降する流れとなる。この流れと拡散による上方への微粒子の流れがつり合う条件より，拡散係数 D を，温度 T および微粒子の半径 r を用いて表せ。この式は**アインシュタインの関係式**と呼ばれている。また，$r = 1.0 \times 10^{-6}$ m，

$k_B = 1.38 \times 10^{-23}$ J/K，温度は 20℃ として，D の数値を求めよ．

解

(1) 図 12.5 のように，シリンダーの断面積を S として，高さ h と $h+dh$ の間の微粒子にはたらく力を考える．高さ h での浸透圧を p，高さ $h+dh$ での浸透圧を $p+dp$，この間の微粒子の濃度は n に等しいとして，力のつり合いは，

$$pS = (p+dp)S + nmg \cdot Sdh$$
$$\Rightarrow \quad dp = -nmg \cdot dh \qquad (12.15)$$

が成り立つ．一方，高さ $h+dh$ での濃度を $n+dn$ とすると，高さ h と $h+dh$ での状態方程式は，それぞれ，

$$p = nk_BT, \quad p+dp = (n+dn)k_BT$$

となるから，

$$dp = k_BT\, dn \qquad (12.16)$$

となり，(12.15) 式と (12.16) 式より，

$$\frac{dn}{dh} = -\frac{nmg}{k_BT} \qquad (12.17)$$

となる．

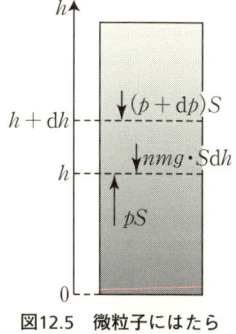

図 12.5 微粒子にはたらく力のつり合い

(2) 微粒子が一定の速さ v で下降するとき，微粒子にはたらく重力と水からの抵抗力のつり合いより，v は，

$$mg = 6\pi\eta r v \quad \Rightarrow \quad v = \frac{mg}{6\pi\eta r}$$

となる．微粒子の重力により下降する流れ nv と，拡散による上昇する流れ $-D\dfrac{dn}{dh}$ のつり合いより，拡散係数 D は，

$$D\frac{nmg}{k_BT} = \frac{nmg}{6\pi\eta r} \quad \Rightarrow \quad D = \frac{k_BT}{6\pi\eta r} = 2.1 \times 10^{-13}\, \text{m}^2/\text{s} \qquad (12.18)$$

と求められる．

微粒子の2乗平均変位と拡散係数

微粒子は，温度 T における平均的な速さ $\langle v \rangle$ で運動し，時間 τ だけたつと，水分子と衝突してその向きを変えると考える。そうすると，微粒子は距離 $l = \langle v \rangle \tau$ の間は，衝突することなく直線的に運動する。この距離 l を**平均自由行程**という。ランダム・ウォーク模型では，平均自由行程 l が格子間隔であり，時間 τ がジャンプ間の時間である。

他方，図12.6のように，単位断面積のシリンダー内の水に粉末の微粒子が入れられているとする。位置 x における断面の，

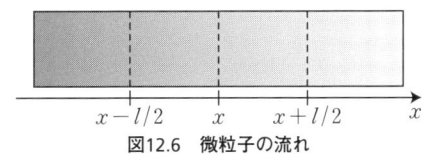

図12.6 微粒子の流れ

左側の領域から右側の領域に飛び込む微粒子の数は，速さ $\langle v \rangle$ と，位置 $x - l/2$ での濃度 $n(x - l/2)$ の積に比例すると考えられる[1]。また，微粒子の速度はいろいろな方向を向いているが，単純化して全体の 1/3 の微粒子が x 軸方向の速度をもち，その半分，すなわち全体の 1/6 の微粒子が x 軸正方向を，また全体の 1/6 の微粒子が x 軸負方向を向いているとする。そうすると，単位面積あたり単位時間に左側の領域から右側の領域に飛び込む微粒子の数は，$\dfrac{1}{6} \langle v \rangle n(x - l/2)$ と表され，同様に，右側の領域から左側の領域に飛び込む微粒子の数は，$\dfrac{1}{6} \langle v \rangle n(x + l/2)$ と表される。

上と同様の考え方により，微粒子が水分子と衝突後，その 1/3 が x 軸方向へ運動するものとしよう。すなわち，時間 t の間に，ランダム・ウォーク模型にしたがって微粒子が x 方向にジャンプする回数は，$\dfrac{1}{3} N = \dfrac{1}{3} \dfrac{t}{\tau}$ であると考えよう。したがって，時間 t だけ経過したときの微粒子の2乗平均変位は，(12.2) 式より，次のように表される。

---

[1] 例題12.6で考えるように，微粒子の衝突確率を考えると，平均として面 x を通過する微粒子は，衝突後，時間 τ が経過しており，衝突位置 $x - l$ ($l = \langle v \rangle \tau$) の濃度を保っていると考えられる。しかし，ここでは，すべての微粒子が時間 τ ごとに衝突するという単純化したモデルを採用しているので，面 x を通過する微粒子は，衝突後，時間 $\tau/2$ が経過し，その濃度は衝突位置 $x - l/2$ での値を保っていると考えている。

$$\langle x^2 \rangle = \frac{1}{3} N l^2 = \frac{1}{3} \frac{t}{\tau} l^2 \tag{12.19}$$

例題12.4 微粒子の拡散

(1) l を十分小さいとして，(12.13) 式を用いて，拡散係数 D と平均の速さ $\langle v \rangle$ の関係を求めよ。

(2) ランダム・ウォークの模型を用いることにより，時間 t だけ経過したときの微粒子の2乗平均変位が，

$$\langle x^2 \rangle = 2Dt \tag{12.20}$$

と表されることを導け。また，1 点に加えられた粉末の微粒子が，10 cm 程度の範囲に広がる時間を求めよ。ただし，拡散係数は例題 12.3 で得られた数値を用いよ。

解

(1) 拡散の流れ $J(x)$ は，「左の領域から右の領域に移動する微粒子の数」から，「右の領域から左の領域に移動する微粒子の数」を引いたものであるから，

$$\begin{aligned} J(x) &= \frac{1}{6} \langle v \rangle n(x - l/2) - \frac{1}{6} \langle v \rangle n(x + l/2) \\ &= \frac{1}{6} \langle v \rangle \left[\left(n(x) - \frac{l}{2} \frac{dn}{dx} \right) - \left(n(x) + \frac{l}{2} \frac{dn}{dx} \right) \right] \\ &= \frac{1}{6} \langle v \rangle l \frac{dn}{dx} \end{aligned}$$

となる。これを (12.13) 式と比較することにより，拡散係数 D を，

$$\underline{D = \frac{1}{6} \langle v \rangle l} \tag{12.21}$$

と求めることができる。

(2) 時間 t だけ経過したときの x 方向の2乗平均変位は，(12.19) 式に $l = \langle v \rangle \tau$ を用いて，

$$\langle x^2 \rangle = \frac{1}{3} N l^2 = \frac{1}{3} \frac{t}{\tau} \langle v \rangle \tau \cdot l$$

となり，(12.21) 式を用いて，(12.20) 式が導かれる。

2乗平均変位の平方根を広がりの大きさと考えて，$\sqrt{\langle x^2 \rangle} = 0.10$ とおく。その上で，例題 12.3 で得られた拡散係数の値 $D = 2.1 \times 10^{-13}$ m²/s を (12.20) 式に代入して，

$$t = \frac{\langle x^2 \rangle}{2D} = \underline{2.38 \times 10^{10} \text{ s}} = \underline{755 \text{ 年}}$$

となり，見た目には，このような微粒子はほとんど広がらないことがわかる。したがって，実際の微粒子の広がりは，対流などの影響が大きいと思われる。 ■

12.4　拡散方程式

先に，(12.11) 式で与えられるランダム・ウォーク模型の確率密度関数 $P(x, t)$ は，拡散方程式 (12.12) を満たすと述べた。この拡散方程式と $P(x, t)$ は，どのような物理的な意味をもつ量であるのか考えてみよう。

水の入った単位断面積のシリンダーを水平に置き，時刻 $t = 0$ に原点 $x = 0$ で微粒子を挿入する。このときの x 軸に沿った微粒子の広がり（拡散）は，時刻 t，位置 x での濃度 $n(x, t)$ で与えられる。ランダム・ウォーク模型を採用すれば，$n(x, t)$ は確率密度関数 $P(x, t)$ に比例する。

図 12.7 のように，単位断面積の面 x と $x + \Delta x$ で挟まれた領域の微粒子の数 $n \Delta x$ の変化は，単位時間あたり，面 x の

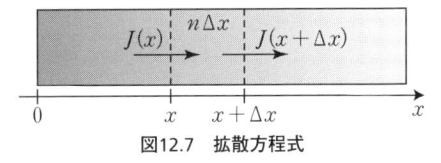

図12.7　拡散方程式

左側の領域から飛び込む微粒子の数 $J(x)$ と，面 $x + \Delta x$ の右側に飛び出す微粒子の数の差であるから，

$$\frac{\partial}{\partial t}(n(x, t) \Delta x) = J(x, t) - J(x + \Delta x, t)$$

が成り立つ。ここで，Δx を微小量として $J(x)$ を展開し，

$$J(x + \Delta x, t) = J(x, t) + \frac{\partial J}{\partial x} \Delta x$$

を用いると，

$$\frac{\partial n}{\partial t} \Delta x = -\frac{\partial J}{\partial x} \Delta x$$

となり，(12.13) 式を代入して，拡散方程式

$$\frac{\partial n}{\partial t} = D \frac{\partial^2 n}{\partial x^2} \tag{12.22}$$

を得る．偏微分方程式 (12.22) は，初期条件 $n(x, 0) = \delta(x)$ のもとで解

$$n(x, t) = \frac{1}{\sqrt{4\pi Dt}} \exp\left(-\frac{x^2}{4Dt}\right) \tag{12.23}$$

をもつことが知られている[2]．こうして濃度 $n(x, t)$ は，ランダム・ウォーク模型の確率密度関数 $P(x, t)$ と同等であることがわかる．

また，微粒子の2乗平均変位は，(12.23) 式よりガウス積分 (2.14) を用いて，

$$\begin{aligned}\langle x^2 \rangle &= \int_{-\infty}^{\infty} x^2 n(x, t)\,dx = \frac{1}{\sqrt{4\pi Dt}} \int_{-\infty}^{\infty} x^2 \exp\left(-\frac{x^2}{4Dt}\right) dx \\ &= 2Dt\end{aligned}$$

となり，(12.20) 式を得る．

12.5　ブラウン運動

微粒子の運動を，もう少し運動学的に考えてみよう．

質量 m の微粒子が水中を1次元運動をすると考えて，運動方程式を考察しよう．水からの粘性抵抗 $m\gamma v$（12.3節で述べた抵抗力 $6\pi\eta rv$ をこのようにおいた）の他に，ランダムな力 $R(t)$ がはたらく．このような力を**揺動力**といい，$\langle R(t)\rangle = 0$ である．このとき，微粒子の運動方程式は，

$$m\frac{dv}{dt} = -m\gamma v + R(t) \tag{12.24}$$

となる．(12.24) 式のように，揺動力を導入した運動方程式を**ランジュバン方程式**という．

ここで我々が興味をもっているのは，時間 t だけ経過したときの微粒子の2乗平均変位 $\langle x(t)^2\rangle$ である．そこで，$\langle x(t)^2\rangle$ を，ランジュバン方程式を用いて考えてみよう．

例題12.5　2乗平均変位

時間微分と平均操作を交換できるとして，下記の問に答えよ．

(1)　ランジュバン方程式 (12.24) 式を用いて，温度 T のとき，

$$\frac{d}{dt}\langle x(t)v(t)\rangle = -\gamma\langle x(t)v(t)\rangle + \frac{k_\mathrm{B}T}{m} \tag{12.25}$$

---

[2]　講談社基礎物理学シリーズ『物理のための数学入門』第12章 p.183〜参照．

が成り立つことを示せ。

(2) 長時間極限で2乗平均変位が,
$$\langle x(t)^2 \rangle = \frac{2k_{\mathrm{B}}T}{m\gamma} t \tag{12.26}$$
と表されることを導け。

解

(1) (12.24) 式の両辺に $x(t)$ を掛けて全微粒子に関して平均をとると,
$$m\left\langle x(t)\frac{\mathrm{d}v(t)}{\mathrm{d}t}\right\rangle = -m\gamma\langle x(t)v(t)\rangle + \langle x(t)R(t)\rangle \tag{12.27}$$
となる。いま, $\frac{\mathrm{d}x(t)}{\mathrm{d}t} = v(t)$ であるから,
$$\frac{\mathrm{d}}{\mathrm{d}t}(x(t)v(t)) = x(t)\frac{\mathrm{d}v(t)}{\mathrm{d}t} + v(t)^2$$
が成り立つ。時間微分と平均操作を交換できるとすると, (12.27) 式の左辺は,
$$m\left\langle x(t)\frac{\mathrm{d}v(t)}{\mathrm{d}t}\right\rangle = m\frac{\mathrm{d}}{\mathrm{d}t}\langle x(t)v(t)\rangle - m\langle v(t)^2\rangle$$
となる。また, 気体分子運動論によれば, 温度 T のとき, 1方向の平均運動エネルギーは, $\frac{1}{2}m\langle v(t)^2\rangle = \frac{1}{2}k_{\mathrm{B}}T$ となる。さらに, 搖動力 $R(t)$ はランダムであるから, $\langle x(t)R(t)\rangle = 0$ である。こうして, (12.27) 式から (12.25) 式が導かれる。

(2) (12.25) 式は, $C(t) = \langle x(t)v(t)\rangle$ に関する変数分離型微分方程式であるから, 容易に積分できる。積分定数を C_0 として,
$$C(t) = C_0 e^{-\gamma t} + \frac{k_{\mathrm{B}}T}{m\gamma}$$
となる。時刻 $t=0$ に $x=0$ で微粒子を挿入したとすると, $x(0)=0$ であるから, 初期条件は $C(0)=0$ となる。これより, $C_0 = -\frac{k_{\mathrm{B}}T}{m\gamma}$ となり, 次の式を得る。
$$C(t) = \frac{k_{\mathrm{B}}T}{m\gamma}(1 - e^{-\gamma t})$$

一方, $\frac{\mathrm{d}}{\mathrm{d}t}\langle x(t)^2\rangle = 2\langle x(t)v(t)\rangle$ より, 初期条件 $x(0)=0$ を用いて,

$$\langle x(t)^2 \rangle = 2\int C(t)\,\mathrm{d}t = 2\frac{k_B T}{m\gamma}\left(t + \frac{e^{-\gamma t}-1}{\gamma}\right)$$

となるから，長時間極限で2乗平均変位 (12.26) が導かれる．

(12.26) 式で，

$$D = \frac{k_B T}{m\gamma} \tag{12.28}$$

とおくと，(12.20) 式が導かれる．(12.28) 式は，アインシュタインの関係式 (12.18) を表している．

12.6　電気伝導

これまで考えてきた拡散の問題では，微粒子に一様な外力ははたらいていなかったが，一様な外力がはたらくと，微粒子は全体として外力のはたらく向きに移動する．電荷をもった微粒子に一様な電場をかけて外力を及ぼせば，微粒子の移動により電流が流れる．これが**電気伝導**である．

衝突間の時間

微粒子（金属の電気伝導では自由電子）が，時間 T の間に N 回，周囲の水分子（金属ではイオン）に衝突するとすると，衝突間の平均時間は $\tau = T/N$ である．そうすると，微小時間 $\mathrm{d}t$ の間の衝突回数，すなわち衝突する確率は $\frac{\mathrm{d}t}{\tau}$ と書ける．いま，注目している微粒子が，時間 t だけ前から現在まで衝突していない確率を $P(t)$ とすると，時間 $t+\mathrm{d}t$ だけ前から現在まで衝突していない確率 $P(t+\mathrm{d}t)$ は，

$$P(t+\mathrm{d}t) = P(t)\left(1 - \frac{\mathrm{d}t}{\tau}\right) \tag{12.29}$$

図12.8　現在まで衝突していない確率

と表される（図 12.8）．これより，

$$P(t+\mathrm{d}t) - P(t) = -\frac{1}{\tau}P(t)\mathrm{d}t \;\Rightarrow\; \frac{1}{P}\frac{\mathrm{d}P}{\mathrm{d}t} = -\frac{1}{\tau}$$

となり，初期条件 $P(0)=1$ を用いて積分して，次の式を得る．

$$P(t) = e^{-t/\tau} \tag{12.30}$$

例題12.6 微粒子の衝突時間

微粒子が衝突してからの平均時間 $\langle t \rangle$ を求め，その結果を考察せよ．

解 現在より時間 $t+\mathrm{d}t$ だけ前の時刻から時間 t だけ前の時刻の間に衝突が起きたとし，t だけ前の時刻から現在まで衝突が起きない確率は，$P(t)\dfrac{\mathrm{d}t}{\tau}$ と書けるから，衝突してからの平均時間が得られる．

$$\langle t \rangle = \int_0^\infty tP(t)\frac{\mathrm{d}t}{\tau} = \frac{1}{\tau}\int_0^\infty te^{-t/\tau}\mathrm{d}t = \underline{\tau} \tag{12.31}$$

すべての微粒子が時間 τ で衝突する場合，ある微粒子が時間 t だけ前から現在まで衝突していない確率 $P(t)$ は，$0 \leq t \leq \tau$ で 1，$\tau < t$ で 0 である（図12.9）．そうすると，衝突してからの平均時間は，

$$\langle t \rangle = \int_0^\tau t\frac{\mathrm{d}t}{\tau} = \frac{\tau}{2}$$

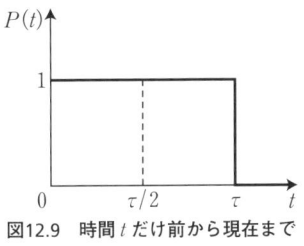

図12.9 時間 t だけ前から現在まで衝突していない確率 $P(t)$

となる．ところが，(12.31) 式では $\langle t \rangle = \tau$ である．このようになる理由は，(12.30) 式からわかるように，確率 $P(t)$ が指数関数で与えられるため，わずかながら，衝突後，非常に長時間衝突しない微粒子が存在するためである．その結果，衝突後の平均時間が τ になる．■

電気伝導度

図 12.10 のように，長さ L，断面積 S の金属に電圧 V をかけたとき流れる電流の強さを I とする．いま，単位体積あたりの自由電子の数を n，電子が電場と逆向きに動く平均の速度（これを**ドリフト速度**という）を v_D，電子の電荷の大きさを e とすると，

$$I = enSv_\mathrm{D} \tag{12.32}$$

となる．いま，金属中の電場の強さは $E = V/L$ であるから，電場から力を受けて運動する自由電子の加速度は，$a = \dfrac{eE}{m}$ である．また，ドリフト速度，すなわち衝突してから時間 τ だけ経過した電子の速度

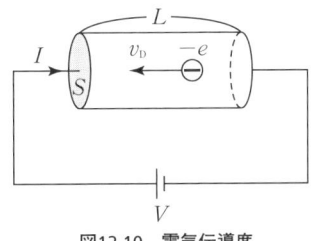

図12.10 電気伝導度

v_D は,

$$v_D = a\tau = \frac{eE}{m}\tau$$

と書けるから，電流密度（単位面積あたりの電流）は,

$$j = \frac{I}{S} = \frac{ne^2\tau}{m}E$$

となる。ここで，電気伝導率 σ は，定義 $j = \sigma E$ より，次のようになる。

$$\sigma = \frac{ne^2\tau}{m} \tag{12.33}$$

10分補講　希薄気体の粘性と熱伝導，拡散

図 12.11 のように，気体や液体のような流体が，位置 y によって異なる速さ $u_x(y)$ で $+x$ 方向に流れており，$u_x(y)$ は y とともに増加しているものとする。いま，位置 y より下側の流体が上側の流体に，接触面の単位面積あたりに及ぼす x 方向の粘性力を P_{yx} とする。その大きさは速度勾配 $\dfrac{\partial u_x(y)}{\partial y}$ に比例するはずであるから，

$$P_{yx} = -\eta \frac{\partial u_x}{\partial y} \tag{12.34}$$

と表される。ここで，係数 η を**粘性率**あるいは**粘性係数**という。粘性係数 η は，12.3 節で用いられたストークスの法則に現れたものである。

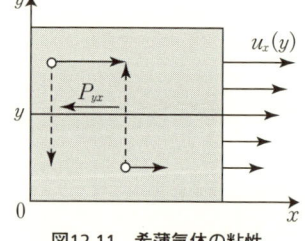

図12.11　希薄気体の粘性

粘性についても，本章で考えた拡散などと同様に考えることができる。ここでは，一様な温度 T の希薄気体について，定性的に考えてみよう。

気体分子は熱運動し，平均の速さ $\langle v \rangle \approx \sqrt{\langle v^2 \rangle} \propto \sqrt{T}$ で飛び回りながら，全体として x 軸方向へ速度 $u_x(y)$ で動いている。下側領域にある分子が上側領域に入ると，上側領域の分子の運動量の x 成分は増加する。上側領域にある分子が下側の領域に入ると，その分,

上側領域の分子の運動量の x 成分は減少する。単位面積の座標 y の面を越えて移動する分子によって与えられる運動量変化から応力としての粘性力 P_{yx} が求められ，(12.34) 式に代入すれば粘性係数 η が求められる。

このように，粘性，熱伝導，拡散という現象の間には類似点があり，粘性係数 η と熱伝導係数 κ の間，および，η と拡散係数 D の間には，ある特別な関係式が成り立つことが知られている。

章末問題

12.1 (12.11) 式で与えられる確率密度関数 $P(x,t)$ は，拡散方程式 (12.12) を満たすことを示せ。

12.2 図 12.12 のように，温度 T が x 座標のみに依存する単位断面積の円柱状物体において，単位時間あたり面 x を $+x$ 方向へ通過する熱量 Q は，面 x での温度勾配 $\dfrac{dT}{dx}$ に比例すると考えられる。そこで，比例定数を κ とすると，

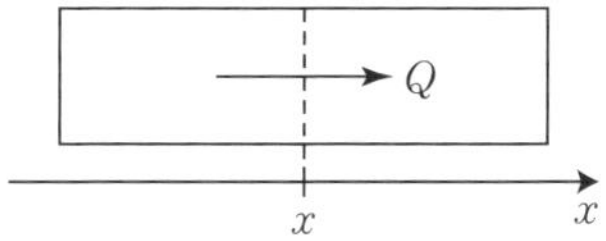

$$Q = -\kappa \frac{dT}{dx} \tag{12.35}$$

図12.12　熱伝導

と表される。このときの κ を**熱伝導係数**という。希薄気体の熱伝導係数 κ を，気体分子の平均自由行程 l，分子の平均の速さ $\langle v \rangle$，単位体積あたりの分子数 n，ボルツマン定数 k_B を用いて表せ。また，平均自由行程 l は気体の温度 T によらない。これより，$\kappa \propto T^\alpha$ と書いたときの指数 α を求めよ。ここでは，例題 12.6 で考えたように，面 x を通過する気体分子が衝突してからの経過時間の平均 $l/\langle v \rangle$ は，衝突間の平均時間 τ に等しく，$\langle v \rangle \tau = l$ が成り立つとする。したがって，面 x を左から右に通過する分子がもつ平均運動エネルギーは，位置 $x-l$ での平均エネルギー $\bar{\varepsilon}(x-l)$ に等しいとする。

付録 A

熱力学第2法則と
熱力学関数，相平衡

　熱をエネルギーとみなせば，熱力学第1法則はエネルギー保存則であり，多数のミクロな粒子の集合体としての巨視的な系の変化においても力学的な保存則が成り立つということを示している．ところが，エネルギー保存則を満たす変化であれば常に実現可能かというとそうではない．混合物の場合，濃度が一様になっていく傾向があるが，その逆の変化は外的条件を変えない限り決して起こらない．濃度が一様になっていく変化とその逆の変化もエネルギーは保存しており，エネルギー保存則に関する限り，双方の変化が可能である．それにもかかわらず，変化の一方向のみが実現可能ということから，エネルギー保存則以外に，逆の変化が起こらないという性質(不可逆性)を規定する法則があることがわかる．まず不可逆性の指標であるエントロピーの概念について考える．

熱機関
　高温熱源と低温熱源との間で熱を移動させる際に，高温熱源から得られる熱の一部を仕事に変える系を**熱機関**(**熱サイクル**)と呼ぶ．熱機関は全過程を終了したら，再び元の状態に戻るものである．

A.1　カルノー・サイクル

　理想気体を熱機関として，準静(**可逆**)的に変化させて元の状態に戻す1周の状態変化を**カルノー・サイクル**と呼ぶ。カルノー・サイクルは，逆向きに作動させることのできる**可逆サイクル**である。

　例として，図A.1に示す4つの段階を通して1モルの理想気体が元の状態に戻る場合を考えよう。

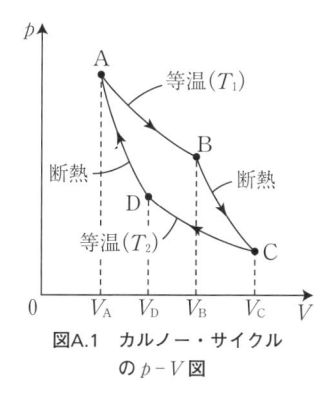

図A.1　カルノー・サイクルの p-V 図

過程 A → B：準静的等温膨張

　温度 T_1 の高温熱源に接触したまま，理想気体を平衡状態 A（体積 V_A）から平衡状態 B（体積 V_B）まで準静的に等温膨張する。気体の圧力を p，体積を V とすると，状態方程式は $pV = RT_1$（R は気体定数）であり，微小な体積変化 dV に対して理想気体が受ける仕事は，

$$W = -pdV = -\frac{RT_1}{V}dV \tag{A.1}$$

と表されるから，A → B の過程で理想気体が受ける仕事は，

$$W_{A \to B} = -\int_{V_A}^{V_B} \frac{RT_1}{V} dV = -RT_1 \ln\left(\frac{V_B}{V_A}\right) \tag{A.2}$$

である。理想気体の内部エネルギー U は温度だけで決まるから，状態 A と状態 B の内部エネルギーは変化しない（$U_A = U_B$）。よって，熱力学第1法則より，理想気体が熱源からもらう熱量は受けた仕事の符号を変えたものと同じである。よって，

$$Q_1 = RT_1 \ln\left(\frac{V_B}{V_A}\right) \tag{A.3}$$

となる。

過程 B → C：準静的断熱膨張

　状態 B から C まで準静的に断熱膨張させて，高温熱源の温度 T_1 から低温熱源の温度 T_2 まで下げる。

付録A 熱力学第2法則と熱力学関数，相平衡

例題A.1 ポアソンの関係式の導出

理想気体（圧力 p，体積 V，温度 T）の準静的断熱変化では，**ポアソンの関係式**

$$TV^{\gamma-1} = 一定 \tag{A.4}$$

$$pV^\gamma = 一定 \tag{A.5}$$

が成り立つことを導け。ここで，定圧モル比熱 c_p と定積モル比熱 c_v の比 $\gamma = \dfrac{c_p}{c_v}$ を**比熱比**という。

解 1モルの理想気体を考える。熱力学第1法則より $\mathrm{d}U = -p\mathrm{d}V$ である。一方，微小な温度変化 $\mathrm{d}T$ に対応する内部エネルギーの変化 $\mathrm{d}U$ は，定積モル比熱 c_v を用いて $\mathrm{d}U = c_v\mathrm{d}T$ と表される。よって，

$$\mathrm{d}U = c_v\mathrm{d}T = -p\mathrm{d}V = -\frac{RT}{V}\mathrm{d}V$$

すなわち，

$$c_v \frac{\mathrm{d}T}{T} + R \frac{\mathrm{d}V}{V} = 0 \tag{A.6}$$

となる。ここで，理想気体に対するマイヤーの関係式 $c_p = c_v + R$ を用いると，(A.6) 式は，

$$\frac{\mathrm{d}T}{T} + (\gamma - 1) \frac{\mathrm{d}V}{V} = 0$$

と表すことができる。上式を積分すると，

$$\ln T + (\gamma - 1)\ln V = 一定$$

となり，(A.4) 式を得る。また，$pV = RT$ を使って T を消去して (A.5) 式を得る。 ■

断熱過程（$Q = 0$）なので，理想気体になされた仕事 $W_{\mathrm{B}\to\mathrm{C}}$ は内部エネルギーの増加分に等しい。1モルの理想気体に対しては，$\mathrm{d}U = c_v\mathrm{d}T$ であるから，

$$W_{\mathrm{B}\to\mathrm{C}} = U_{\mathrm{C}} - U_{\mathrm{B}} = c_v(T_2 - T_1) < 0 \tag{A.7}$$

となる。

過程 C → D：準静的等温圧縮

過程 A → B と同様に，温度 T_2 の低温熱源に接触したまま，気体の体

積を $V_\mathrm{C} \to V_\mathrm{D}$ と変化させる。理想気体になされた仕事 $W_{\mathrm{C}\to\mathrm{D}}$ は，

$$W_{\mathrm{C}\to\mathrm{D}} = -RT_2 \ln\left(\frac{V_\mathrm{D}}{V_\mathrm{C}}\right) = RT_2 \ln\left(\frac{V_\mathrm{C}}{V_\mathrm{D}}\right) > 0 \tag{A.8}$$

となる。ここで，等温なので，内部エネルギーは変化しない。低温熱源に捨てた熱量 Q_2 はなされた仕事に等しい。よって，

$$Q_2 = W_{\mathrm{C}\to\mathrm{D}} = RT_2 \ln\left(\frac{V_\mathrm{C}}{V_\mathrm{D}}\right) > 0 \tag{A.9}$$

となる。

過程 D → A：準静的断熱圧縮

過程 B → C と同様に，

$$W_{\mathrm{D}\to\mathrm{A}} = c_v(T_1 - T_2) \tag{A.10}$$

となる。

カルノー・サイクルの効率

1サイクルの間に熱機関になされた仕事は，

$$W_{\mathrm{A}\to\mathrm{B}} + W_{\mathrm{B}\to\mathrm{C}} + W_{\mathrm{C}\to\mathrm{D}} + W_{\mathrm{D}\to\mathrm{A}} = -RT_1 \ln\left(\frac{V_\mathrm{B}}{V_\mathrm{A}}\right) + RT_2 \ln\left(\frac{V_\mathrm{C}}{V_\mathrm{D}}\right) \tag{A.11}$$

よって，熱機関が外にした仕事は符号を変えて，

$$W' = RT_1 \ln\left(\frac{V_\mathrm{B}}{V_\mathrm{A}}\right) - RT_2 \ln\left(\frac{V_\mathrm{C}}{V_\mathrm{D}}\right) \tag{A.12}$$

となる。ところが，理想気体の断熱過程に対するポアソンの関係式 (A.4) より，

$$T_1 V_\mathrm{B}^{\gamma-1} = T_2 V_\mathrm{C}^{\gamma-1}, \quad T_1 V_\mathrm{A}^{\gamma-1} = T_2 V_\mathrm{D}^{\gamma-1}$$

となるから，辺々割り算して，

$$\frac{V_\mathrm{B}}{V_\mathrm{A}} = \frac{V_\mathrm{C}}{V_\mathrm{D}} \tag{A.13}$$

が導かれる。よって，熱機関の効率 $\eta = \dfrac{W'}{Q_1}$ は（図 A.2），

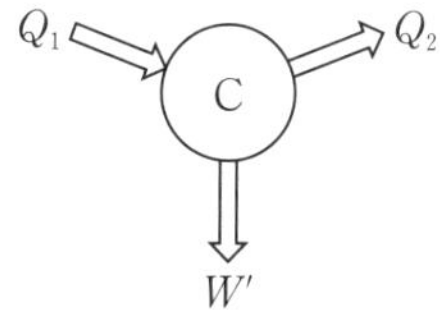

図A.2 熱機関の効率

$$\eta = \frac{W'}{Q_1} = \frac{RT_1 \ln(V_\mathrm{B}/V_\mathrm{A}) - RT_2 \ln(V_\mathrm{C}/V_\mathrm{D})}{RT_1 \ln(V_\mathrm{B}/V_\mathrm{A})} = \frac{T_1 - T_2}{T_1}$$

となる。また，$W' = Q_1 - Q_2$（エネルギー保存則）より，

$$\frac{Q_1 - Q_2}{Q_1} = \frac{T_1 - T_2}{T_1} \Rightarrow \frac{Q_2}{Q_1} = \frac{T_2}{T_1} \tag{A.15}$$

となる。

上に述べたカルノー・サイクルは，作業物質(理想気体)の状態変化をゆっくりと行わせ，常に平衡状態を保ったままの理想的な場合(準静的過程)の熱機関であり，その効率は，

$$\eta_{\text{理想}} = \frac{T_1 - T_2}{T_1} \tag{A.16}$$

となる。ここで2つの熱源の温度 T_1, T_2 は絶対温度で表したものである。しかし，熱機関の平衡状態が破れる一般の場合には，熱効率はこれよりも小さく，

$$\eta \leq \frac{T_1 - T_2}{T_1} \tag{A.17}$$

となる。

A.2　クラウジウスの不等式

クラウジウスの原理は第2法則の1つの表現であり，

「低温の熱源から高温の熱源に熱を移し，それ以外に何の変化も残さないことは不可能である」

と述べられる。

例題A.2　クラウジウスの不等式

図A.3のように，一般の熱機関 D が温度 T_1 の高温熱源から熱量 Q_1 を吸収し，温度 T_2 の低温熱源に熱量 Q_2 を放出して，逆カルノー・サイクル（カルノー・サイクルを逆向きに作動させるサイクル）$\overline{\text{C}}$ に仕事 W を与える場合を考えて，クラウジウスの原理から**クラウジウスの不等式**

$$\frac{Q_1}{T_1} \leq \frac{Q_2}{T_2} \tag{A.18}$$

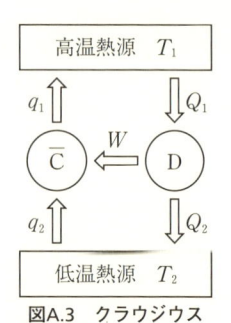

図A.3　クラウジウスの不等式

を導け。ただし，q_1 は $\overline{\mathrm{C}}$ が高温熱源に捨てる熱量であり，q_2 は $\overline{\mathrm{C}}$ が低温熱源から受け取る熱量である。

解　図 A.3 の場合を考えると，エネルギー保存則より，

$$\begin{cases} Q_1 = W + Q_2 \\ q_1 = W + q_2 \end{cases} \tag{A.19}$$

が成り立つ。$\overline{\mathrm{C}}$ と D を 1 つの熱機関と考えてクラウジウスの原理を適用すると，$q_1 - Q_1 > 0$ とはなり得ない。したがって $q_1 - Q_1 \leq 0$ である。これより，

$$\frac{W}{Q_1} \leq \frac{W}{q_1}$$

となる。一方，

$$\frac{W}{Q_1} = \frac{Q_1 - Q_2}{Q_1} = 1 - \frac{Q_2}{Q_1}$$

であり，また，逆カルノー・サイクル $\overline{\mathrm{C}}$ についても (A.15) 式と同様な式が成り立つから，

$$\frac{W}{q_1} = \frac{q_1 - q_2}{q_1} = 1 - \frac{q_2}{q_1} = 1 - \frac{T_2}{T_1}$$

よって，

$$\frac{Q_2}{Q_1} \geq \frac{T_2}{T_1}$$

となり，クラウジウスの不等式 (A.18) が導かれる。ここで，等号は，熱機関 D が可逆機関(例えば，カルノー・サイクル)の場合である。　∎

ここで，熱源から熱機関に流れる向きの熱量を正とすると，$-Q_2 \to Q_2$ として，

$$\text{可逆の場合：} \quad \frac{Q_1}{T_1} + \frac{Q_2}{T_2} = 0$$

$$\text{不可逆の場合：} \frac{Q_1}{T_1} + \frac{Q_2}{T_2} < 0$$

となる。

一般に，熱源の温度が連続的に変化する場合，温度 T の熱源が無数にあり，そこから微小な熱量 $\mathrm{d}'Q$ を吸収すると考えればよいから，

$$\text{可逆の場合：} \quad \oint \frac{\mathrm{d}'Q}{T} = 0 \tag{A.20}$$

不可逆の場合：$\oint \dfrac{\mathrm{d}'Q}{T} < 0$ (A.21)

となる．ここで，積分記号の○は，1サイクルにわたるものであることを示している．

A.3 エントロピー

クラウジウスの不等式を用いると，可逆サイクルについて，次の定理が成り立つことがわかる．

「ある系（考えている対象の物体など）を準静的（可逆的）に状態 A から状態 B まで変化させるとき，途中で温度 T の系が吸収する熱量を $(\mathrm{d}'Q)_r$ と書くと，

$$\int_{\mathrm{A}\to\mathrm{B}} \dfrac{(\mathrm{d}'Q)_r}{T}$$

は，はじめの状態 A と終わりの状態 B だけで決まり，途中の経路によらない」

ここで，$(\mathrm{d}'Q)_r$ の添字 r は，reversible の頭文字で，可逆を意味する．

この定理が成り立つことは，図 A.4 のように，準静的に，状態 A から状態 B まで経路 C，D をへて変化させ，B から A まで経路 E をへて変化させる場合を考えるとわかる．

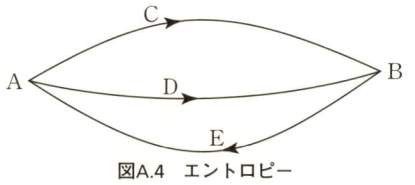

図A.4 エントロピー

サイクル A→C→B→E→A とサイクル A→D→B→E→A は可逆であるから，(A.20) 式よりそれぞれ，

$$\int_{\mathrm{ACB}} \dfrac{(\mathrm{d}'Q)_r}{T} + \int_{\mathrm{BEA}} \dfrac{(\mathrm{d}'Q)_r}{T} = 0, \quad \int_{\mathrm{ADB}} \dfrac{(\mathrm{d}'Q)_r}{T} + \int_{\mathrm{BEA}} \dfrac{(\mathrm{d}'Q)_r}{T} = 0$$

これより，

$$\int_{\mathrm{ACB}} \dfrac{(\mathrm{d}'Q)_r}{T} = \int_{\mathrm{ADB}} \dfrac{(\mathrm{d}'Q)_r}{T}$$

となる．ここで，経路 C，D は任意にとることができるから，

$$\int_{\mathrm{A}\to\mathrm{B}} \frac{(\mathrm{d}'Q)_r}{T}$$

は，状態 A と B だけで決まり，途中の経路によらないことがわかる。

いま，状態 O を標準状態とすると，

$$S(\mathrm{P}) = \int_{\mathrm{O}\to\mathrm{P}} \frac{(\mathrm{d}'Q)_r}{T} + S_0$$

は，状態 P で決まる状態量となる。そこで，$S(\mathrm{P})$ を状態 P の**エントロピー**と呼ぶ。状態 P が状態 O に等しいとき，$S(\mathrm{O}) = S_0$ となるから，S_0 は状態 O のエントロピーである。また，状態 P と Q のエントロピーの差は，

$$S(\mathrm{Q}) - S(\mathrm{P}) = \int_{\mathrm{P}\to\mathrm{Q}} \frac{(\mathrm{d}'Q)_r}{T} \tag{A.22}$$

と書ける。ここで，$\mathrm{d}S = S(\mathrm{Q}) - S(\mathrm{P})$ とすると，$\mathrm{d}'Q = T\mathrm{d}S$ となるから，微小変化に対する熱力学第 1 法則は，

$$\mathrm{d}U = T\mathrm{d}S - p\mathrm{d}V$$

となる。これより，定積熱容量 C_v はエントロピー S を用いて，

$$C_v = \left(\frac{\partial U}{\partial T}\right)_V = T\left(\frac{\partial S}{\partial T}\right)_V \tag{A.23}$$

と表されることがわかる。

次に，考えている系内の粒子数も変化する場合を考えてみよう。このとき，系内のエネルギーは変化する。そこで，エントロピー S と体積 V を一定にしたときの粒子 1 個あたりのエネルギー増加を μ と書き，**化学ポテンシャル**と呼ぶことにする。そうすると，平衡状態における系のエネルギーをエントロピー S，体積 V，粒子数 N の関数として $U(S, V, N)$ と表したとき，その微小変化は，

$$\mathrm{d}U = T\mathrm{d}S - p\mathrm{d}V + \mu\mathrm{d}N \tag{A.24}$$

と表される。このことは，系の内部エネルギー，体積，粒子数を指定するとエントロピーも決まることを意味する。つまり，$S = S(U, V, N)$ と表される。

(A.24) 式を，

$$\mathrm{d}S = \frac{1}{T}\mathrm{d}U + \frac{p}{T}\mathrm{d}V - \frac{\mu}{T}\mathrm{d}N \tag{A.25}$$

付録A 熱力学第2法則と熱力学関数,相平衡

と書くと,エントロピーは U, V, N の関数としたときの変化を表す。これより,エントロピーを U, V, N で偏微分したものは温度,圧力,化学ポテンシャルを与えることがわかる。

$$\left(\frac{\partial S}{\partial U}\right)_{V,N} = \frac{1}{T}, \quad \left(\frac{\partial S}{\partial V}\right)_{U,N} = \frac{p}{T}, \quad \left(\frac{\partial S}{\partial N}\right)_{U,V} = -\frac{\mu}{T} \quad (A.26)$$

ここで,偏微分の添字 V, N, U は,それぞれ体積 V,粒子数 N,内部エネルギー U を一定にした偏微分であることを意味する。

系のエントロピーは,準静的変化を用いて定義された。しかしながら,系の平衡状態を保ったまま状態を変化させることは厳密には不可能である。例えば,熱源から熱を得るためには熱源との間に温度差が必要であるが,温度差があると,熱源と系が接するところは平衡状態ではなくなる。実際には,温度差を極力小さくして非常にゆっくりと変化させること(この意味で「準静的」と呼ぶのである)により,外界と接触する場所や系内に生じる不均一性,また内部摩擦などを最小限にする。エントロピーは,このような極限的概念を用いて定義される。

例題A.3 理想気体のエントロピー

温度 T_0,体積 V_0 の状態を標準状態とする。標準状態の理想気体1モルのエントロピーを S_0 として,温度 T,体積 V の1モルの理想気体のエントロピーを求めよ。ただし,理想気体の定積モル比熱 c_v は温度によらず一定とする。

解 1モルの理想気体が状態 (p, V, T) から状態 $(p+dp, V+dV, T+dT)$ へ準静的に微小変化をするとき,内部エネルギーの変化を dU として,熱力学第1法則は,

$$(d'Q)_r = dU + pdV = c_v dT + \frac{RT}{V} dV$$

と書ける。ここで,理想気体の状態方程式を用いた。

(A.22)式より,温度 T,体積 V の理想気体1モルのエントロピーは,

$$S(T, V) = S_0 + c_v \int_{T_0}^{T} \frac{dT}{T} + R \int_{V_0}^{V} \frac{dV}{V} = \underline{S_0 + c_v \ln \frac{T}{T_0} + R \ln \frac{V}{V_0}} \quad (A.27)$$

となる。 ∎

エントロピー増大の法則

いま，ある系がある平衡状態 A から別の平衡状態 B へと変化したとする。一般の変化では，得た熱量 Q を熱源の温度 T_R で割ったものと状態変化後のエントロピーの増加分 $\Delta S = S_B - S_A$ との間には，$\Delta S \geq Q/T_R$ という関係がある。よって，ある系が熱的に孤立している場合（熱の授受がない場合 $Q = 0$），状態変化があるとすれば不等式 $\Delta S \geq 0$ を満たさなければならない。つまり，孤立系では，状態変化は必ずエントロピー増大（非減少）を伴う。

例題A.4 **定圧体積変化率**

(1) エントロピーと定圧熱容量の間に，
$$\left(\frac{\partial S}{\partial T}\right)_p = \frac{C_p}{T} \tag{A.28}$$
の関係が成り立つことを示せ。

(2) 一定圧力，有限温度の下で一様な物体を準静的に変化させるとき，定圧体積変化率 $\alpha = \dfrac{1}{V}\left(\dfrac{\partial V}{\partial T}\right)_p$ が正であるか負であるかによって，物体のエントロピーが増大または減少することを示せ。ただし，絶対零度以外では，熱容量はつねに正であるとする。

解

(1) 定圧熱容量は，定義より $C_p = \left(\dfrac{d'Q}{dT}\right)_p$ と書けるが，$d'Q = TdS$ であるから，$C_p = T\left(\dfrac{\partial S}{\partial T}\right)_p$ となり，(A.28) 式が示される。

(2) 合成関数の偏微分より，
$$\left(\frac{\partial S}{\partial T}\right)_p = \left(\frac{\partial S}{\partial V}\right)_p \left(\frac{\partial V}{\partial T}\right)_p$$
と書ける。ここで $C_p > 0$ であるから，(A.28) 式を上式に代入すれば，$\left(\dfrac{\partial S}{\partial V}\right)_p$ と $\left(\dfrac{\partial V}{\partial T}\right)_p$ は同符号となる。これは，次のことを示している。

温度 T が上昇するとともに体積 V が増大する（$\alpha > 0$）ならば，そのエントロピー S は増大する。T が下降するとともに V が増大する（$\alpha < 0$）ならば，そのエントロピー S は減少する。 ∎

A.4 状態の安定性

熱力学第 2 法則の不等式は状態の安定性を議論するのに非常に役立つ。

孤立系

熱の出入りなどがない**孤立系**という条件で，はじめの状態が，U_a，V_a で決まるエントロピー $S_a = S(U_a, V_a, N)$ にあるとする。変化のあと U_b，V_b で決まるエントロピー $S_b = S(U_b, V_b, N)$ にあるとする。このとき，
$$\Delta S = S_b - S_a \geq 0$$
となる。逆に，2 つの状態があって，その間に $S_a < S_b$ という関係があれば，状態 b は状態 a のあとに実現する。したがって，エントロピー最大の状態が安定であり，それ以上変化しない。つまり，与えられた条件の下で**エントロピー最大となる状態が安定な平衡状態**である。

熱平衡状態にある 2 つの部分系の温度，圧力，化学ポテンシャルの間に，どのような関係が成り立つか，考えてみよう。

例えば，断熱壁で囲まれている体積一定の容器にある n 成分系（n 種類の分子からなる系）を 2 つの部分に分ける。それぞれを a, b とする。すると，エネルギー，体積，粒子数は全体で保存するから，
$$U^{(a)} + U^{(b)} = U, \quad V^{(a)} + V^{(b)} = V, \quad N_j^{(a)} + N_j^{(b)} = N_j, \quad j = 1, \cdots, n \tag{A.29}$$

全エントロピーは，
$$\begin{aligned} S = &S^{(a)}(U^{(a)}, V^{(a)}, N_1^{(a)}, \cdots, N_n^{(a)}) \\ &+ S^{(b)}(U^{(b)}, V^{(b)}, N_1^{(b)}, \cdots, N_n^{(b)}) \end{aligned} \tag{A.30}$$

よって，微小なエントロピー変化は，
$$\begin{aligned} \Delta S = &\frac{\partial S^{(a)}}{\partial U^{(a)}} \Delta U^{(a)} + \frac{\partial S^{(b)}}{\partial U^{(b)}} \Delta U^{(b)} \\ &+ \frac{\partial S^{(a)}}{\partial V^{(a)}} \Delta V^{(a)} + \frac{\partial S^{(b)}}{\partial V^{(b)}} \Delta V^{(b)} \\ &+ \sum_{j=1}^{n} \left[\frac{\partial S^{(a)}}{\partial N_j^{(a)}} \Delta N_j^{(a)} + \frac{\partial S^{(b)}}{\partial N_j^{(b)}} \Delta N_j^{(b)} \right] \end{aligned}$$

となる。一方，保存則より，

$$\begin{cases} \Delta U^{(\mathrm{a})} + \Delta U^{(\mathrm{b})} = 0 \\ \Delta V^{(\mathrm{a})} + \Delta V^{(\mathrm{b})} = 0 \\ \Delta N_j^{(\mathrm{a})} + \Delta N_j^{(\mathrm{b})} = 0 \quad (j = 1, \cdots, n) \end{cases}$$

よって,

$$\Delta S = \left(\frac{\partial S^{(\mathrm{a})}}{\partial U^{(\mathrm{a})}} - \frac{\partial S^{(\mathrm{b})}}{\partial U^{(\mathrm{b})}} \right) \Delta U^{(\mathrm{a})} + \left(\frac{\partial S^{(\mathrm{a})}}{\partial V^{(\mathrm{a})}} - \frac{\partial S^{(\mathrm{b})}}{\partial V^{(\mathrm{b})}} \right) \Delta V^{(\mathrm{a})}$$
$$+ \sum_{j=1}^{n} \left(\frac{\partial S^{(\mathrm{a})}}{\partial N_j^{(\mathrm{a})}} - \frac{\partial S^{(\mathrm{b})}}{\partial N_j^{(\mathrm{b})}} \right) \Delta N_j^{(\mathrm{a})}$$

となる。したがって,エントロピーの極値が達成されるためには,$\Delta S = 0$ より,

$$\frac{\partial S^{(\mathrm{a})}}{\partial U^{(\mathrm{a})}} = \frac{\partial S^{(\mathrm{b})}}{\partial U^{(\mathrm{b})}}, \quad \frac{\partial S^{(\mathrm{a})}}{\partial V^{(\mathrm{a})}} = \frac{\partial S^{(\mathrm{b})}}{\partial V^{(\mathrm{b})}}, \quad \frac{\partial S^{(\mathrm{a})}}{\partial N_j^{(\mathrm{a})}} = \frac{\partial S^{(\mathrm{b})}}{\partial N_j^{(\mathrm{b})}}$$

すなわち,

$$T^{(\mathrm{a})} = T^{(\mathrm{b})}, \ p^{(\mathrm{a})} = p^{(\mathrm{b})}, \ \mu_j^{(\mathrm{a})} = \mu_j^{(\mathrm{b})} \tag{A.31}$$

が条件となる。これは,2つの系の間の熱平衡条件に他ならない。

等温定積変化

等温で定積の条件の下では,実際に流入した熱量を Q とすると,$\Delta S \geq \frac{Q}{T}$ である。一方,等積条件から,なされた仕事は $W = 0$ である。よって,$\Delta U = Q \leq T\Delta S$ となる。すなわち,不等式 $\Delta U - T\Delta S \leq 0$ が得られる。ここで**ヘルムホルツの自由エネルギー**を,

$$F = U - TS \tag{A.32}$$

で定義すると,等温定積変化では,

$$\Delta F = \Delta U - T\Delta S \leq 0 \tag{A.33}$$

という不等式が成り立つ。すなわち,等温定積の条件下では,ヘルムホルツの自由エネルギーは減少する。よって,**ヘルムホルツの自由エネルギー最小の状態が安定平衡状態**である。

等温定圧変化

等温で定圧の条件の下では,受けた熱を Q,体積変化 ΔV に伴って受ける仕事を $W = -p\Delta V$ とすると,不等式

付録A　熱力学第2法則と熱力学関数，相平衡

$$\Delta U = Q - p\Delta V \leq T\Delta S - p\Delta V \tag{A.34}$$

が成り立つ。ここで，**ギブスの自由エネルギー**を，

$$G = U - TS + pV = F + pV \tag{A.35}$$

で定義すると，ギブスの自由エネルギーの変化分について，

$$\Delta G = \Delta U - T\Delta S + p\Delta V \leq 0 \tag{A.36}$$

という不等式が成り立つことになる。よって，**ギブスの自由エネルギー最小の状態が安定平衡状態**である。

A.5　熱力学関数

これまで述べてきた内部エネルギー U，ヘルムホルツの自由エネルギー F，ギブスの自由エネルギー G などを**熱力学関数**という。ここで，熱力学関数についてまとめておこう。ヘルムホルツの自由エネルギーは (A.32) 式で定義され，その微分をとると，

$$\begin{aligned} \mathrm{d}F &= \mathrm{d}U - \mathrm{d}(TS) = T\mathrm{d}S - p\mathrm{d}V + \mu \mathrm{d}N - T\mathrm{d}S - S\mathrm{d}T \\ &= -p\mathrm{d}V + \mu \mathrm{d}N - S\mathrm{d}T \end{aligned} \tag{A.37}$$

となる。よって，ヘルムホルツの自由エネルギー F の独立変数は体積 V，粒子数 N および，温度 T である。それらについての偏微分は以下のようになる。

$$\left(\frac{\partial F}{\partial V} \right)_{T,N} = -p, \quad \left(\frac{\partial F}{\partial N} \right)_{V,T} = \mu, \quad \left(\frac{\partial F}{\partial T} \right)_{V,N} = -S \tag{A.38}$$

ギブスの自由エネルギーは (A.35) 式で定義され，その微分をとると，

$$\begin{aligned} \mathrm{d}G &= \mathrm{d}F + \mathrm{d}(pV) = -p\mathrm{d}V + \mu \mathrm{d}N - S\mathrm{d}T + p\mathrm{d}V + V\mathrm{d}p \\ &= \mu \mathrm{d}N - S\mathrm{d}T + V\mathrm{d}p \end{aligned} \tag{A.39}$$

となる。よって，ギブスの自由エネルギー G の独立変数は圧力 p，温度 T および粒子数 N である。偏微分は以下のようになる。

$$\left(\frac{\partial G}{\partial p} \right)_{T,N} = V, \quad \left(\frac{\partial G}{\partial N} \right)_{T,p} = \mu, \quad \left(\frac{\partial G}{\partial T} \right)_{p,N} = -S \tag{A.40}$$

A.6　相平衡

ギブス – デュエムの関係式

　エントロピーは示量変数であるとする。つまり，系の大きさに比例する量であるとする。そうすると，どのようなことが言えるかを考えてみよう。n 成分系で，そのサイズを λ 倍にすると，エントロピーも λ 倍になることから，

$$S(\lambda U, \lambda V, \lambda N_1, \cdots, \lambda N_n) = \lambda S(U, V, N_1, \cdots, N_n) \quad (A.41)$$

が成り立つ。つまり，内部エネルギー，体積，粒子数を λ 倍したときのエントロピーは元のエントロピーの n 倍になる。

　(A.41) 式の両辺を λ で微分すると，

$$\frac{\partial S}{\partial (\lambda U)} \frac{\mathrm{d}(\lambda U)}{\mathrm{d}\lambda} + \frac{\partial S}{\partial (\lambda V)} \frac{\mathrm{d}(\lambda V)}{\mathrm{d}\lambda} + \sum_{i=1}^{n} \frac{\partial S}{\partial (\lambda N_i)} \frac{\mathrm{d}(\lambda N_i)}{\mathrm{d}\lambda} = S$$

となり，$\lambda = 1$ とおくと，

$$\frac{\partial S}{\partial U} U + \frac{\partial S}{\partial V} V + \sum_{i=1}^{n} \frac{\partial S}{\partial N_i} N_i = S$$

となる。ここで，熱力学的関係式 ((A.26) 式参照)

$$\frac{\partial S}{\partial U} = \frac{1}{T}, \quad \frac{\partial S}{\partial V} = \frac{p}{T}, \quad \frac{\partial S}{\partial N_i} = -\frac{\mu_i}{T}$$

を用いて分母を払うと，

$$TS = U + pV - \sum_{i=1}^{n} \mu_i N_i \quad (A.42)$$

が導かれる。さらに，ギブスの自由エネルギーの定義 (A.35) を用いると，

$$G = \sum_{i=1}^{n} \mu_i N_i \quad (A.43)$$

となる。

例題A.5　ギブス – デュエムの関係式

　(A.42) 式より，ギブス – デュエムの関係式

$$\sum_{i=1}^{n} N_i \mathrm{d}\mu_i = V \mathrm{d}p - S \mathrm{d}T \quad (A.44)$$

を導け。

解　(A.42) 式の両辺の微分をとると，

付録A　熱力学第2法則と熱力学関数，相平衡

$$TdS + SdT = dU + pdV + Vdp - \sum_{i=1}^{n} \mu_i dN_i - \sum_{i=1}^{n} N_i d\mu_i$$

となる．ここで，熱力学的関係式（(A.24)式参照）

$$TdS = dU + pdV - \sum_{i=1}^{n} \mu_i dN_i$$

を用いれば，(A.44)式となる．　■

ギブスの相律

　等温で定圧の条件の下では，平衡状態は，ギブスの自由エネルギーが最小となる条件で与えられる，ということは，A.4節で述べた．このことは，複数の相が共存している場合でも成り立つ．

　相αと相βが安定に共存するためには，相の間で粒子の行き来を許したとき，全系のギブスの自由エネルギーが最小になっていればよい．この条件は，粒子iを相αから相βへδN_i個移動したとき，各相のギブスの自由エネルギーの和

$$G(T, p, N_1, \cdots, N_i, \cdots, N_n)$$
$$= G^\alpha(T, p, N_1^\alpha, \cdots, N_i^\alpha, \cdots, N_n^\alpha) + G^\beta(T, p, N_1^\beta, \cdots, N_i^\beta, \cdots, N_n^\beta)$$

の変化が0であればよい．すなわち，

$$\delta G = \frac{\partial G^\alpha}{\partial N_i^\alpha} \delta N_i^\alpha + \frac{\partial G^\beta}{\partial N_i^\beta} \delta N_i^\beta = 0$$

となればよい．ここで，$\delta N_i^\alpha = -\delta N_i$，$\delta N_i^\beta = \delta N_i$であるから，

$$\frac{\partial G^\alpha}{\partial N_i^\alpha} = \frac{\partial G^\beta}{\partial N_i^\beta} \Leftrightarrow \mu_i^\alpha = \mu_i^\beta$$

となる．ここで，α相のギブスの自由エネルギーの表現（(A.43)参照）

$$G^\alpha = \sum_{i=1}^{n} \mu_i^\alpha N_i^\alpha$$

を用いた．

　一般に，m個の相が共存する条件は，各粒子の化学ポテンシャルがすべての相で等しいという条件になる．

$$\begin{cases} \mu_1^1 = \mu_1^2 = \cdots = \mu_1^m \\ \mu_2^1 = \mu_2^2 = \cdots = \mu_2^m \\ \quad \vdots \\ \mu_n^1 = \mu_n^2 = \cdots = \mu_n^m \end{cases} \quad (A.45)$$

ここで,化学ポテンシャルは,温度 T,圧力 p の他,その相で各粒子がどのような割合で混合しているかに依存する**示強性**の状態量である.相 α が n 成分からなるとき,各成分の混合の割合を示す独立変数の数は $(n-1)$ 個である.相の数が m であれば,全体の独立変数は $m(n-1)$ 個あり,すべての化学ポテンシャルを決める独立変数は,T と p の 2 つを加えて,$2+m(n-1)$ 個となる.一方,$\mu_1^1 = \mu_1^2 = \cdots = \mu_1^m$ の独立な関係式の数は $(m-1)$ 個であるから,(A.45) 式の独立な関係式の数は $n(m-1)$ 個となる.したがって,n 成分系が m 個の相で共存する場合,自由度 f は,

$$f = 2 + m(n-1) - n(m-1) = n - m + 2 \quad (A.46)$$

となる.これが**ギブスの相律**と呼ばれる一般則である.

例えば純水 ($n=1$) の場合,2 相共存 ($m=2$) に対して自由度は $f=1$ となる.したがって,第 1 章の図 1.1 の p–T 図上で,気相と液相(気相と固相,液相と固相)の共存領域は曲線で,自由度が 1 であることがわかる.3 相(気相,液相,固相)共存に対して自由度は $f=0$ となり,点となる.この点は三重点と呼ばれている.

クラペイロン–クラウジウスの式

いま,1 成分系の 2 相 α, β の共存条件は,

$$\mu^\alpha(T, p) = \mu^\beta(T, p)$$

であるから,温度 T と圧力 p を共存線に沿って $T \to T + dT$,$p \to p + dp$ とわずかに動かすとき,$d\mu^\alpha = d\mu^\beta$ とならなければならない.ギブス–デュエムの式 (A.44) より,

$$V^\alpha dp - S^\alpha dT = V^\beta dp - S^\beta dT$$

となるから,

$$\frac{dp}{dT} = \frac{S^\beta - S^\alpha}{V^\beta - V^\alpha} = \frac{\Delta S}{\Delta V} \quad (A.47)$$

が成り立つ。これをクラペイロン-クラウジウスの式という。$\alpha \to \beta$ のときに単位質量あたり吸収する熱量を L とすると，$T\Delta S = L$ と書けるから，単位質量あたりの体積変化を Δv として

$$\frac{dp}{dT} = \frac{L}{T\Delta v} \tag{A.48}$$

となる。

例題A.6　氷，水，水蒸気

(1) 水の相図（第1章図1.1）において，$\dfrac{dp}{dT}$ が負であることと氷が水に浮くことの関係を説明せよ。

(2) 0 °C, 1気圧 $= 1.01 \times 10^5$ N/m^2 で水の密度は 1.00×10^3 kg/m^3，氷の密度は 0.917×10^3 kg/m^3 であり，0 °C の氷の融解熱は $L_m = 3.34 \times 10^5$ J/kg である。圧力が1気圧上昇すると，氷点は何 °C 変化するか。

また，100 °C，1気圧において水の密度は 0.958×10^3 kg/m^3，水蒸気の密度は 0.598 kg/m^3 であり，水の蒸発熱は $L_e = 2.26 \times 10^6$ J/kg である。気圧が10 % 低下すると，沸点は何 °C になるか。

解

(1) (A.47) 式より，

$$\frac{dp}{dT} = \frac{S^{\text{water}} - S^{\text{ice}}}{V^{\text{water}} - V^{\text{ice}}}$$

となるが，水の方が無秩序であるから，エントロピーは大きい。したがって，$S^{\text{water}} > S^{\text{ice}}$ である。$\dfrac{dp}{dT} < 0$ であると，$V^{\text{water}} < V^{\text{ice}}$ となる。よって，同じ N 個の分子（同じ質量）による体積は氷の方が大きく，氷は水に浮く。

(2) 水と氷の単位質量（1 kg）あたりの体積はそれぞれ，

$$v_0^{\text{water}} = 1.00 \times 10^{-3} \text{ m}^3/\text{kg}, \quad v_0^{\text{ice}} = \frac{1}{0.917 \times 10^3} = 1.09 \times 10^{-3} \text{ m}^3/\text{kg}$$

であるから，$T = 273$ K として，圧力が1気圧 1.01×10^5 N/m^2 だけ上昇したときの氷点の変化 Δt_f は，

$$\Delta t_f = \frac{dT}{dp} \times \Delta p = \frac{T\Delta v}{L_m} \Delta p$$

$$= \frac{273 \times (1.00 - 1.09) \times 10^{-3}}{3.34 \times 10^5} \times 1.01 \times 10^5 = \underline{-7 \times 10^{-3}\,°\mathrm{C}}$$

と求められる。

100 °C，1 気圧で，水と水蒸気の単位質量あたりの体積はそれぞれ，

$$v_{100}{}^{\mathrm{water}} = \frac{1}{0.958 \times 10^3} = 1.04 \times 10^{-3}\,\mathrm{m^3/kg}$$

$$v_{100}{}^{\mathrm{vapor}} = \frac{1}{0.598} = 1.67\,\mathrm{m^3/kg}$$

であるから，気圧が 10 % 低下したときの沸点 t_b は，

$$t_\mathrm{b} = 100 + \frac{373 \times (1.67 - 1.04 \times 10^{-3})}{2.26 \times 10^6} \times (-1.01 \times 10^5 \times 0.1)$$

$$= \underline{97.2\,°\mathrm{C}}$$

となる。 ■

付録 B

ラグランジュの未定乗数法

ラグランジュの未定乗数法とは，条件付き極値の問題を解く方法である。一般に，

$$g(x, y) = 0 \tag{B.1}$$

という付加条件の下に，関数

$$z = f(x, y) \tag{B.2}$$

の極値を求めたいとする。この場合，(B.1) 式から，y は x の関数とみなすことができる。そうすると，極値は，

$$\frac{dz}{dx} = \frac{\partial f}{\partial x} + \frac{\partial f}{\partial y}\frac{dy}{dx} = 0 \tag{B.3}$$

により定まる。(B.1) 式を x で微分すると，

$$\frac{\partial g}{\partial x} + \frac{\partial g}{\partial y}\frac{dy}{dx} = 0 \;\Rightarrow\; \frac{dy}{dx} = -\frac{\partial g/\partial x}{\partial g/\partial y} \tag{B.4}$$

となるから，(B.4) 式を (B.3) 式へ代入すると，

$$\frac{\partial f}{\partial x}\frac{\partial g}{\partial y} - \frac{\partial f}{\partial y}\frac{\partial g}{\partial x} = 0 \tag{B.5}$$

となり，(B.5) 式により極値は定まる。ところが，この式は α を任意の定数として，

$$f(x, y) \to f(x, y) + \alpha g(x, y)$$

と置き換えても成り立つ．すなわち，付加条件が付くと，極値を与える関数 $f(x, y)$ に $\alpha g(x, y)$ だけの不定性が残る．そこで，未定乗数 α を用いて，
$$\tilde{z} = f(x, y) + \alpha g(x, y) \tag{B.6}$$
をつくり，$\tilde{z}$ が極値をとる条件
$$\frac{\partial \tilde{z}}{\partial x} = \frac{\partial f}{\partial x} + \alpha \frac{\partial g}{\partial x} = 0, \quad \frac{\partial \tilde{z}}{\partial y} = \frac{\partial f}{\partial y} + \alpha \frac{\partial g}{\partial y} = 0 \tag{B.7}$$
より，物理量を，α を含む式として定めるというのが，ラグランジュの未定乗数法である．その後，α は付加条件を満たすように定める．

この場合，極値の条件を求める方法として変分を用いてもよい．関数 $z = f(x, y)$ が極値をとる条件は，
$$\delta f = \frac{\partial f}{\partial x} \delta x + \frac{\partial f}{\partial y} \delta y = 0 \tag{B.8}$$
となる．一方，条件 (B.1) は，
$$\delta g(x, y) = \frac{\partial g}{\partial x} \delta x + \frac{\partial g}{\partial y} \delta y = 0 \tag{B.9}$$
$$\Rightarrow \quad \delta y = -\frac{\partial g/\partial x}{\partial g/\partial y} \delta x \tag{B.10}$$
と書くことができ，(B.10) 式を (B.8) 式に代入すると，
$$\left(\frac{\partial f}{\partial x} \frac{\partial g}{\partial y} - \frac{\partial f}{\partial y} \frac{\partial g}{\partial x} \right) \delta x = 0$$
となり，δx は任意であることから，(B.5) 式を得る．また，(B.9) 式に未定乗数 α を掛けて (B.8) 式に加えると，
$$\left(\frac{\partial f}{\partial x} + \alpha \frac{\partial g}{\partial x} \right) \delta x + \left(\frac{\partial f}{\partial y} + \alpha \frac{\partial g}{\partial y} \right) \delta y = 0$$
となり，$\delta x, \delta y$ がともに任意であることから，(B.7) 式を得る．

2つ以上の付加条件が付く場合，未定乗数を付加条件の数だけとり，同様に行えばよい．

章末問題解答

第1章

1.1 (1) 速度 $\boldsymbol{c} = (c_x, c_y, c_z)$ $(c_x > 0)$ の光子が壁面Sに入射して反射（完全弾性衝突）すると、その速度は $(-c_x, c_y, c_z)$ になる。よって、入射光子の運動量の x 成分は $p\dfrac{c_x}{c}$、反射光子の運動量の x 成分は $-p\dfrac{c_x}{c}$ となるから、Sに与える力積の大きさは、

$$I = \left| -p\dfrac{c_x}{c} - p\dfrac{c_x}{c} \right| = \underline{2p\dfrac{c_x}{c}}$$

となる。

(2) 立方体容器内でエネルギー E_i $(i = 1, 2, \cdots)$ をもつ光子数を N_i、エネルギー E_i をもつある1個の光子の速度を (c_{ix}, c_{iy}, c_{iz}) $(c_{ix}{}^2 + c_{iy}{}^2 + c_{iz}{}^2 = c^2)$ とする。この光子が単位時間あたりに壁面Sに衝突する回数は $\dfrac{c_{ix}}{2L}$ である。エネルギー E_i をもつ光子の速度の x 成分 c_{ix} はいろいろな値をもつことができるから、それらの平均を $\langle\ \rangle_i$ と表すと、Sがエネルギー E_i の N_i 個の光子から受ける平均の力は、

$$\langle F \rangle_i = N_i \left\langle 2p_i \dfrac{c_{ix}}{c} \times \dfrac{c_{ix}}{2L} \right\rangle = \dfrac{N_i p_i}{cL} \langle c_{ix}{}^2 \rangle$$

となる。どのようなエネルギーをもつ光子も等方的に運動しているから、$\langle c_{ix}{}^2 \rangle = \langle c_{iy}{}^2 \rangle = \langle c_{iz}{}^2 \rangle = \dfrac{1}{3}c^2$ と書ける。そこで、$U_i = N_i E_i = N_i c p_i$、$U = \sum\limits_i U_i$、$V = L^3$ を用いると、壁面Sの受ける圧力は、

$$P_0 = \dfrac{\sum\limits_i \langle F \rangle_i}{L^2} = \dfrac{1}{cL^3} \sum_i N_i p_i \langle c_{ix}{}^2 \rangle = \dfrac{1}{3V} \sum_i N_i c p_i = \dfrac{1}{3V} \sum_i U_i = \underline{\dfrac{1}{3}\dfrac{U}{V}}$$

$$\Leftrightarrow \quad \underline{P_0 V = \frac{1}{3} U}$$

となる。
　この式を気体分子運動論の (1.4) 式と比較すると，U の係数が 1/2 倍になっていることがわかる。このようになった理由は，エネルギー E と運動量 p の間の関係式の違いに起因している。光子では，$E = cp$ であり，速度と運動量の積の前の係数が 1 であるのに対し，気体分子では $E = \frac{1}{2}mv^2 = \frac{p^2}{2m} = \frac{1}{2}vp$，すなわち，$vp = 2E$ となり，その係数が 2 倍になるためである。

1.2 (1.19) 式より，$a = 3p_c V_c^2$，$b = V_c/3$ となるから，これをファン・デル・ワールスの状態方程式 (1.17) へ代入すると，
$$\left(p + \frac{3p_c V_c^2}{V^2}\right)\left(V - \frac{V_c}{3}\right) = RT$$
となる。ここで，両辺を $p_c V_c$ で割ると，
$$\left[\frac{p}{p_c} + 3\left(\frac{V_c}{V}\right)^2\right]\left(\frac{V}{V_c} - \frac{1}{3}\right) = \frac{RT}{p_c V_c}$$
となり，(1.20) 式を用いて，
$$\underline{\left(\tilde{p} + \frac{3}{\tilde{V}^2}\right)\left(\tilde{V} - \frac{1}{3}\right) = \frac{8}{3}\tilde{T}}$$
を得る。この関係式は，$\tilde{p}, \tilde{V}, \tilde{T}$ だけで与えられ，定数 a, b によらない。$\tilde{T} = 0.5, 1, 2$ の場合のグラフを描くと，図 1a のようになる。

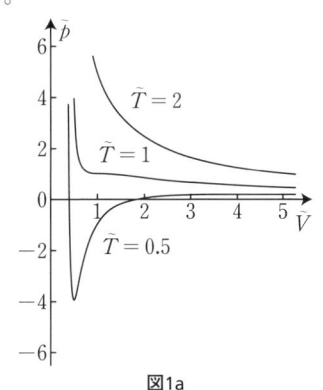

図1a

第 2 章

2.1 5 人を A 君，B 君，C 君，D 君，E 君とする。図 2a のように，7 個のりんごと 4 本の仕切り棒を 1 列に並べ，左端の棒より左側のりんごを A 君に，次の棒との間のりんごを B 君に，その次の棒との間のりんごを C 君に，…として，右端の棒の右側のりんごを E 君に与えると決める。例えば，左端の棒の左側にりんごがなければ，A 君のりんごは 0 個となる。左から 2 番目の棒と 3 番目の棒の間にりんごがなければ，C 君のりんごは 0 個となる。そうすると，求める分配の方法の数は，7 個のりんごと 4 本の仕切り棒を 1 列に並べる並べ方の数に等しい。りんごの並び方に区別はなく，仕切り棒の並び方にも区別はないので，求める分配の数は，

図2a

$$_5\mathrm{H}_7 = {}_{5+7-1}\mathrm{C}_7 = \frac{(7+5-1)!}{7!(5-1)!} = \underline{330 \text{ (通り)}}$$

同様に，同じ r 個のボールを異なる n 個の箱に重複を許して分配する方法の数は，
$$_n\mathrm{H}_r = {}_{n+r-1}\mathrm{C}_r = \underline{\frac{(n+r-1)!}{r!(n-1)!}} \text{ (通り)}$$

章末問題　解答

2.2 (1) M 個の量子（エネルギー $\hbar\omega$ のかたまり）を，$3N$ 個の振動子に重複を許して分配する方法の数を求めればよい．問題 2.1 より，その数は，
$$W(E) = {}_{3N}H_M = {}_{3N+M-1}C_M = \underline{\frac{(3N+M-1)!}{M!(3N-1)!}}$$
となる．

(2) エントロピー S は，
$$S = k_B \ln W(E) = k_B[\ln(3N+M-1)! - \ln M! - \ln(3N-1)!]$$
と書けるから，スターリングの公式 (2.26) を用いると，
$$S = k_B[(3N+M-1)\ln(3N+M-1) - M\ln M - (3N-1)\ln(3N-1)]$$
となる．これより，
$$\frac{1}{T} = \frac{\partial S}{\partial E} = \frac{1}{\hbar\omega}\frac{\partial S}{\partial M} \approx \frac{k_B}{\hbar\omega}\ln\frac{3N+M}{M} \tag{2a}$$
を得る．ここで，$\frac{1}{3N} \ll 1$, $\frac{1}{M} \ll 1$ として，定数 1 を落とした．(2a) 式より，
$$M = \frac{3N}{\exp\left(\frac{\hbar\omega}{k_B T}\right) - 1} \Rightarrow \underline{E = \frac{3N\hbar\omega}{\exp\left(\frac{\hbar\omega}{k_B T}\right) - 1}} \tag{2b}$$
となる．

(3) (2b) 式で $N = N_A$ とおいて，定積モル比熱は，
$$c_v = \left(\frac{\partial E}{\partial T}\right)_V = 3R\left(\frac{\hbar\omega}{k_B T}\right)^2 \frac{\exp\left(\frac{\hbar\omega}{k_B T}\right)}{\left[\exp\left(\frac{\hbar\omega}{k_B T}\right) - 1\right]^2} \tag{2c}$$
となる．ここで，$R = N_A k_B$ は気体定数である．(2c) 式のグラフを描くと，図 2b となる．

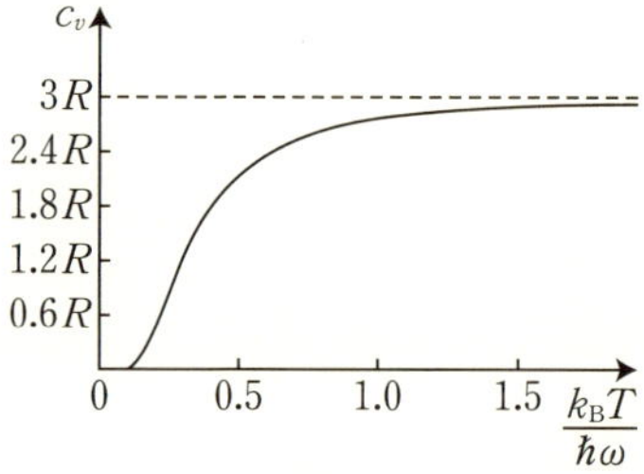

高温極限 $\frac{\hbar\omega}{k_B T} \to 0$ で $\exp\left(\frac{\hbar\omega}{k_B T}\right) \approx 1 + \frac{\hbar\omega}{k_B T}$ と近似できるから，(2c) 式より，
$$c_v \approx 3R\left(1 + \frac{\hbar\omega}{k_B T}\right) \approx \underline{3R} \tag{2d}$$
となり，第 1 章 1.6 節で示したデュロン−プティの法則を得る．

図2b

低温極限 $\frac{\hbar\omega}{k_B T} \to \infty$ で
$$c_v \approx 3R\left(\frac{\hbar\omega}{k_B T}\right)^2 \frac{1}{\exp\left(\frac{\hbar\omega}{k_B T}\right)} = \underline{3R\left(\frac{\hbar\omega}{k_B T}\right)^2 \exp\left(-\frac{\hbar\omega}{k_B T}\right)} \tag{2e}$$
を得る．

第3章

3.1 題意より，ガウス積分 (2.13) を用いて，
$$\sum_i e^{-\varepsilon_i/k_\mathrm{B}T} = \frac{V}{h^3}\int_{-\infty}^{\infty}\mathrm{d}p_x\int_{-\infty}^{\infty}\mathrm{d}p_y\int_{-\infty}^{\infty}\mathrm{d}p_z \exp\left[-\frac{p_x^2+p_y^2+p_z^2}{2mk_\mathrm{B}T}\right]$$
$$= V\left(\frac{2\pi mk_\mathrm{B}T}{h^2}\right)^{3/2}$$

となるから，(3.40) 式より，
$$e^{-\alpha} = \frac{N}{V}\left(\frac{h^2}{2\pi mk_\mathrm{B}T}\right)^{3/2} \Rightarrow \alpha = \ln\frac{V}{N}\left(\frac{2\pi mk_\mathrm{B}T}{h^2}\right)^{3/2}$$

を得る。ここで，(3.36) 式に理想気体の全運動エネルギー $E = \frac{3}{2}Nk_\mathrm{B}T$ を代入して，
$$S = k_\mathrm{B}\left[\left(\alpha + \frac{5}{2}\right)N\right] = Nk_\mathrm{B}\left[\ln\frac{V}{N}\left(\frac{2\pi mk_\mathrm{B}T}{h^2}\right)^{3/2} + \frac{5}{2}\right]$$

となり，(3.31) 式が導かれる。

3.2(1) 右向きの分子の数を N_+，左向きの分子の数を N_- とすると，
$$x = a(N_+ - N_-),\ N = N_+ + N_-$$

が成り立つ。これより，
$$N_+ = \frac{N+x/a}{2},\ N_- = \frac{N-x/a}{2}$$

となる。分子のこのような配列の仕方は，
$$W = \frac{N!}{N_+!N_-!}$$

通りある。

これより，エントロピー S は，スターリングの公式 (2.26) を用いると，
$$S = k_\mathrm{B}\ln W$$
$$= k_\mathrm{B}\left[N\ln N - N - \left(\frac{N+x/a}{2}\ln\frac{N+x/a}{2} - \frac{N+x/a}{2}\right.\right.$$
$$\left.\left.+ \frac{N-x/a}{2}\ln\frac{N-x/a}{2} - \frac{N-x/a}{2}\right)\right]$$
$$= k_\mathrm{B}\left[N\ln N - \left(\frac{N+x/a}{2}\ln\frac{N+x/a}{2} + \frac{N-x/a}{2}\ln\frac{N-x/a}{2}\right)\right]$$
$$= -k_\mathrm{B}N\left(\frac{1+x/Na}{2}\ln\frac{1+x/Na}{2} + \frac{1-x/Na}{2}\ln\frac{1-x/Na}{2}\right)$$

となる。
(2) 求める力 f は，
$$f = T\frac{\partial S}{\partial x} = -\frac{k_\mathrm{B}T}{2a}\ln\left(\frac{1+x/Na}{1-x/Na}\right)$$

となる。ここで，$\frac{x}{Na} \ll 1$ として，1 次の近似式 $\ln\left(1+\frac{x}{Na}\right) \approx \frac{x}{Na}$ を用いると，
$$f \approx -\frac{k_\mathrm{B}T}{Na^2}x$$

となることから，弾性定数は $\dfrac{k_B T}{Na^2}$ と求められる．

第4章

4.1 平均エネルギーは (4.13) 式で与えられ，$\beta = 1/k_B T$ とすると，
$$\langle E \rangle = -\frac{Z'}{Z} = -\frac{\partial}{\partial \beta} \ln Z$$
と書ける．ここで，ダッシュは β での微分を示している．いま，
$$\frac{Z''}{Z} = \frac{\sum_n E_n^2 e^{-\beta E_n}}{\sum_n e^{-\beta E_n}} = \langle E^2 \rangle$$
となるから，
$$\frac{\partial \langle E \rangle}{\partial \beta} = -\frac{\partial}{\partial \beta}\left(\frac{Z'}{Z}\right) = -\frac{Z''}{Z} + \left(\frac{Z'}{Z}\right)^2 = -\langle E^2 \rangle + \langle E \rangle^2$$
となる．また，$\langle E \rangle$ は系の内部エネルギー U を表しているから，
$$\frac{\partial \langle E \rangle}{\partial \beta} = \frac{\dfrac{\partial \langle E \rangle}{\partial T}}{\dfrac{\partial \beta}{\partial T}} = -k_B T^2 \frac{\partial U}{\partial T} = -k_B T^2 C$$
となり，$\langle (E - \langle E \rangle)^2 \rangle = \langle E^2 \rangle - \langle 2E\langle E\rangle \rangle + \langle E \rangle^2 = \langle E^2 \rangle - \langle E \rangle^2$ より，(4.39) 式が成り立つことが示された．

単原子分子理想気体では，気体のモル数を n，気体定数を R とすると，$nR = Nk_B$ となるから，$\langle E \rangle = U = \dfrac{3}{2} Nk_B T$，$C = \dfrac{3}{2} Nk_B$ と書ける．これより，
$$\frac{\langle (E - \langle E \rangle)^2 \rangle}{\langle E \rangle^2} = \frac{2}{3N}$$
を得る．

4.2(1) 1個の原子の分配関数 Z は，$\beta = 1/k_B T$ として，
$$Z = e^{-\beta \mu H} + e^{\beta \mu H} = 2 \cosh(\beta \mu H)$$
となる．N 個の原子は独立であるから，この物質の分配関数 Z_N は，
$$Z_N = Z^N = [2 \cosh(\beta \mu H)]^N$$
と表される．これより，内部エネルギーは，
$$U = -\frac{\partial}{\partial \beta} \ln Z_N = -N\mu H \tanh \beta \mu H = -N\mu H \tanh\left(\frac{\mu H}{k_B T}\right)$$
となる．ここで，$\tanh x$（ハイパボリックタンジェントエックス）は，
$$\tanh x = \frac{\sinh x}{\cosh x} = \frac{e^x - e^{-x}}{e^x + e^{-x}}$$
で定義される．

ヘルムホルツの自由エネルギーは，
$$F = -k_B T \ln Z_N = -Nk_B T \ln\left[2 \cosh\left(\frac{\mu H}{k_B T}\right)\right]$$

となるから,エントロピーは,
$$S = -\frac{\partial F}{\partial T} = Nk_B\left[\ln\left\{2\cosh\left(\frac{\mu H}{k_B T}\right)\right\} - \frac{\mu H}{k_B T}\tanh\left(\frac{\mu H}{k_B T}\right)\right]$$
となる。比熱は,
$$C = \left(\frac{\partial U}{\partial T}\right)_H = \frac{Nk_B\left(\frac{\mu H}{k_B T}\right)^2}{\cosh^2\left(\frac{\mu H}{k_B T}\right)}$$
となる。また,(4.41) 式より,
$$M = -\frac{U}{H} = N\mu\tanh\left(\frac{\mu H}{k_B T}\right)$$
を得る。C と M の温度依存性のグラフは,図 4a,4b のようになる。

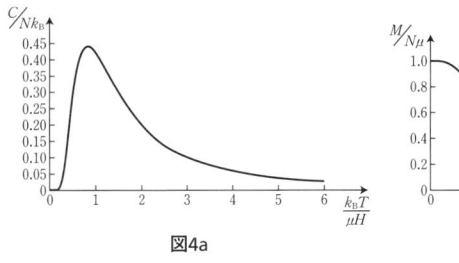

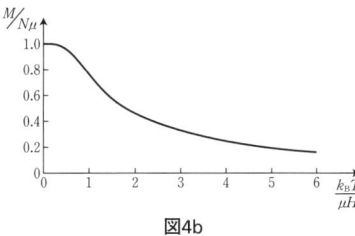

図4a

図4b

(2) $|x| \ll 1$ のとき,$\tanh x \approx x$ と近似されるから,
$$M \approx \frac{N\mu^2}{k_B T}H \Rightarrow \chi = \frac{N\mu^2}{k_B T} \propto \frac{1}{T}$$
となり,χ が温度 T に反比例するというキュリーの法則の成り立つことが示された。

第 5 章

5.1 2原子分子の回転運動のエネルギーは,
$$\varepsilon_l = \frac{\hbar^2}{2\mu a^2}l(l+1)$$
となり,l で与えられる角運動量をもつ量子力学的状態の数は $2l+1$ で与えられるから,分配関数は,
$$Z = \sum_{l=0}^{\infty}(2l+1)\exp\left[-\frac{\hbar^2}{2\mu a^2 k_B T}l(l+1)\right]$$
と書ける。低温で $\frac{\hbar^2}{2\mu a^2 k_B T} \gg 1$ のとき,$l \geq 2$ の項は十分小さく,無視することができる。そこで,分配関数は,
$$Z = 1 + 3\exp\left[-\frac{\hbar^2}{\mu a^2 k_B T}\right]$$
と書け,自由エネルギー F,エントロピー S,エネルギー E,比熱 C は,

$$F = -k_B T \ln Z$$
$$= -k_B T \ln\left[1 + 3\exp\left(-\frac{\hbar^2}{\mu a^2 k_B T}\right)\right] \approx -3k_B T \exp\left(-\frac{\hbar^2}{\mu a^2 k_B T}\right)$$
$$S = -\frac{\partial F}{\partial T} = 3k_B\left[1 + \frac{\hbar^2}{\mu a^2 k_B T}\right]\exp\left(-\frac{\hbar^2}{\mu a^2 k_B T}\right)$$
$$\approx \frac{3\hbar^2}{\mu a^2 T}\exp\left(-\frac{\hbar^2}{\mu a^2 k_B T}\right)$$
$$E = k_B T^2 \frac{\partial}{\partial T}\ln Z \approx \frac{3\hbar^2}{\mu a^2}\exp\left(-\frac{\hbar^2}{\mu a^2 k_B T}\right)$$
$$C = \frac{\partial E}{\partial T} = 3k_B\left(\frac{\hbar^2}{\mu a^2 k_B T}\right)^2\exp\left(-\frac{\hbar^2}{\mu a^2 k_B T}\right)$$

と求められる。これより，$T \to 0$ のとき，$S \to 0$，$C \to 0$ となり，熱力学第3法則を満たしていることがわかる。

5.2 近似「$|x| \ll 1$ のとき，$e^x \approx 1 + x$」を用いて，$\frac{hc}{\lambda k_B T} \ll 1$ のとき，
$$u_{\mathrm{RJ}}(\lambda, T) \approx \frac{16\pi^2 \hbar c}{\lambda^5}\frac{1}{hc/\lambda k_B T} = \frac{8\pi}{\lambda^4}k_B T$$
を得る。

$\frac{hc}{\lambda k_B T} \gg 1$ のとき，$\exp\left(\frac{hc}{\lambda k_B T}\right) \gg 1$ であるから，(5.30) 式の分母の1を無視して，
$$u_{\mathrm{W}}(\lambda, T) \approx \frac{16\pi^2 \hbar c}{\lambda^5}\exp\left(-\frac{hc}{\lambda k_B T}\right)$$
を得る。

第6章

6.1 f 次元波数空間で，波数の大きさが $k \sim k + \mathrm{d}k$ の領域の体積は $k^{f-1}\mathrm{d}k$ に比例するから，5.4節の議論と同様にして，角振動数が $\omega \sim \omega + \mathrm{d}\omega$ の間に入る振動子の数は，
$$D(\omega)\mathrm{d}\omega \propto \omega^{f-1}\mathrm{d}\omega$$
となる。そうすると，固体の全エネルギーは，
$$E = \int_0^{\omega_D}\langle\varepsilon\rangle D(\omega)\mathrm{d}\omega \propto \int_0^{\omega_D}\frac{\omega^f}{e^{\hbar\omega/k_B T} - 1}\mathrm{d}\omega$$
と書ける。これより，例題6.3と同様な議論で，固体のエネルギーと比熱の低温での振る舞い
$$E \propto T^{f+1},\ C = \frac{\mathrm{d}E}{\mathrm{d}T} \propto T^f$$
を得る。

6.2
$$\frac{\partial \Xi(T,\mu)}{\partial \mu} = \frac{1}{k_B T}\sum_{N=0}^{\infty}N e^{\mu N/k_B T}Z_N$$
を用いて，平均の粒子数を与える (6.25) 式を μ で微分し，

$$\frac{\partial \langle N \rangle}{\partial \mu}$$
$$= \frac{1}{\{\Xi(T,\mu)\}^2} \frac{1}{k_B T} \left[\Xi(T,\mu) \sum_{N=0}^{\infty} N^2 e^{\mu N/k_B T} Z_N - \left\{ \sum_{N=0}^{\infty} N e^{\mu N/k_B T} Z_N \right\}^2 \right]$$
$$= \frac{1}{k_B T} \left[\frac{\sum_{N=0}^{\infty} N^2 e^{\mu N/k_B T} Z_N}{\Xi(T,\mu)} - \left\{ \frac{\sum_{N=0}^{\infty} N e^{\mu N/k_B T} Z_N}{\Xi(T,\mu)} \right\}^2 \right]$$
$$= \frac{1}{k_B T} (\langle N^2 \rangle - (\langle N \rangle)^2)$$

を得る。ここで、$\langle N \rangle$ は N のオーダーの数であるから、$\frac{\partial \langle N \rangle}{\partial \mu}$ も N のオーダーである。したがって、$\sqrt{\langle (N - \langle N \rangle)^2 \rangle}$ は $\sqrt{N}$ のオーダーである。これより、$\frac{\sqrt{\langle (N - \langle N \rangle)^2 \rangle}}{\langle N \rangle}$ は $\frac{1}{\sqrt{N}}$ のオーダーであり、$\sqrt{\langle (N - \langle N \rangle)^2 \rangle}$ は $\langle N \rangle$ に比べて十分小さい。

第 7 章

7.1 (1) フェルミ粒子の場合、1 つの量子状態に 1 個の粒子しか入れないので、g_l 個の量子状態から重複させることなく N_l 個の状態を選び出す方法の数を求めればよい。この方法の数は、第 2 章 2.3 節での説明と同様に(また、第 2 章章末問題 2.1 参照)、
$$W_l^{\mathrm{F}} = {}_{g_l}\mathrm{C}_{N_l} = \frac{g_l!}{N_l!(g_l - N_l)!} \quad (\text{通り})$$
と表される。

一方、ボース粒子の場合、1 つの量子状態にいくつでも粒子が入ることができるから、重複を許して g_l 個の量子状態から N_l 個の状態を選び出す方法の数を求めればよい。その数は、N_l 個のボールと $g_l - 1$ 本の棒を 1 列に並べる方法の数に等しく(第 2 章章末問題 2.1 参照)、
$$W_l^{\mathrm{B}} = {}_{g_l}\mathrm{H}_{N_l} = {}_{g_l+N_l-1}\mathrm{C}_{N_l} = \frac{(g_l + N_l - 1)!}{N_l!(g_l - 1)!} \quad (\text{通り})$$
となる。

(2) エントロピー S は、スターリングの公式 (2.26) を用いて求められる。フェルミ粒子およびボース粒子の場合それぞれ、
$$S^{\mathrm{F}} = k_B \ln \left(\prod_l W_l^{\mathrm{F}} \right) \approx k_B \sum_l [g_l \ln g_l - N_l \ln N_l - (g_l - N_l) \ln (g_l - N_l)] \tag{7a}$$

$$S^{\mathrm{B}} = k_B \ln \left(\prod_l W_l^{\mathrm{B}} \right) \approx k_B \sum_l [(g_l + N_l) \ln (g_l + N_l) - N_l \ln N_l - g_l \ln g_l] \tag{7b}$$

となる。ここで g_l, N_l に対して 1 を無視した。(7.26) の条件付きでエントロピー S が最大になる条件を求めるために、未定乗数 α, β を用いて、$\alpha k_B \left(N - \sum_l N_l \right)$、

$\beta k_\mathrm{B} \left(E - \sum_l E_l N_l \right)$ を S^F, S^B に加えて，N_l で微分して 0 とおく．こうして，
$$\ln\left(\frac{g_l}{N_l} \mp 1\right) - \alpha - \beta E_l = 0 \quad (-\text{はフェルミ粒子}, +\text{はボース粒子}) \tag{7c}$$
となり，(7.28) 式を得る．

(3) (7a), (7b) 式より，
$$\frac{\partial S}{\partial N_l} = k_\mathrm{B} \ln\left(\frac{g_l}{N_l} \mp 1\right)$$
となる．ここで，(7c) 式を用いて，
$$\frac{\partial S}{\partial N_l} = k_\mathrm{B}(\alpha + \beta E_l)$$
を得る．

(7.26) 式の 2 式を E と N で微分すると，
$$\sum_l \left(\frac{\partial N_l}{\partial N}\right)_E = 1, \quad \sum_l \left(\frac{\partial N_l}{\partial E}\right)_N = 0, \quad \sum_l E_l \left(\frac{\partial N_l}{\partial N}\right)_E = 0, \quad \sum_l E_l \left(\frac{\partial N_l}{\partial E}\right)_N = 1$$
となる．ここで，系のエネルギー E あるいは粒子数 N を変化させたとき，変化するのは N_l であり，E_l は 1 粒子の量子状態のエネルギーであるから変化しないことに注意しよう．これらより，系のエントロピー S を E と N で微分すると，
$$\left(\frac{\partial S}{\partial E}\right)_N = \sum_l \frac{\partial S}{\partial N_l}\left(\frac{\partial N_l}{\partial E}\right)_N = k_\mathrm{B} \sum_l (\alpha + \beta E_l)\left(\frac{\partial N_l}{\partial E}\right)_N = k_\mathrm{B} \beta$$
$$\left(\frac{\partial S}{\partial N}\right)_E = \sum_l \frac{\partial S}{\partial N_l}\left(\frac{\partial N_l}{\partial N}\right)_E = k_\mathrm{B} \sum_l (\alpha + \beta E_l)\left(\frac{\partial N_l}{\partial N}\right)_E = k_\mathrm{B} \alpha$$
となるから，これらを (7.29) 式と比較して，
$$\alpha = -\frac{\mu}{k_\mathrm{B} T}, \quad \beta = \frac{1}{k_\mathrm{B} T}$$
を得る．これを (7.28) 式に代入し，l 番目のグループの量子状態 i を占める平均の粒子数 $\langle n_i \rangle$ は，量子状態 i のエネルギー ε_i が $\approx E_l$ であることから，
$$\langle n_i \rangle = \frac{N_l}{g_l} \approx \frac{1}{e^{(\varepsilon_i - \mu)/k_\mathrm{B} T} \pm 1}$$
となり，(7.10) 式を得る．

7.2 理想気体において，分子の運動エネルギー ε_i は正であるから，$\frac{N\lambda^3}{V} \ll 1$ のとき，(6.36) 式より，$e^\alpha = e^{-\mu/k_\mathrm{B} T} = \frac{V}{N\lambda^3} \gg 1$ となり，$e^{(\varepsilon_i - \mu)/k_\mathrm{B} T} \gg 1$ である．したがって，分布関数 (7.10) の分母の 1 は無視することができ，
$$\langle n_i \rangle = \frac{1}{e^{(\varepsilon_i - \mu)/k_\mathrm{B} T} \pm 1} \approx e^{-(\varepsilon_i - \mu)/k_\mathrm{B} T}$$
と書ける．

第 8 章

8.1 (1) $N(0) = 0$, $f(\infty) = 0$ であるから，

$$\frac{N}{2} = \int_0^\infty D(\varepsilon) f(\varepsilon) \mathrm{d}\varepsilon$$
$$= \Big[N(\varepsilon) f(\varepsilon) \Big]_0^\infty - \int_0^\infty N(\varepsilon) \frac{\mathrm{d}f(\varepsilon)}{\mathrm{d}\varepsilon} \mathrm{d}\varepsilon = -\int_0^\infty N(\varepsilon) \frac{\mathrm{d}f(\varepsilon)}{\mathrm{d}\varepsilon} \mathrm{d}\varepsilon \quad (8\mathrm{a})$$

となる。題意より，$\dfrac{\mathrm{d}f(\varepsilon)}{\mathrm{d}\varepsilon}$ は $\varepsilon = \mu$ の近傍でのみ 0 ではない値をもつから，$N(\varepsilon)$ を $\varepsilon - \mu$ のベキ級数に展開すると，

$$N(\varepsilon) = N(\mu) + \left(\frac{\mathrm{d}N}{\mathrm{d}\varepsilon}\right)_{\varepsilon=\mu}(\varepsilon-\mu) + \frac{1}{2}\left(\frac{\mathrm{d}^2 N}{\mathrm{d}\varepsilon^2}\right)_{\varepsilon=\mu}(\varepsilon-\mu)^2 + \cdots \quad (8\mathrm{b})$$

となる。(8b) 式を (8a) 式の右辺に代入する。ここで，(8a) 式右辺の積分では，$\varepsilon = \mu \, (>0)$ の近傍のみが有限の寄与を与えるから，積分の下限を $0 \to -\infty$ と置き換えることができる。また，

$$-k_\mathrm{B} T \frac{\mathrm{d}f(\varepsilon)}{\mathrm{d}\varepsilon} = \frac{e^{(\varepsilon-\mu)/k_\mathrm{B}T}}{(e^{(\varepsilon-\mu)/k_\mathrm{B}T}+1)^2} = \frac{1}{(e^{(\varepsilon-\mu)/k_\mathrm{B}T}+1)(e^{-(\varepsilon-\mu)/k_\mathrm{B}T}+1)} \quad (8\mathrm{c})$$

より，$\dfrac{\mathrm{d}f(\varepsilon)}{\mathrm{d}\varepsilon}$ は $\varepsilon - \mu$ の偶関数であることがわかるから，(8b) 式の第 2 項による寄与は消える。さらに，$\dfrac{\mathrm{d}^2 N(\varepsilon)}{\mathrm{d}\varepsilon^2} = \dfrac{\mathrm{d}D}{\mathrm{d}\varepsilon}$ および，

$$\int_{-\infty}^\infty \frac{\mathrm{d}f}{\mathrm{d}\varepsilon} \mathrm{d}\varepsilon = \Big[f(\varepsilon) \Big]_{-\infty}^\infty = -1$$

であることを用いて (8.49) 式を得る。

(2) まず，(8.49) 式右辺第 2 項の積分を考える。$x = \dfrac{\varepsilon-\mu}{k_\mathrm{B}T}$ とおき，被積分関数が偶関数であることから，

$$\int_{-\infty}^\infty (\varepsilon-\mu)^2 \left(-\frac{\mathrm{d}f(\varepsilon)}{\mathrm{d}\varepsilon}\right) \mathrm{d}\varepsilon = 2(k_\mathrm{B}T)^2 \int_0^\infty x^2 \left[-\frac{\mathrm{d}}{\mathrm{d}x}\left(\frac{1}{e^x+1}\right)\right] \mathrm{d}x$$
$$= 2(k_\mathrm{B}T)^2 \left\{ \left[-\frac{x^2}{e^x+1}\right]_0^\infty + 2\int_0^\infty \frac{x}{e^x+1} \mathrm{d}x \right\}$$
$$= 4(k_\mathrm{B}T)^2 \int_0^\infty \frac{x e^{-x}}{1+e^{-x}} \mathrm{d}x = 4(k_\mathrm{B}T)^2 \sum_{n=1}^\infty (-1)^{n-1} \int_0^\infty x e^{-nx} \mathrm{d}x$$
$$= 4(k_\mathrm{B}T)^2 \sum_{n=1}^\infty \frac{(-1)^{n-1}}{n^2} \int_0^\infty t e^{-t} \mathrm{d}t = 4(k_\mathrm{B}T)^2 \Gamma(2) \left(\sum_{n=1}^\infty \frac{1}{n^2} - 2\sum_{n=1}^\infty \frac{1}{(2n)^2} \right)$$
$$= 4(k_\mathrm{B}T)^2 \left(1 - \frac{1}{2}\right) \zeta(2) = \frac{\pi^2}{3}(k_\mathrm{B}T)^2$$

となる。ここで，$\Gamma(2) = 1$ ((3.17) 式参照)，$\zeta(2) = \dfrac{\pi^2}{6}$ ((5.36) 式参照) を用いた。

次に，$N(\mu_0) = N(\varepsilon_\mathrm{F}) = N/2$ であることに注意すると，$N(\mu)$ は $\mu - \mu_0$ の 1 次の項までで，(8b) 式で，$\varepsilon \to \mu$, $\mu \to \mu_0$ として，

$$N(\mu) = N(\mu_0) + \left(\frac{\mathrm{d}N}{\mathrm{d}\mu}\right)_{\mu=\mu_0} (\mu-\mu_0) + \cdots = \frac{N}{2} + D(\mu_0)(\mu-\mu_0) + \cdots$$

となるから，これらを (8.49) 式に代入し，$\left(\dfrac{\mathrm{d}D}{\mathrm{d}\varepsilon}\right)_{\varepsilon=\mu} \to \left(\dfrac{\mathrm{d}D}{\mathrm{d}\varepsilon}\right)_{\varepsilon=\mu_0}$ (これらの差は微小量であり，μ に対する高次の微小量を与えるだけである) として，

$$\frac{N}{2} = \frac{N}{2} + D(\mu_0)(\mu-\mu_0) + \frac{\pi^2}{6}\left(\frac{\mathrm{d}D}{\mathrm{d}\varepsilon}\right)_{\varepsilon=\mu_0}(k_\mathrm{B}T)^2 + \cdots$$

となり，(8.50) 式を得る。

8.2 質量 m の 2 次元理想気体において運動量の大きさは $p = \sqrt{2m\varepsilon}$ であるから，エネルギーが ε 以下の状態数 $N(\varepsilon)$ は，系の面積を S として，

$$N(\varepsilon) = \frac{S}{h^2} \pi p^2 = 2\pi m \frac{S}{h^2} \varepsilon$$

状態密度 $D(\varepsilon)$ は，

$$D(\varepsilon) = \frac{\mathrm{d}N}{\mathrm{d}\varepsilon} = 2\pi m \frac{S}{h^2}$$

と表される。したがって，全ボース粒子 N は，

$$\begin{aligned} N &= \sum_r \frac{1}{e^{(\varepsilon_r - \mu)/k_{\mathrm{B}}T} - 1} = \int_0^\infty D(\varepsilon) b(\varepsilon) \mathrm{d}\varepsilon \\ &= 2\pi m \frac{S}{h^2} \int_0^\infty \frac{\mathrm{d}\varepsilon}{e^{(\varepsilon - \mu)/k_{\mathrm{B}}T} - 1} \end{aligned} \tag{8d}$$

と書ける。ここで，被積分関数の分子にエネルギー ε が入っていないので，(8d) 式は，$\varepsilon_0 = 0$ の基底状態の粒子数を含むことに注意しよう。

有限温度 $T \neq 0$ で (8d) 式の積分 I を考える。$\mu = 0$ のとき，$x = \varepsilon/k_{\mathrm{B}}T$ とおいて，

$$I \propto \int_0^\infty \frac{\mathrm{d}x}{e^x - 1} = \sum_{n=1}^\infty \int_0^\infty e^{-nx} \mathrm{d}x = \sum_{n=1}^\infty \frac{1}{n} = \infty$$

$-\mu \to \infty$ のとき $I \to 0$ となるから，有限温度で (8d) 式を満たす化学ポテンシャル $-\infty < \mu < 0$ が定まる。μ が有限のとき，$\varepsilon_0 = 0$ を含めた各状態の粒子数 $n_r = \frac{1}{e^{(\varepsilon_r - \mu)/k_{\mathrm{B}}T} - 1}$ はマクロな数になることはなく，有限温度でボース凝縮は起きない。

第 9 章

9.1(1) 分配関数 Z は，

$$Z = \sum_{s_1, \cdots, s_N} e^{K_1 s_1 s_2} e^{K_2 s_2 s_3} \cdots e^{K_{N-1} s_{N-1} s_N}$$

と書けるから，相関関数 (9.40) の分子 $C_{\mathrm{n}}(r)$ は，

$$C_{\mathrm{n}}(r) = \frac{\partial}{\partial K_i} \frac{\partial}{\partial K_{i+1}} \cdots \frac{\partial}{\partial K_{i+r-1}} Z$$

となる。(9.4) 式より，

$$Z = 2(e^{K_1} + e^{-K_1}) \cdots (e^{K_{N-1}} + e^{-K_{N-1}}) = 2(2\cosh K_1) \cdots (2\cosh K_{N-1})$$

であるから，

$$\begin{aligned} C_{\mathrm{n}}(r) = &\, 2(2\cosh K_1) \cdots (2\cosh K_{i-1})(2\sinh K_i) \\ &\cdots (2\sinh K_{i+r-1})(2\cosh K_{i+r}) \cdots (2\cosh K_{N-1}) \end{aligned}$$

となり，相関関数 $C(r)$ は，

$$C(r) = \frac{C_{\mathrm{n}}(r)}{Z} = (\tanh K_i) \cdots (\tanh K_{i+r-1}) = \underline{(\tanh K)^r}$$

と求められる。

(2) 相関距離の定義 (9.41) より，

$$\xi = -\frac{r}{\ln C(r)} = -\frac{1}{\ln(\tanh K)}$$

となる。

9.2 (1) $s_i = \pm 1$, $s_j = \pm 1$ のみをもたせると、

$$\delta_{s_i, s_j} = \frac{1}{2}(1 + s_i s_j)$$

と表すことができる。したがって、(9.42) 式は、

$$E = -\frac{J}{2}\sum_{(i,j)} s_i s_j + 定数$$

となる。定数項はエネルギーの基準の取り方で決まるから、落とすことができる。よって、$J/2 \to J$ とすれば、2 状態ポッツ模型はイジング模型に一致する。

(2) 3 状態ポッツ模型に周期境界条件が与えられたとき、その分配関数は、

$$Z_\mathrm{P} = \sum_{s_1, s_2, \cdots, s_N} \exp(K\delta_{s_1, s_2}) \cdot \exp(K\delta_{s_2, s_3}) \cdots \exp(K\delta_{s_N, s_1})$$

となる。イジング模型の場合と同様に、$T_\mathrm{P}(s_i, s_{i+1}) = \exp(K\delta_{s_i, s_{i+1}})$ とおいて、転送行列は、

$$T_\mathrm{P} = \begin{pmatrix} e^K & 1 & 1 \\ 1 & e^K & 1 \\ 1 & 1 & e^K \end{pmatrix}$$

と書ける。永年方程式は、

$$|T_\mathrm{P} - \lambda I| = 0 \Rightarrow \{\lambda - (e^K - 1)\}^2\{\lambda - (e^K + 2)\} = 0$$

となり、3 つの固有値は $e^K + 2$, $e^K - 1$, $e^K - 1$ と求められる。これより、分配関数 $Z_\mathrm{P} = \mathrm{Tr}(T_\mathrm{P}^N)$ は、T_P^N の 3 つの固有値 $(e^K + 2)^N$, $(e^K - 1)^N$, $(e^K - 1)^N$ の和として、

$$Z_\mathrm{P} = \underline{(e^K + 2)^N + 2(e^K - 1)^N}$$

と求められる。

第 10 章

10.1 (1) (10.34) 式右辺の積分は、ガウス積分 (2.13) を用いて、

$$\int_{-\infty}^{\infty} e^{-Nkm^2/2 + \sqrt{N}kmx}\, dm = \int_{-\infty}^{\infty} \exp\left[-\frac{Nk}{2}\left(m - \frac{x}{\sqrt{N}}\right)^2 + \frac{k}{2}x^2\right] dm$$

$$= \sqrt{\frac{2\pi}{Nk}}\, e^{kx^2/2}$$

となり、右辺から左辺が導かれる。

(2) LRM の分配関数は、$K = J/k_\mathrm{B}T$ とおき、$s_i^2 = 1$ を用いて、

$$Z = \sum_{s_1 = \pm 1} \cdots \sum_{s_N = \pm 1} \exp\left[\frac{K}{2N}\sum_{i \neq j} s_i s_j\right] = \sum_{s_1 = \pm 1} \cdots \sum_{s_N = \pm 1} \exp\left[\frac{K}{2N}\left(\sum_i s_i\right)^2 - \frac{K}{2}\right]$$

$$\approx \sum_{s_1 = \pm 1} \cdots \sum_{s_N = \pm 1} \exp\left[\frac{K}{2}\left(\frac{1}{\sqrt{N}}\sum_i s_i\right)^2\right]$$

となる。ここで、$e^{-K/2}$ は定数であるから落とした。積分 (10.34) を用いると、

$$Z = \sum_{s_1=\pm 1} \cdots \sum_{s_N=\pm 1} \sqrt{\frac{NK}{2\pi}} \int_{-\infty}^{\infty} \exp\left[-\frac{NK}{2}m^2 + Km\sum_i s_i\right]dm \quad (10a)$$
$$= \sqrt{\frac{NK}{2\pi}} \int_{-\infty}^{\infty} e^{-NKm^2/2}(e^{Km} + e^{-Km})^N dm$$
$$= \sqrt{\frac{NK}{2\pi}} \int_{-\infty}^{\infty} e^{-N[Km^2/2 - \ln(2\cosh Km)]} dm$$

となる。
(3) 鞍点法 (10.35) を用いると，
$$Z \approx \sqrt{\frac{NK}{2\pi}} e^{-N[Km_0^2/2 - \ln(2\cosh Km_0)]}$$
となり，m_0 は鞍点条件から決まる。
$$\phi(m) = -\frac{K}{2}m^2 + \ln(2\cosh Km)$$
とおくと，$\left(\frac{\partial \phi}{\partial m}\right)_{m=m_0} = 0$ より，
$$m_0 = \tanh Km_0 \quad (10b)$$
となる。(10b) 式は，平均場近似で磁化 $m = \langle s \rangle$ を決める (10.6) 式で，$H=0$，$\frac{zJ}{k_B T} \to K$ としたものに一致する。これより，m_0 は平均場近似で求めた1つのスピンあたりの磁化を表すと考えられる。

元々，m は計算の便宜上導入された量に過ぎなかったが，(10a) 式の鞍点条件は，
$$-NKm_0 + K\sum_{i=1}^{N} s_i = 0 \quad \Rightarrow \quad m_0 = \frac{1}{N}\sum_{i=1}^{N} s_i$$
を与え，m_0 は1つのスピンあたりの磁化と見なすことができる。

第 11 章

11.1 (11.4) 式で $h=0$ とおくと，
$$e^{2K_2} = \cosh 2K \quad (11a)$$
となる。ここで，(11.45) 式より，$b=2$ のとき，
$$\tanh K_2 = \tanh^2 K \quad \Leftrightarrow \quad \frac{e^{2K_2}-1}{e^{2K_2}+1} = \frac{e^{2K}+e^{-2K}-2}{e^{2K}+e^{-2K}+2}$$
となり，(11a) 式が導かれる。

11.2 (11.49) 式より，
$$\ln(\tanh K^*) = -2K^*$$
となる。他方，(11.49) 式より，
$$\sinh K^* = e^{-2K^*}\cosh K^* \quad \Rightarrow \quad e^{-2K^*} = e^{2K^*} - 2$$
となり，これより，
$$\sinh K^* \cdot \cosh K^* = e^{-2K^*}\cosh^2 K^* = e^{-2K^*}\frac{e^{2K^*} + e^{-2K^*} + 2}{4} = \frac{1}{2}$$
となる。こうして，
$$\beta(K^*) = -K^* - \sinh K^* \cdot \cosh K^* \cdot \ln(\tanh K^*)$$

$$= -K^* - \frac{1}{2}(-2K^*) = 0$$

を得る。

第 12 章

12.1 (12.11) 式より,
$$\frac{\partial P}{\partial t} = -\frac{1}{2\sqrt{4\pi Dt^3}}\left(1 - \frac{x^2}{2Dt}\right)\exp\left(-\frac{x^2}{4Dt}\right)$$
$$\frac{\partial P}{\partial x} = -\frac{1}{2D\sqrt{4\pi Dt^3}}\, x \exp\left(-\frac{x^2}{4Dt}\right)$$
$$\frac{\partial^2 P}{\partial x^2} = -\frac{1}{2D\sqrt{4\pi Dt^3}}\left(1 - \frac{x^2}{2Dt}\right)\exp\left(-\frac{x^2}{4Dt}\right)$$

となり, (12.12) 式を満たすことが確かめられる。

12.2 12.3 節で考えたように, 全分子の中の 1/6 が $+x$ 方向に平均の速さ $\langle v \rangle$ で運動しているものとする。面 x を左側から右側に通過する気体分子は, その前に衝突したときに平均の速さ $\langle v \rangle$ を与えられる。また, 題意より, 面 x を通過する分子は, 位置 $x - l$ ($l = \langle v \rangle \tau$) で獲得した平均エネルギー $\overline{\varepsilon}(x - l)$ をもっている。したがって, 単位時間に面 x を左から右に通過するエネルギーは,
$$\frac{1}{6}n\langle v \rangle \overline{\varepsilon}(x - l) \approx \frac{1}{6}n\langle v \rangle \left[\overline{\varepsilon}(x) - l\frac{\partial \overline{\varepsilon}}{\partial x}\right]$$
と表される。同様に考えると, 単位時間に面 x を右から左に通過するエネルギーは,
$$\frac{1}{6}n\langle v \rangle \overline{\varepsilon}(x + l) \approx \frac{1}{6}n\langle v \rangle \left[\overline{\varepsilon}(x) + l\frac{\partial \overline{\varepsilon}}{\partial x}\right]$$
となる。これより, 単位時間に面 x を $+x$ 方向に通過する熱量は,
$$Q = \frac{1}{6}n\langle v \rangle \left[\overline{\varepsilon}(x) - l\frac{\partial \overline{\varepsilon}}{\partial x}\right] - \frac{1}{6}n\langle v \rangle \left[\overline{\varepsilon}(x) + l\frac{\partial \overline{\varepsilon}}{\partial x}\right]$$
$$= -\frac{1}{3}n\langle v \rangle l \frac{\partial \overline{\varepsilon}}{\partial x} = -\frac{1}{3}n\langle v \rangle l \frac{\partial \overline{\varepsilon}}{\partial T}\frac{\partial T}{\partial x}$$

と書ける。ここで, 温度 T のときの平均運動エネルギー $\overline{\varepsilon} = \frac{3}{2}k_\mathrm{B}T$ を用いて, 熱伝導係数 κ は,
$$\kappa = \frac{1}{2}n\langle v \rangle k_\mathrm{B} l \tag{12a}$$

と求められる。

いま, $\frac{1}{2}m\langle v^2 \rangle = \frac{3}{2}k_\mathrm{B}T$ より, $\langle v \rangle \approx \sqrt{\langle v^2 \rangle} \propto T^{1/2}$ となり, 平均自由行程 l は, 分子の密度により, 温度にはよらないから, κ は,
$$\kappa \propto T^{1/2} \quad \Rightarrow \quad \alpha = \underline{1/2}$$

となることがわかる。

索引

数字・アルファベット

1次元イジング模型　137
1次元格子　87
1次の相転移　135
2元合金　159
2次の相転移　135
XY模型　164

あ

アインシュタイン比熱　36
アインシュタイン模型　36
アボガドロ数　2
鞍点法　165
イジング模型　137
位相空間　40
一般化運動量　71
一般化座標　71
ウィーンの式　86
エネルギー等分配則　9, 59
エントロピー　42, 205
温度　2

か

ガウス積分　24
化学ポテンシャル　205
可逆　199
拡散係数　186
拡散の流れ　187
拡散方程式　186
カスプ　135
カノニカル集団　55
カノニカル分布　55
カルノー・サイクル　199
換算質量　10
ガンマ関数　42
気体分子運動論　4
ギブス－デュエムの関係式　211
ギブスの自由エネルギー　210
ギブスの相律　213
キュリーの法則　69
キュリー－ワイスの法則　155
強磁性イジング模型　137
強磁性状態　136
強磁性体　136
協力現象　136
極座標　71
空洞放射　81
クラウジウスの不等式　202
クラペイロン－クラウジウスの式　213
グランドカノニカル集団　95
グランドカノニカル分布　95
くりこみ群　166
くりこみ群の式　167
くりこみ群の微分方程式　178

くりこみ変換　167
経験的温度　3
交換相互作用　136
光子気体　131
格子気体　160
固体の比熱　13
孤立系　40, 208

さ

三重点　3
磁化　151
磁化率　144, 146
自己無撞着方程式　151
磁性　136
実空間くりこみ　167, 175
自発磁化　136
自発的対称性の破れ　153
シャルルの法則　4
自由エネルギー　60, 209
周期境界条件　90
自由境界条件　138
重心運動エネルギー　10
自由電子気体　114
自由度　9
縮退圧　123
シュテファン－ボルツマンの法則　83
シュレーディンガー方程式　39
準静的過程　8
常磁性体　68
小正準集団　41
小正準分布　41
状態方程式　4
状態密度　41
状態量　7
示量性　46
浸透圧　187
スケーリング次元　171
スケーリング則　172
スケール変換　167
スターリングの公式　30
ステップ関数　41
正準共役　71
正準集団　55
正準分布　55
ゼータ関数　84
絶対温度　3
セルシウス温度　2
相　1
相関関数　145
相関距離　149
相対運動エネルギー　10
相転移　16, 134, 153
速度空間　23, 27
速度分布関数　22
速度分布則　50

た

対応状態の関係式　18
大正準集団　95
大正準分布　95
大分配関数　95
縦波　87
秩序相　136
超流動　131
定積モル比熱　8
デバイ振動数　92
デバイ模型　92
デュロン-プティの法則　14
デルタ関数　41
転移温度　136, 152
電気双極子モーメント　75
電気伝導　194
電子縮退　116
転送行列　141
ド・ブロイ波長　98
等確率の原理　41
等重率の原理　41
同種粒子　45
ドリフト速度　195

な

内部エネルギー　7
ネール温度　158
熱平衡　2
熱力学関数　210
熱力学第1法則　8
熱力学第3法則　77
熱力学的温度　3
熱力学的極限　143
熱量　8
粘性係数　196

は

配位数　150
ハイゼンベルク模型　164
パウリの排他律　103
波数　39
波動方程式　88
ハミルトニアン　72
反強磁性イジング模型　157
反復代入　170
開いた系　94
ファン・デル・ワールスの状態方程式　15
フーリエ変換　184
フェルミ運動量　116
フェルミエネルギー　115
フェルミオン　102
フェルミ温度　125
フェルミ球　116
フェルミ縮退　117
フェルミ統計　104
フェルミ分布関数　115

フェルミ面　116
フェルミ粒子　102
不確定性関係　98
プランクの放射式　83
プランクの量子仮説　81
ブロック・スピン変換　166
分子運動論　4
分子場　151
分子場近似　151
分配関数　55
平均自由行程　189
平均場近似　151
ベータ関数　178
ベルヌーイの定理　5
ヘルムホルツの自由エネルギー　60, 209
ポアソンの関係式　200
ボーア磁子　137
ボース-アインシュタイン凝縮　126
ボース凝縮　126, 128
ボース統計　104
ボース分布関数　126
ボース粒子　102
ボソン　102
ポッツ模型　149
ボルツマンの原理　42
ボルツマン分布　33, 113

ま

マクスウェルの速度分布関数　22
マクスウェルの速度分布則　21
マクスウェルの等面積の規則　17
ミグダル-カダノフ近似　177
ミクロ　1
ミクロカノニカル集団　41
ミクロカノニカル分布　41
未定乗数法　216
モル　3

ら

ラグランジアン　71
ラグランジュの運動方程式　71
ラグランジュの未定乗数法　31, 216
ランジュバン方程式　192
ランダウ展開　162
ランダウの現象論　161
ランダム・ウォーク　182
理想気体　3, 38
臨界圧　135
臨界温度　16, 135
臨界現象　17, 135
臨界指数　155
臨界点　135
レーリー-ジーンズの式　86
連続体近似　88

著者紹介	**北原和夫**（きたはらかずお） 1946年生まれ。 東京大学理学部物理学科卒業。理学博士（ブリュッセル自由大学）。 国際基督教大学名誉教授、東京工業大学名誉教授。元日本物理学会会長。
著者紹介	**杉山忠男**（すぎやまただお） 1949年生まれ。 東京工業大学理学部応用物理学科卒業。理学博士。 元河合塾講師。

NDC421 243p 22cm

講談社基礎物理学シリーズ　8

統計力学（とうけいりきがく）

2010年4月30日　第1刷発行
2024年8月19日　第9刷発行

著者	北原和夫（きたはらかずお）、杉山忠男（すぎやまただお）
発行者	森田浩章
発行所	株式会社　講談社 〒112-8001 東京都文京区音羽2-12-21 販売　(03)5395-4415 業務　(03)5395-3615
編集	株式会社　講談社サイエンティフィク 代表　堀越俊一 〒162-0825 東京都新宿区神楽坂2-14　ノービィビル 編集　(03)3235-3701
ブックデザイン	鈴木成一デザイン室
印刷所	株式会社ＫＰＳプロダクツ
製本所	大口製本印刷株式会社

落丁本・乱丁本は購入書店名を明記の上、講談社業務宛にお送りください。送料小社負担でお取替えいたします。なお、この本の内容についてのお問い合わせは講談社サイエンティフィク宛にお願いいたします。定価はカバーに表示してあります。
© Kazuo Kitahara, Tadao Sugiyama, 2010

「本書のコピー、スキャン、デジタル化等の無断複製は著作権法上での例外を除き禁じられています。本書を代行業者等の第三者に依頼してスキャンやデジタル化することはたとえ個人や家庭内の利用でも著作権法違反です。」

JCOPY ＜(社)出版者著作権管理機構　委託出版物＞

本書の無断複写は著作権法上での例外を除き禁じられています。複写される場合は、その都度事前に、(社)出版者著作権管理機構（電話 03-5244-5088、FAX 03-5244-5089、e-mail: info@jcopy.or.jp）の許諾を得てください。

Printed in Japan
ISBN 978-4-06-157208-9

2つの量の関係を表す数学記号

記号	意味	英語	備考
$=$	に等しい	is equal to	
$\neq$	に等しくない	is not equal to	
$\equiv$	に恒等的に等しい	is identically equal to	
$\stackrel{\mathrm{def}}{=}, \equiv$	と定義される	is defined as	
$\approx, \fallingdotseq$	に近似的に等しい	is approximately equal to	この意味で≃を使うこともある。≒は主に日本で用いられる。
$\propto$	に比例する	is proportional to	この意味で～を用いることもある。
$\sim$	にオーダーが等しい	has the same order of magnitude as	オーダーは「桁数」あるいは「おおよその大きさ」を意味する。
$<$	より小さい	is less than	
$\leq, \leqq$	より小さいかまたは等しい	is less than or equal to	≦は主に日本で用いられる。
$\ll$	より非常に小さい	is much less than	
$>$	より大きい	is greater than	
$\geq, \geqq$	より大きいかまたは等しい	is greater than or equal to	≧は主に日本で用いられる。
$\gg$	より非常に大きい	is much greater than	
$\to$	に近づく	approaches	

演算を表す数学記号

記号	意味	英語	備考
$a+b$	加算, プラス	a plus b	
$a-b$	減算, マイナス	a minus b	
$a \times b$	乗算, 掛ける	a multiplied by b, a times b	$a \cdot b$ と書くことと同義。文字式同士の乗算では ab のように省略するのが普通。
$a \div b$	除算, 割る	a divided by b, a over b	a/b と書くことと同義。
a^2	a の 2 乗	a squared	
a^3	a の 3 乗	a cubed	
a^n	a の n 乗	a to the power n	
$\sqrt{a}$	a の平方根	square root of a	
$\sqrt[n]{a}$	a の n 乗根	n-th root of a	
a^*	a の複素共役	complex conjugate of a	
$|a|$	a の絶対値	absolute value of a	
$\langle a \rangle, \bar{a}$	a の平均値	mean value of a	
$n!$	n の階乗	n factorial	
$\sum_{k=1}^{n} a_k$	a_k の $k=1$ から n までの総和	sum of a_k over $k=1$ to n	
$\prod_{k=1}^{n} a_k$	a_k の $k=1$ から n までの総乗積	product of a_k over $k=1$ to n	